한옥짓기

한옥
설계에서
시공까지

1/ 누구나 한번은 한옥을 꿈꿉니다.

2/ 그러나 막상 무엇부터 해야할지..?

3/ 이제 대충 그린 도면만 있으면 됩니다.

4/ 맞춤형 한옥 3D 설계

5/ 실제 모형을 본 후 수정사항 지시

6/ 구조 검토 및 최종 소비자 의견 반영

7/ 최종 분야별 기술 회의 및 컨펌

정기적 기술 회의를 통해 여러 디자인의 한옥을 통합 관리하여 현장인력 및 자재이용의 효율성을 높여 결과적으로 가격인하 효과와 함께 일정한 품질을 유지할 수 있습니다.

8/ 기계가공 + 숙련자 시공 조립

부재가공의 기계화와 문화재 보수 기능자급 이상의 숙련된 시공팀 운용으로 인한 현장 리스크의 최소화와 함께 공기 단축 실현

9/ 유지 보수 및 DIY 부재 공급

10/ 커뮤니티 형성 및 기술적 지원

한옥 짓기

한옥 설계에서 시공까지

조전환 지음

설계와 시공/ 의뢰와 과정/ 터고르기와 기초공사/ 목재와 목구조공사/
물매와 지붕공사/ 수장들이기와 단열/ 마루와 부대공사/ **HIM** Han-ok Information Modeling /
건축도면/ **설비도면**/ **한옥용어 영문표기**/ **한옥 공공모듈화**

한문화사

차례

서문 대강 철저히 해라
6

chapter. 1 / 전통에서 현대로

1 천문조형과 도면표현
10

3 한옥의 구성요소
17

2 풍수지리와 양택론
14

4 목조건축의 구조
20

chapter. 2 / 설계와 시공

1 의뢰와 과정
27

4 물매와 지붕올리기
114

2 터고르기와 기초공사
36

5 수장들이기와 단열
136

3 목재와 목구조공사
54

6 마루와 부대공사
162

chapter. 3 / 한옥의 대중화

1 HIM
Han-ok
Information
Modeling
184

2 부재의
CNC가공
194

3 GDL
Geometric
Description
Language
197

4 프리젠테이션
205

chapter. 4 / 건축 도면

1 건축도면
사례 1
212

2 건축도면
사례 2
234

3 설비도면
240

부록

1 한옥용어
영문표기
246

2 한옥
공동모듈화
254

3 DVD
사용설명서
259

대강 철저히 해라

목수 일을 배울 무렵, 한 선배에게서 들은 말입니다. 처음 들을 때는 얼핏 "대충 대충 하라" "어떻게든 잘 꾸려내라"는 것쯤으로 알아들었습니다. 나중에야 그게 아니라 '대강大綱'를 철저하게 하라는 뜻임을 깨닫게 되었습니다. '대강'에서 '강綱'은 원래 벼리를 말합니다. 벼리는 물고기 잡는 그물의 코를 꿰어 놓은 굵은 줄입니다. 어느 한 순간, 이 벼리를 잡아당기면 그물이 삽시간에 오므라들면서 그 안에 있던 물고기들을 확 잡아들이게 됩니다. 그만큼 벼리의 시간이란 서스펜스가 있는 수확의 시간입니다.

그래서 '삼강오륜三綱五倫'이라고 할 때, 벼리 강을 씁니다. 일을 해나갈 때의 으뜸 되는 줄거리를 '강령綱領'이라고 합니다. 이와 마찬가지로 '대강'이라고 하면 일에 있어서 골간이 되는 가장 핵심적인 것을 뜻합니다. "대강 철저히 해라"라는 충고는 바로 그 골간을 철저하게 하라는 것이니, 이 얼마나 중요한 의미를 담고 있습니까.

가령, 아무리 보머리 조각을 정성스럽게 한다고 해도 사개 부분이 헐겁게 되면 그 집은 못쓰게 됩니다. 사개란 기둥 끝을 네 갈래로 따내서 도리와 보가 끼워넣어져 짜임구조가 되는, 인간으로 치면 '관절부'에 해당되는 부분입니다. 이 부분이 잘못되면 집은 오래 갈 수 없습니다. 그러니 사개는 철저히 하지 않으면 안됩니다. 즉 대강을 철저히 한다는 것입니다.

반대로 보의 조각이나 쇠시리는 다소 투박하다고 해도 별 문제는 없습니다. 물론 이런 부분들도 완전히 소홀히 할 수는 없지만, 짜임구조가 더 중요한 골간에 해당한다는 것입니다. 짜임구조가 단단하면 집은 튼튼하게 오래 갈 수 있습니다. 이렇듯 일의 중심이 되는 부분을 공들여서 제대로 해야 된다는 것을 목수 초기에 그 선배에게서 배운 것입니다. 저 역시 당시 저처럼 젊고 서투른 목수를 만나면 "대강 철저"를 말합니다.

이렇게 말로 전하기 힘든 문화적 지식을 식자들은 '암묵지'라고 말하고 있습니다. '암묵지'란 무엇입니까. 수레바퀴 깎는 비결을 묻는 왕에게 그것은 가르쳐 줄 수 없다고 통을 놓는 노인의 태도로부터 비롯되는 지식입니다. 언어로는 설명하기 힘든 암묵적인 지식입니다. 오랜 시간 동안 체득되어 몸으로는 다 느끼지만 형언하기가 힘든 지식, 하지만 이러한 문화의 지식이야말로 하나의 개인에서 또 다른 개인으로, 하나의 집단에서 또 다른 집단으로, 나아가 다음 세대에게 어떻게든 전달되어야 할 지식입니다.

한옥은 짓는 것도, 그 안에서 사는 것도, 그 밖의 자연과 우주와 만나는 것도 모두 '암묵지'의 세계입니다. 세상 사람들은 한옥이 단순히 사람이 잘 살고, 문화 생활을 누리고, 웰빙의 풍족을 누리는 도구로 생각하는 경향이 없지 않습니다. 혹은 새로운 치부의 수단으로 여기는 풍조도 왕왕 있습니다.

하지만 한옥은 생활하는 터전인 동시에 그 집에 사는 사람들이 자신의 삶의 실천을 통해 시대의 한가운데를 가만히 느꼈던 체험 공간이었습니다. 한옥은 이러한 정신과 체험의 만남이 있는 건축으로서 여전히 우리에게 육박하고 있습니다. 보다 많은 자연과의 교섭을 통해 인간의 경지를 추구해온 역사의 우뚝한 창조물이기 때문입니다.

거기에는 본질적으로 말할 수 없는 '암묵지'의 영역이 깃들어 있을 수밖에 없습니다.

저는 한옥에 대한 세간의 관심이 불일듯 일기 이전에 일명 동네목수라는 필명으로 온라인에서 활동하기도 했습니다. 동네목수라고 하니, 하나의 작은 동네에서 이 집 저 집을 소박하게 고쳐준다는 의미 하나와 하나의 집을 짓는 것이 아니라 동네 전체를 짓겠다는 의미 둘을 품게 되었습니다. 목수로서 산다는 것은 단순히 집을 짓는 것에 그치지 않고 그 집을 짓는 사람들의 삶과 뜻과 마음과 기운이 펼쳐진 장을 살필 수밖에 없습니다.

결국 목수로서 본다는 것은 한옥을 생각하는 것 근경과 마을을 생각하는 것 원경이 하나의 시야로 잡히는 것입니다. 제자백가 중에서 더 많은 사람들이 타고 가는 수레와도 같은 이러한 근경과 원경의 동시적인 세계를 꿈꾸었던 이가 바로 묵가墨家입니다. 사람과 사람 사이의 기본적인 신호를 가장 중시했고, 그러한 신호체계를 보다 열린 마음의 네트워크로 확장할 것을 제안하여 소위 '겸애兼愛'를 제창한 사람입니다. 여러 겹의 사랑은 한옥과 마을을 동시에 보는 눈을 필요로 합니다. 이것이 동네목수가 묵가라는 감당키 어려운 별호를 갖게 된 이유라면 이유입니다.

한옥은 한국의 현대사 속에서 굴곡과 격랑을 따라 요동쳤고, 그 '대강'에 해당하는 맥이 소수의 목수들에 의해 이어져 오고 있습니다. 과거의 낙후된 관성과 맹목적인 서구화의 영향 아래 그 맥을 어떻게 다시 잡아내는가가 중요하다고 하겠습니다.

첫째, 우리에겐 중국의 영조법식이나 일본의 목할서, 추형본처럼 전해져오는 기본서는 없고 단지 『의궤서』만이 전해져오고 있습니다. 일제시대와 압축 근대화 시기는 그러한 부족한 상황을 악화시켰습니다. 지금에 와서는 무엇이 근본이고 무엇이 말초인지 판단하기 힘든 지경에 이르렀습니다. 한옥에 관한 논의는 우선 근대에 형성된 주관적 억측과 맹목을 넘어서는 것이 필요합니다. 한옥이라는 자명한 관점을 개방하고 보다 확장된 시각에서 접근하는 것이 필요합니다.

둘째, 서구 건축의 근대적 방법이 한옥과 불화하는 것을 보다 창조적으로 바라보아야 합니다. 건축가들이 설계 따로, 건축 따로 라는 방법을 쓰고 있지만, 한옥은 마치 작곡과 편곡과 연주가 동시에 이루어지는 동양의 음악과도 같아서 생각과 감각과 건축이 일체화되어 있습니다. 건축가들이 한옥에 관심을 갖고 접근할 때는 이 점을 염두에 두어야 합니다. 그래야 새로운 하이브리드를 기약할 수 있습니다.

저는 이러한 현실을 조금이나마 타개하기 위해 그동안 수많은 한옥을 설계, 시공하며, 전국의 목조건축, 석조구조물, 궁궐건축을 답사하고 분석해왔습니다. 목수로서 우리의 한옥에 대한 문화적 정신과 비례를 연구해왔던 저의 체험적 지식을 이 책에 펼쳐 놓았습니다. 아직은 부족하지만, 한옥 설계와 시공이라는 한옥의 '암묵지'를 보다 많은 사람들과 나누기 위해 정리해본 것입니다. 현장의 실무에서 열심히 일하시는 목수님들과 학교에서 관련 분야를 열심히 공부하는 학생들, 그리고 한옥에 한걸음 더 다가서고 싶은 모든 분들에게 조금이나마 도움이 되길 바랍니다.

이 글을 쓰기 위해 도움을 주신 많은 분들께 감사의 말씀을 올리며, 한옥을 통해 세상을 바라보고 삶의 지평을 열고 있는 모든 분들에게 이 책을 보냅니다.

2011년 6월 30일
경기창작센터에서
묵가 조전환

전통
에서
현대로

오방색 남南
화火를 의미함

뜨거운 기운
생성과 창조

1
천문조형과
도면표현

2
풍수지리와
양택론

3
한옥의
구성요소

4
목조건축의
구조

1. 천문조형과 도면표현

1.1 천문조형

이 땅에 살던 사람들이 세워놓은 구축물 중에 지금까지 남아 있는 가장 오래된 것은 고인돌일 것이다. 북한의 평양 부근과 전남 화순 등의 고인돌에 새겨진 별자리 그림은 그 제작 시기를 계산할 수 있을 정도로 정밀하게 작성되어 있다. 이것은 천문을 읽고 지리를 살펴서 보금자리를 만들어 나가는 우리 건축의 오랜 전통을 전해주고 있다.

사물의 상호 연관성을 고찰하면서 전체상을 살피는 상관적인 사유는 동아시아 우주론의 기본적인 관념이다. 이러한 생각의 전개에 따라 다양한 사고의 틀이 만들어지면서 건축에 응용됐다.

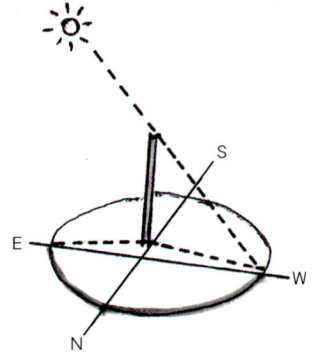
_ 비髀에 의한 천문관측

먼저 오행설이 있다. 중국 하나라의 우왕이 전한 것이라고 하며, 천지창조에 관한 것인데 만물을 조성하는 다섯 가지 원기로서 나무木, 불火, 흙土, 쇠金, 물水의 상생과 상극의 관계로 의미체계를 이룬다.

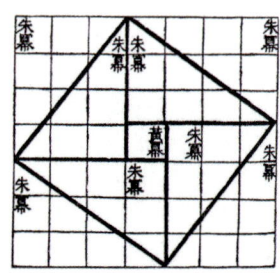
_ 구고원방도 주비산경

기하학적인 방법으로는 구고원방도가 있다. 7간×7간으로 49개의 직사각형 안에 5간×5간의 사각형이 내접하면서 3-4-5의 직각삼각형이 만들어지고 그 넓이가 6간이라는 것을 도식적으로 증명하고 있다. 구고원방도는 주비산경을 풀어 주석한 조군경에 의해 만들어진 것이다. 주비산경의 비髀는 지면에 수직으로 세운 막대기를 말하는 것으로, 높이가 8척이 되는 막대를 세우고 같은 길이를 반지름으로 하는 원을 그려 태양의 그림자를 측정하여 절기를 정하는 천문관찰기구로, 그림자의 밑변을 땅의 움직임으로 높이를 사람, 그리고 빗변

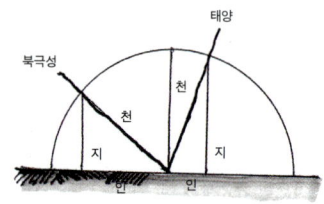
_ 북극성과 춘추분 및 남중고도의 관계

을 하늘의 움직임으로 생각하는 상관적인 사유가 발현하게 된다. 위도에 따라 그림자의 길이가 달라지고 가장 짧은 그림자가 그 지역의 춘, 추분 남중고도를 표시하는데, 북극성의 고도와 이루는 각이 직각이 된다. 이것을 수학적으로 응용한 건물들이 동서양을 불문하고 나타나는데, 피라미드의 비례와 로마의 석조건축양식에서 천문의 수학적 비례인 √2구형, √3구형, √5구형 등을 조형에 적용한 사례가 왕왕 있으며, 황금분할비의 근사값 중 하나인 1:1.60이 여기서 나온 것으로 볼 수 있다. 따라서 우리의 한옥도 정신문화와 수학적 비례가 천문학적 수학과 영혼 불멸의 정신문화가 건축양식과 연계되어 한옥의 비례가 형성 되었을 것으로 볼 수 있다.

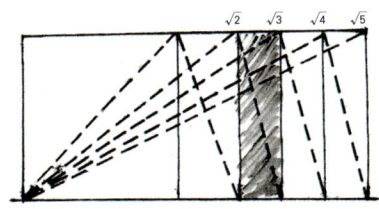

_ √2~√5의 구형 작도법

한옥의 평면, 입면의 비례는 3:4:5의 비율로 구고현법이라고 해서 오래전부터 집의 직각을 잡는 방법청명을 본다고 함으로 쓰여 왔으며, 3:4 혹은 3:5등의 비율을 정면 중앙의 중심선을 기준으로 정사각형의 균등 배치와 기둥을 기준으로 내림마루와 용마루의 정사각의 균등분배로 입면 상의 가로, 세로비율이나 창문의 가로, 세로비율에 많이 사용했다.

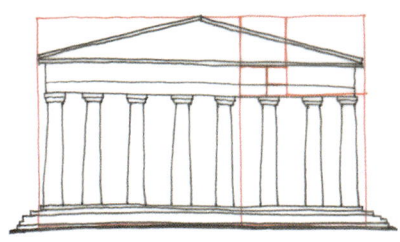

_ 파르테논 신전에서 찾은 황금비

특히 3:5는 피보나치 순열이기도 하면서 황금비1:1.618와 근접한 비례로 오래된 건물이나 고가구를 살펴보면 이러한 비율이 자주 등장하며, 생명체가 발육하는 과정에서 자주 나타나는 패턴으로 인간이 아름답다고 느끼는 보편적인 인지라고 할 수 있는데, 오래되고 잘 보전된 건물일수록 이런 비율이 많이 발견된다

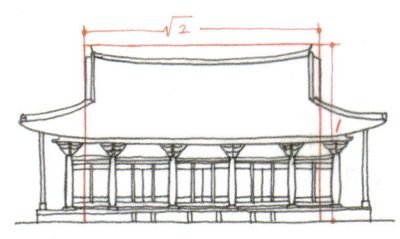

_ 무량수전 입면 비례분석

마지막으로 처마곡은 $y=a\times\sin(3.14/l)$이라는 태양 일주운동의 황도곡선이 처마에 반영된 것이라 볼 수 있다. 깊은 처마는 태양의 남중고도가 높은 여름철에는 직사광선을 차단해주고, 남중고도가 낮은 겨울철에는 방안 깊숙하게 투사시켜 준다. 겨울철 따뜻해진 공기는 상승하는데, 깊은 처마의 경사진 서까래에 걸려 바로 바깥으로 배출되지 않고 잠깐 머문다.

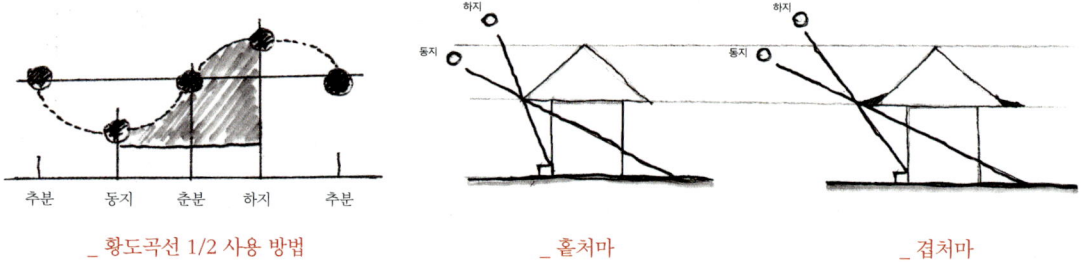

_ 황도곡선 1/2 사용 방법   _ 홑처마   _ 겹처마

1.2 도면표현

우선 제도와 표현기법에 대하여 정리해 보면, 제도에는 조작제도, 도양제도로 구분한다. 조작제도는 도면 또는 도양에 따라 영조하는 제도이고, 도양제도는 조작제도에 근거하여 도면을 그리는 제도이다. 도양제도에는 전도를 비롯한 평도, 외도, 내도, 측도, 이도, 각도, 분도 등 여러 가지 도면들이 포함된다.

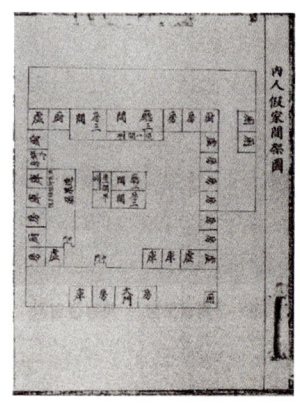

_ 『정조건릉산릉도감의궤』(1800)의 나인가가간가도

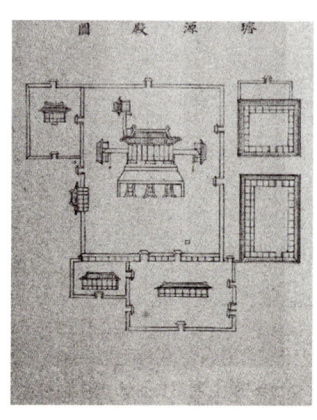

_ 『진전중건도감의궤』(1901)

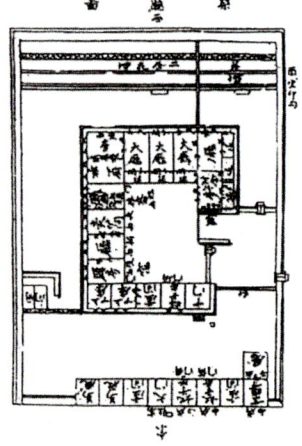

_ 『제청급석물조성시등록』(1718)의 제청도(祭廳圖)

다음으로 표현기법은 크게 3가지로 구분할 수 있다.

건축에 대한 서술적 표현, 계화기법으로 그린 건축도, 도식화된 간가도間架圖형식의 도면이다. 서술적 표현은 그림이나 도형의 형태는 아니지만, 공식문서나 기록에서 건축을 설명하거나 영건의궤에서 도형을 수록하기 이전에는 글로써 전각의 형태를 일정한 서술방식에 따라 체계적으로 기술하고 있으며, 이는 건축장인이 아닌 사대부 관료의 공간표현 방법이다. 계화기법은 동양화에서 건물을 표현하는 필법인 계척을 사용하여 선의 굵기와 농담에 변화가 없이 일정한 두께의 직선적인 선을 그리는 기법이다. 건축도, 각종 기기의 도형에서 기물의 구조를 정확히 묘사할 수 있으므로 중국 한대에서부터 각종 예서의 삽화를 계화기법으로 그렸으며 병서, 건축서 등의 삽화로 발전하였다. 도식화된 간가도間架圖형식의 도면은 건물의 간살이 얽이, 집의 짜임새를 말하며 조선시대 건물의 구조와 규모를 지칭할 때 사용되었다.

현대에 와서는 기계화된 CAD라는 기계적 프로그램으로 한옥 건축도면이 그려지고 있으며, 최근에는 HIM을 활용한 3D와 도면이 함께 표현되는 현대식 기법이 등장하는 등 나날이 발전하고 있다.

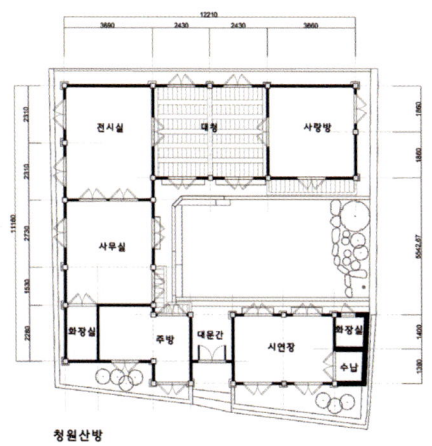

_ CAD 도면
출처 《동아시아 건축도면의 역사》

_ HIM(BIM)을 활용한 도면

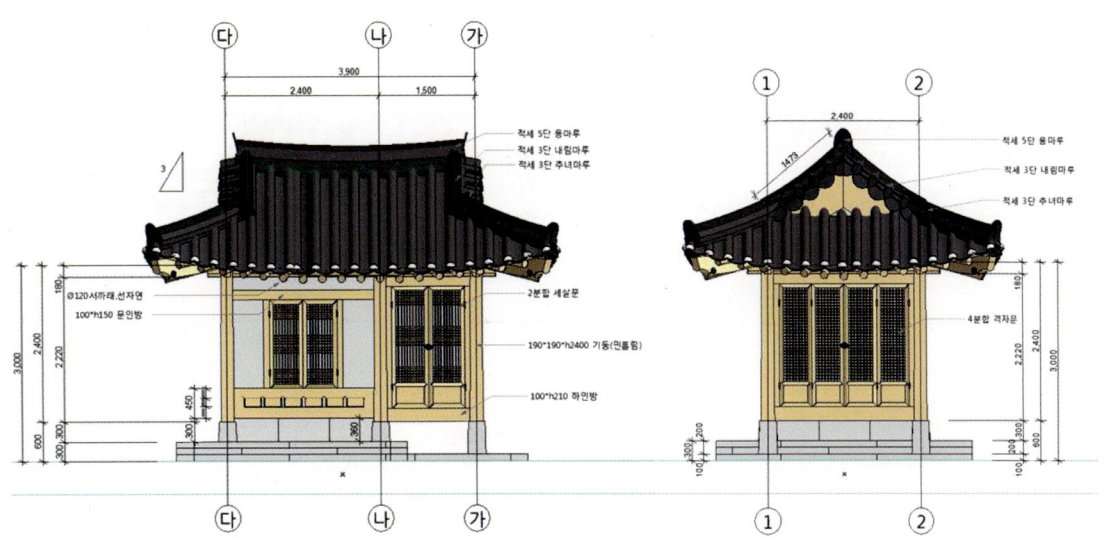

정면도 1:60   우측면도 1:60

2/ 풍수지리와 양택론

2.1 풍수지리

집이 지어질 자리를 고정되고 단단한 것으로 보지 않고 기운 생동하여 요동치며 흐르는 유기체로 파악하고 있다. 지기地氣의 흐름은 물에 다다르면 멈추게 되는데, 보통은 물로 들어가기 전 가장 왕성한 자리에 집 자리를 정한다. 우리가 가장 힘 있고 편안한 말을 골라 안장을 얹고 타듯이 그렇게 집을 짓는다.

집을 지을 때는 먼저 집 자리를 잡는데, 명당을 정하기 위해서 풍수지리설을 사용하게 된다. 대표적인 방법으로 6가지를 들 수 있는데, 간용법看龍法, 장풍법藏風法, 득수법得水法, 정혈법定穴法, 형국론形局論, 좌향론坐向論이 그것이다.

간용법은 산의 맥脈을 살피는 것으로 산맥의 기복을 용龍에 비유하여 맥의 흐름을 조종산으로부터 혈장穴場까지 살피는 방법이며, 장풍법은 들어오는 기는 받지만, 안의 기가 밖으로 흩어지는 것을 막을 수 있는 지세를 살피는 것으로 혈을 사방의 산이 둘러싸고 있는 경우이다.

득수법은 물이 있는 곳에 생기가 있다고 하여 물이 생기를 충분히 전달할 수 있는가를 살피는 것이고, 정혈법은 기가 결절結節하는 혈의 위치와 형태를 파악하며, 형국론은 지세를 보고 그 감응의 여부를 판단하는 방법이다.

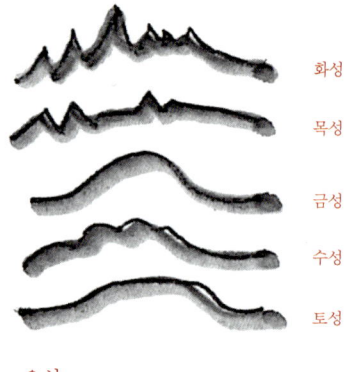

_ 오성

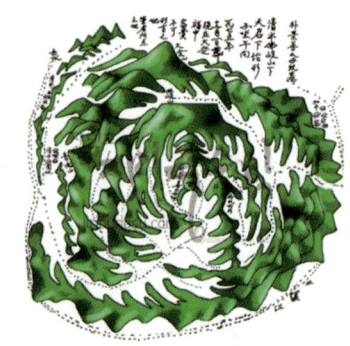

_ 풍수지리

4	9	2
3	5	7
8	2	6

록	자	흑
벽	황	적
백	백	백

_ 오방

2.2 양택론

집의 좌향을 정하는 데는 나경羅經이라는 도구를 사용한다. 허리춤에 차고 다닌다고 해서 패철이라고도 불리는데, 9층으로 된 방사형의 눈금이 있어 1층의 8방위로부터 9층의 120방향 사이의 길흉을 판단하는 복잡한 의미체계로, 집 주변 자연환경과의 관계 속에서 최선의 좌향을 기준으로 하여 동사택, 서사택 등의 양택론에 따라 집의 간살을 배치하게 된다.

나경의 원리는 수많은 역서의 내용을 포함하고 있는데, 특히 문왕팔괘인 낙서의 후천수관계로부터 천지간 모든 현상을 수리로서 해석한 중국 송나라 학자 소강절의 『황극경세서』는 음陰, 양陽, 강剛, 유柔의 4원四元을 근본으로 하여 4의 배수로 우주의 모든 현상을 설명한다.

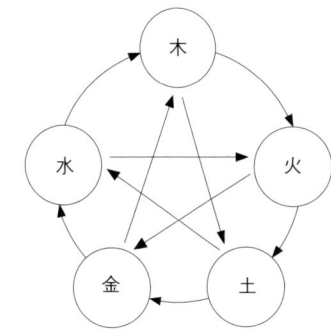

_ 오행

건좌乾坐, 동남향로 된 집에 간방艮方, 동북방으로 문을 내면 부귀하고 자손이 많으며, 태방兌方, 서방으로 문을 내면 인구가 흥성興盛하고, 곤방坤方, 서남방으로 문을 내면 재물이 왕성하며, 손방巽方, 동남방과 감방坎方, 북방으로 문을 내면 남녀가 전염병을 앓게 되고, 이방離方, 남방南方으로 문을 내면 늙은이는 해수咳嗽로 죽고 젊은 부인이 보존하지 못한다. 곤좌坤坐, 동북향로 된 집에, 건방乾方, 서북방으로 문을 내면 금은보화가 풍족하며, 손방으로 문을 내면 택모宅母를 잃고, 진방震方, 동방으로 문을 내면 인연이 끊기며, 이방으로 문을 내면 젊은 부인이 재앙을 입고 감방으로 문을 내면 손님이 돌아가지 못한다.

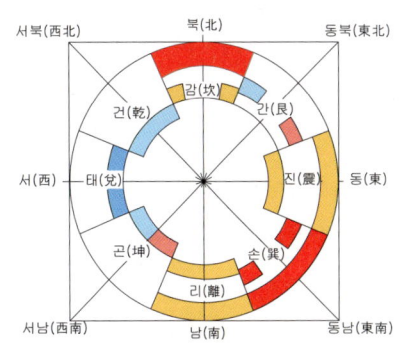

_ 동·서 사택

현대의 상식으로 읽어보면 터무니없는 이야기로 생각되지만, 좌향이 가지는 수리적인 의미가 생활문화 전반에 깊이 적용되는 것을 알 수 있다.

이렇듯 집을 짓는 데 있어서 자연과의 연관성을 파악하고, 그것을 수학적인 상징체계로 사용하고 있었다는 것은 주의 깊게 살펴볼 수 있다.

주택의 주요 3요소로서 일컬어지는 대문, 안방, 부엌이 집의 중심점을 기준으로 하여 북쪽, 남쪽, 동쪽, 동남쪽의 네 방위 안에 전부 배치되면 동사택에 해당하고, 서쪽, 북동쪽, 북서쪽, 남서쪽의 네 방위 안에 전부 배치되면 서사택에 해당한다는 것이 동서사택론이다.

동서사택론에 따르면, 건물에서의 문출입문, 주안방, 조부엌가 서로 혼합되어서는 안 된다. 특히 건물에서 가장 빈번한 기의 통로인 대문을 집의 주안방와 조부엌에 맞게 배치해야 한다. 이렇게 정해진 주에 출구의 위치를 동서사택론에 맞게 정하면 된다.

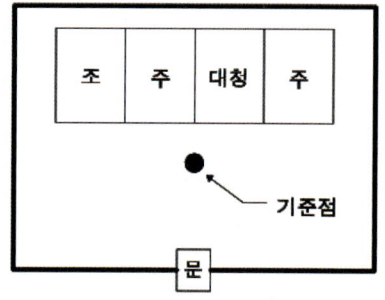

_양택 사례1

그리고 일반적으로 주안방를 기준으로 삼고 그다음에 조부엌의 위치를 고려한다. 여기에 음양의 조화까지 이루어지면 그 건물의 문, 주, 조의 배치는 더욱 좋은 배치가 될 것이다. 음양의 조화를 이루기 위해서는 오행의 상생관계를 적용하면 된다.

예를 들어, 건물이 남향이라면 이 건물의 주는 북쪽으로 정해진다. 주가 북쪽에 있으니 이 건물은 동사택에 해당하며, 그렇다면 대문이 들어설 수 있는 위치는 북쪽, 남쪽, 동쪽, 동남쪽의 4가지 중 하나이다. 이렇게 4가지 방위 중에 어느 쪽이 가장 좋은지는 오행이론을 통하여 결정할 수가 있다. 이 건물의 주가 있는 북쪽의 팔괘는 감괘坎로서 오행으로는 수水와 금金인데, 목은 진괘와 손괘로서 각각 동쪽과 동남쪽이며 금은 건괘로서 북서쪽이다.

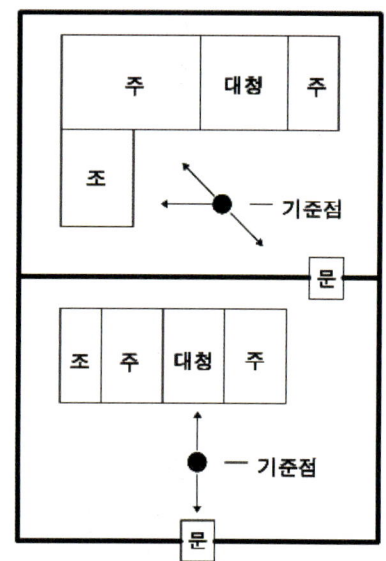

_양택 사례2

그렇다면 동사택에 해당하는 이 주택의 경우는 동쪽의 목, 동남쪽의 목 중에서 대문의 위치를 고르면 최선의 선택이 될 것이다. 이러한 이론의 이해 없이 특정한 좌향에는 무조건 어느 쪽 방위로 대문을 내는 것이 좋다는 식의 기계적인 암기는 바람직하지 않으며, 건물이 앉혀질 대지의 모습이 어떠한지 정원은 있는지 등을 종합적으로 고려하여 적절한 주主의 위치를 결정하고 그것에 맞게 출구를 정할 수 있어야 한다.

3. 한옥의 구성요소

문

문은 경계의 접점에 위치한다. 나라, 도시, 마을, 집, 마당, 방의 경계에 문을 세워 자신을 스스로 방어하고 권세를 과시하는 장치이다. 또한, 특수한 기능을 가진 장소를 기념하고 장엄하게 하는 수단이기도 하며 의장적으로도 다양한 모습을 가진다. 개인의 성품과 개성, 재력, 권세 등이 알게 모르게 얼굴에 드러나듯, 문이란 주인을 닮은 집으로 통하는 주인의 얼굴이다. 문의 종류에는 대문, 중문, 협문 등이 있다.

마당

현대의 도시생활에서는 누리기 어려운 일이 되었지만, 본래 우리의 한옥은 자연 속에 집을 지었다. 너럭바위나 정자나무가 마을을 표시해주고 동네 길은 실개천을 따라 올라가 집으로 들어가는 고샅에는 봉숭아나 채송화가 대문 앞까지 안내해 주었다. 집의 규모를 말할 때 마당의 개수를 이야기할 수가 있다. 마당을 단순히 건물의 외부라기보다는 집의 한 요소로 생각하기 때문이다. 마당을 둘러싼 건물군으로 구성되는 한옥은 동아시아 우주관의 건축적인 표현이다.

기단

기단의 역할은 먼저 지하수나 빗물 등이 집으로 올라오는 것을 막는 것이다. 또한, 기둥을 거쳐 주춧돌^{초석}을 통해 기단에

전달되는 지붕의 하중을 골고루 분산시켜 집이 기울거나 내려앉는 것을 예방한다. 기단은 동아시아 건축 전반에 걸쳐 발견할 수 있는데, 특히 한옥은 궁궐이나 권위건축뿐만 아니라 살림집을 비롯한 거의 모든 곳에 기단이 있으며, 여러 형태로 상당히 발전되어 있다.

목구조

한옥은 목구조 집이다. 마감에 돌이나 흙 등을 사용하지만, 주요 구조부는 목구조이기 때문이다. 목재는 인간이 가장 오랫동안 써온 건축재료로써 그 성질과 사용처에 따라 다양한 방법의 기술이 발달하여 왔다. 한옥의 목구조는 기둥과 보를 중심으로 도리와 서까래를 걸어 구성하는 것이 기본이다. 부재와 부재를 연결하는 방법은 지어야 할 집의 규모와 격에 따라 결정되는데, 목재의 휨과 하중의 진행방향 등을 고려하여 오랜 시행착오 끝에 오늘에 이르렀다고 볼 수 있다. 조적식과 가구식은 인류가 집을 지어온 두 가지 방식이다. 특히 북위 30도에서 60도 사이에서 나타나고 있는 목가구식 건축방식은 유라시아를 관통하는 스텝로드 양안에서 서로 독특한 방식으로 발전해 오늘에 이르고 있다.

창호

한옥은 기둥-보-도리-서까래로 이어지는 구조 부분과 인방재, 선재로 된 수장 부분 두 가지가 결합하여 이루어진다. 구조부가 땅 위에 서서 하늘을 지탱한다면 수장 부분은 건물과 인간 사이의 관계를 유지하는 요소라고 할 수 있다. 수장에서 가장 중요한 역할을 하는 것은 창호라고 할 수 있다. 환기와 채광의 기능과 함께 인방과 선재, 창호문양의 조화로움이 집의 표정을 가지게 한다. 만살, 세살, 아자살 등의 다양한 장식적 요소를 가지고 있다.

마루

한옥의 특징 중 하나로 온돌과 마루의 복합구조를 꼽는다. 마루는 굵은 목재로 귀틀을 짜고 마룻널 또는 청판이라고 하는 나무 널판을 끼워 넣어 구성된 바닥을 말하는데, 고온, 다습한 남방지역에서 습기를 피하고자 바닥을 지면에서 높게 설치하던 풍습이 북방으로 전래한 것이다. 온돌방과 같이 쓰임은 북방문화와 남방문화의 만남을 시사하는데, 이는 한반도 주거문화의 특징으로 꼽는다.

지붕

한옥의 지붕은 사용재료에 따라 초가지붕, 억새지붕, 너와지붕, 굴피지붕, 기와지붕 등으로 나뉜다. 기와지붕일 경우 박공지붕과 팔작합각지붕, 모임지붕, 우진각지붕 등으로 분류되는데, 지붕형상에 따라 특유한 감성작용을 가지게 된다. 한 채 안에 여러 가지 지붕이 복합되면서 위계구조를 가지게 된다. 지붕에 흙을 얹어 그 무게로 목가구의 구조적 안정을 취하는 방식은 한옥의 특징 중 하나라고 볼 수 있다.

담장

담장은 집을 경계하는 구역이기도 하지만 공간과 공간을 나누는 나눔 선이기도 하며, 높낮이에 따라 공간의 성격이 주어지기도 한다. 담장의 표현에 따라 남성적 공간과 여성적 공간이 규정되기도 하고 사용되는 재료에 따라 궁궐, 사대부, 민가 등으로 구분되기도 한다. 문앞에 설치되는 내외담의 경우를 보면 물리적인 장벽뿐만 아니라 시선을 차단함으로 심정적인 장벽을 구획하여 예법에 따른 논리구조를 표현하기도 한다.

4. 목조건축의 구조

4.1 민도리집과 포집 구조

한국 목조건축의 구조는 민도리집과 포집 구조로 나뉘며 민도리집 구조는 납도리와 굴도리로 나뉘고, 포집 구조는 익공식, 주심포식, 다포식 구조로 나뉜다.

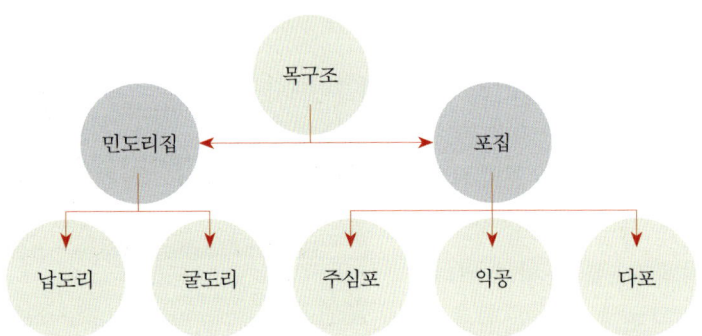

_ 목구조 양식 구분

민도리집 구조란 포작을 하지 않고 기둥과 보, 도리를 짜맞춤으로 기본뼈대를 구성하고 이 기본뼈대 위에 지붕틀을 짜놓아 집을 형성하는 구조이다. 민도리집 구조는 처마도리의 단면이 네모난 납도리 구조와 원형인 굴도리 구조로 나뉘고, 삼국시대부터 조선시대까지 민가 건축이나 간단한 건물에 가장 많이 사용한 설계방식으로 기둥의 모양에 따라 납기둥, 도리기둥으로 도리의 모양에 따라 굴도리와 납도리로 나뉜다. 그리고 결구 방식에 따라 사개맞춤방식과 숭어턱방식으로 분류되는데, 종류별로 부재의 모양이 달라서 치목 방법도 다르다. 도리 밑에 장여를 두어 구조적으로 보강하고, 벽체와 지붕 사이를 두툼하게 하여 격조를 높이기도 하는데 장여 아래 소로 치장까지 하게 되면 민도리집 중 가장 화려한 형태가 된다. 가장 단순한 구조방식이기 때문에 비례가 가장 중요하다. 기둥 높이와 도리의 길이 비율에 따라 다양한 느낌이 드는데, 장변이 가로인 경우는 편안한 느낌이 듦으로 휴식을 취하는 누마루 등에 자주 보이고, 장변이 세로인 경우는 긴장감을 주어 사당 등 의식이 이루어지는 공간에 많이 쓰인다. 부재 간의 비율을 살펴보면, 납기둥-납도리일 경우 도리의 규격을 기둥의 굵기보다 1치 적게 두께를 잡고 춤높이은 두께와 같거나 한 치수 크게 잡는 것이 일반적이고 단면의 가로세로 비율을 3:4나 3:5를 쓰는 때도 있다. 도리의 모서리에 서까래가 걸림으로 하중에 의해 나무가 찌그러질 것을 대비하여 모서리를 접거나 둥글게 말아 깎는다. 납기둥-굴도리일 경우 도리의 치수를 기둥보다 1치수 크게 잡는 것이 보기에 좋다. 사개맞춤인 경우는 장여에 주먹장이 들어가 잡아주고 기둥의 사개가지를 둥글게 파내어 도리가 지나가도록 하는 것이 유리하다. 이때 모서리 기둥에서는 기둥과 도리가 바로 짜이게 되는 왕찌 구조를 가지게 된다.

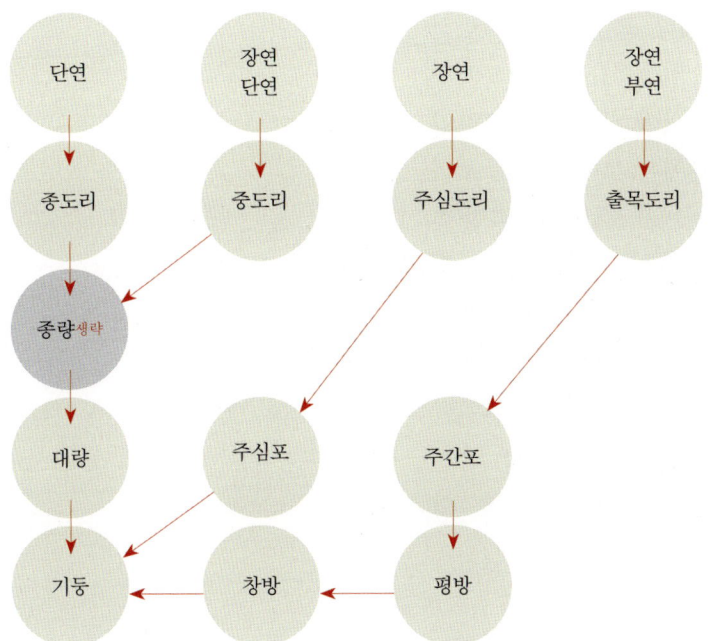

_ 하중 전달 계통도

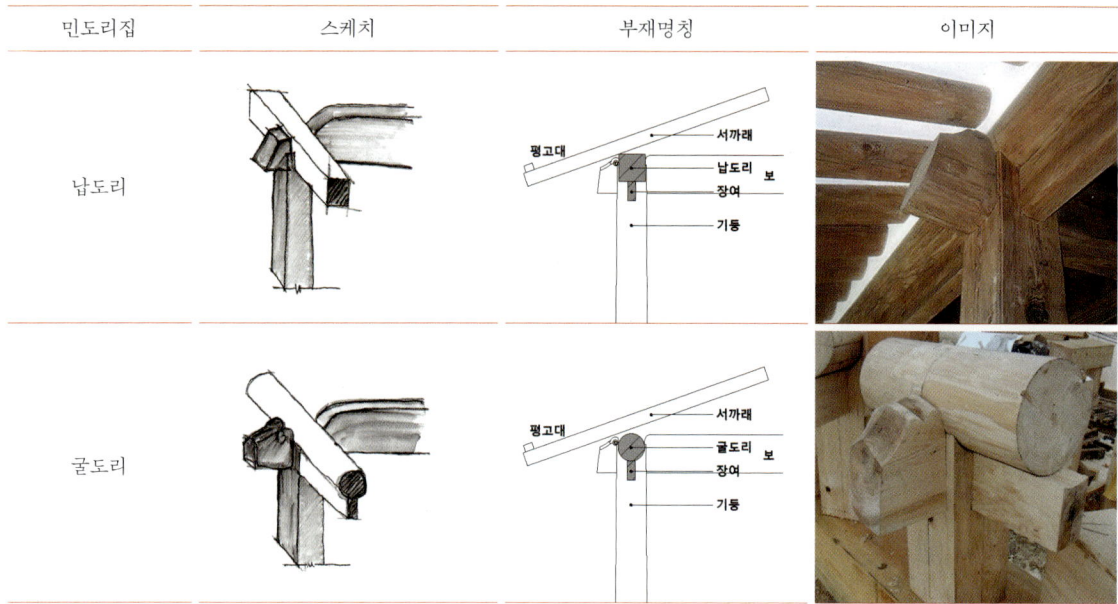

_ 민도리집 구조

    주심포는 고려시대 건물에 주로 나타나는 구조방식으로, 조선 초기까지 이어지다가 점점 줄어들었다. 주심포의 특징은 기둥 위에만 포작을 하는 것으로 다포와 구별된다. 구조 특성상 굵고 긴 목재가 많이 필요하고 부재의 조각이 화려하면서도 전체적으로는 장쾌한 느낌이 든다. 익공식은 조선 초기 건물부터 보이게 되는데, 다포 방식과 주심포 방식의 창조적인 재해석으로 볼 수 있다. 중국이나 일본에서 보이지 않는 우리 건축의 특징적인 방식이라는 점에서 의미가 있고 기능적인 면이나 의장적인 면에서 완성된 구조방식이라고 평가할 수 있다. 익공의 개수에 따라 초익공, 이익공, 3익공으로 분류가 되며 주간에 운공장식 등을 통해 다포의 화려함을 나타내기도 한다. 궁궐건축이나 사찰건축에서 출목이 있는 사례도 찾아볼 수 있다. 초익공 방식에서는 익공보아지와 주두, 창방, 소로 등으로 구성되고, 이익공은 초익공, 이익공, 주두, 재주두, 화반, 창방 등으로 구성된다.

다포계는 기둥 위에 평방을 두어 기둥과 기둥 사이에도 포작을 하는 방식으로 대규모 권위 있는 건축에 사용되는 방식이다. 민가에서는 나타나지 않고 궁궐의 정전이나 사찰의 대웅전 등에 적용된다. 조선시대에도 시기를 따라 그 양상이 다소 달라지는데 대개 임진왜란 이전을 전기, 임진왜란 이후 영, 정조 시기를 기점으로 중기와 후기를 구분한다. 첨차의 개수로서 규모를 나누는데, 주심을 기준으로 해서 외3포 내5포, 외5포 내7포 등으로 호칭한다. 다포집을 지을 때는 포작의 규모를 먼저 정하고 나서 기둥의 간격 등을 결정하게 된다.

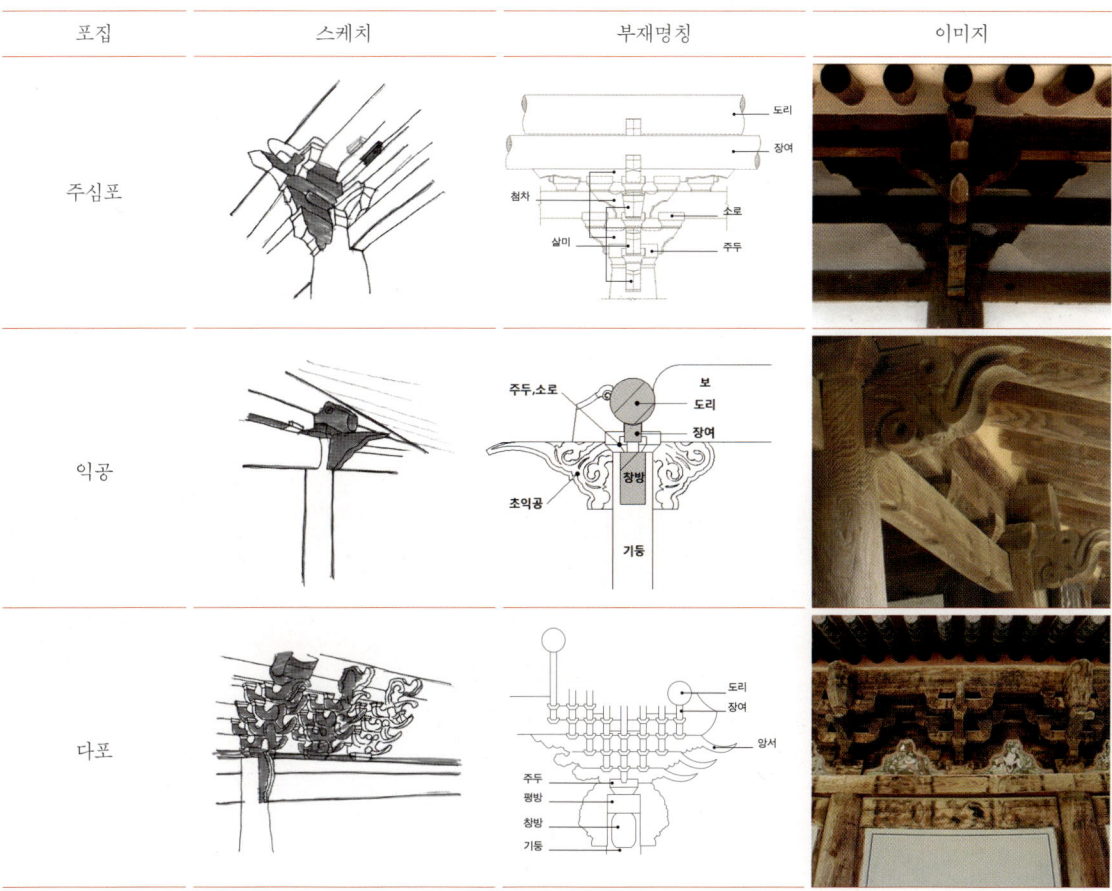

_ 포집 구조

설계와
시공

오방색 중中

토土를 의미함

대지의 기운
우주의 중심

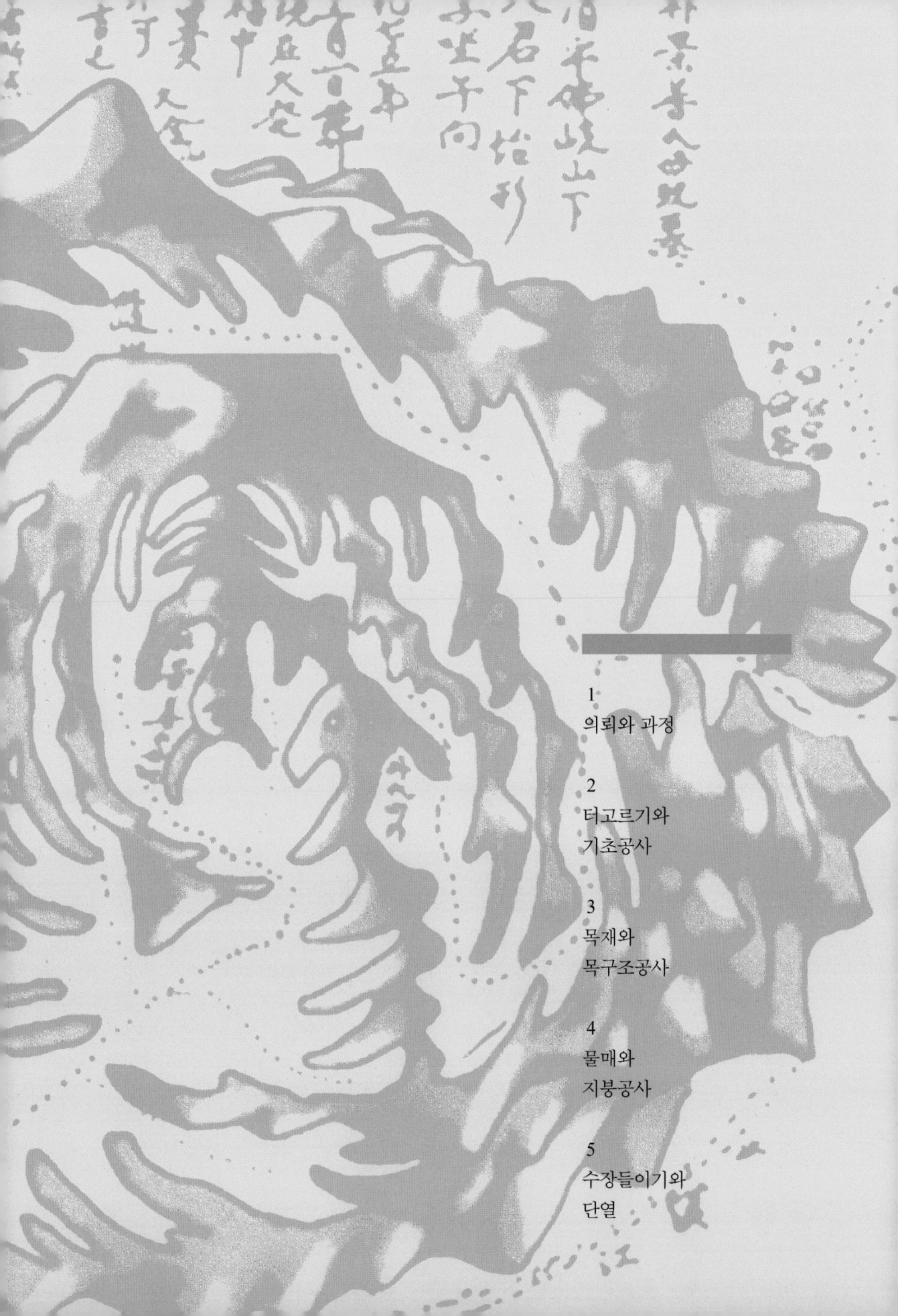

1
의뢰와 과정

2
터고르기와
기초공사

3
목재와
목구조공사

4
물매와
지붕공사

5
수장들이기와
단열

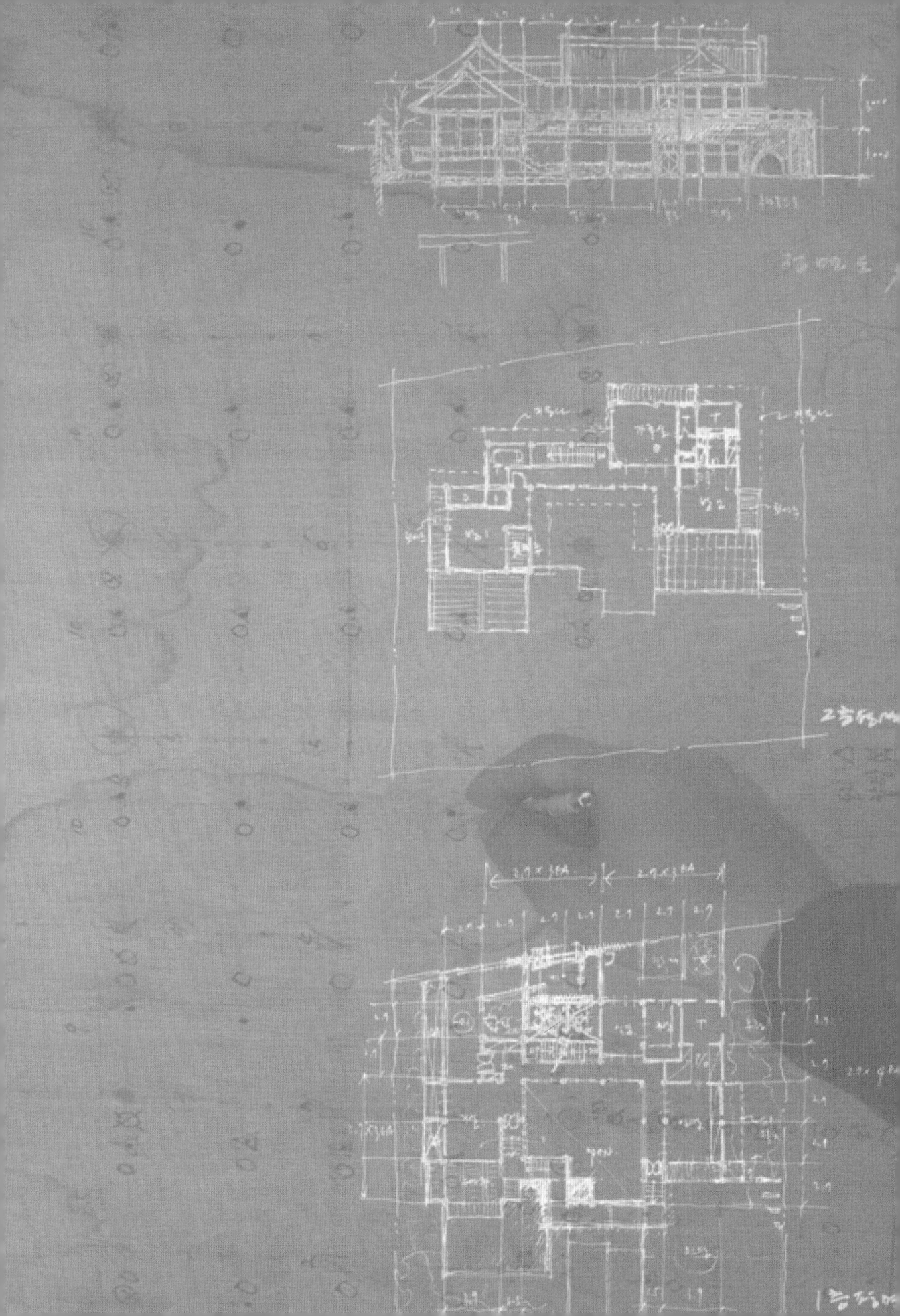

1/ 의뢰와 과정

한옥이나 현대적인 주택설계는 건축주의 의지에 따라 많은 부분이 달라질 수 있다. 그리고 설계자는 전문가로서 건축주의 의지를 최대한 반영한 주택을 설계하게 된다. 한옥이라고 해서 설계과정이 오늘날의 설계와 특별히 다른 것은 아니다. 설계는 규모에 따라 다르지만, 보편적으로 2가지 방법이 있다. 한옥에 대한 오랜 경험이 있는 전문 설계사무소에 의뢰하여 진행시키거나 한옥주택을 전문으로 하는 목구조 시공업체를 통하여 설계와 시공을 진행하는 것이다.

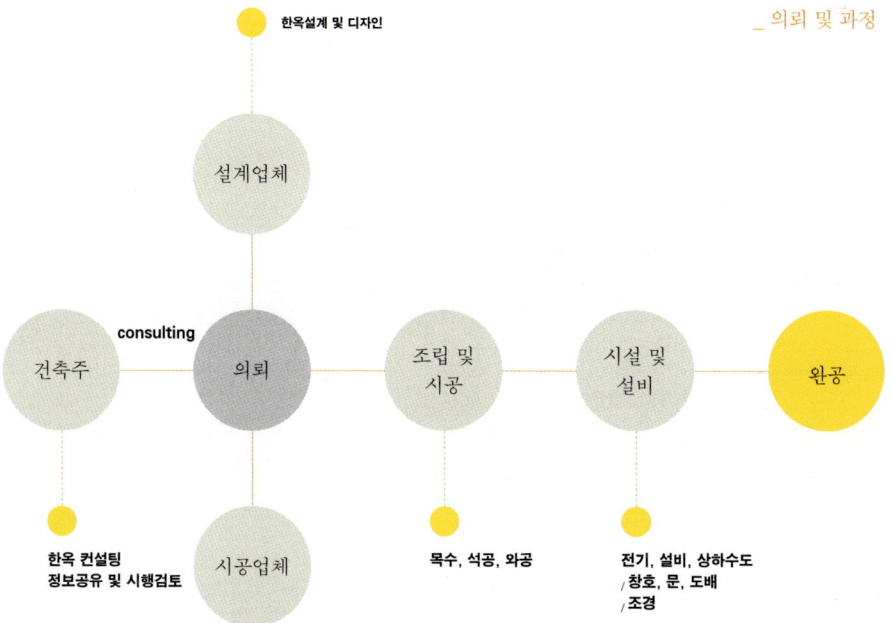

_ 의뢰 및 과정

이제 본격적으로 설계에서 시공까지의 공정에 대하여 이야기해 보자. 한옥의 설계단계는 크게 의뢰-설계-협의-도서작성의 4단계로 구분되며, 세부적으로 터잡기-간살잡이-양식결정-단면결정-지붕-창호선택 등 6단계로 나뉜다. 이 과정 중에 공사에 필요한 토목, 조경, 기계, 전기 등 관련 분야의 협의는 필수적인 사항이며, 최근 들어 에너지에 관한 관심이 높아지면서 신재생에너지와 단열 관련한 상담이 늘고 있다.

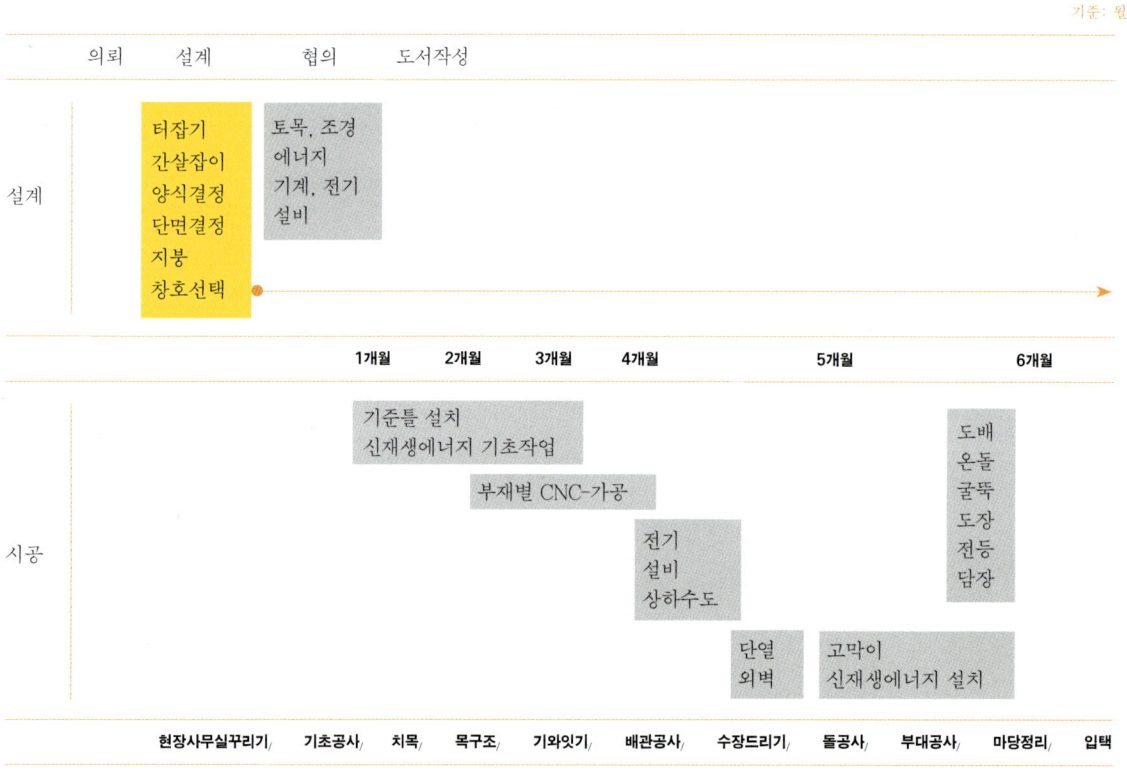

_ 설계에서 시공까지

설계의 세부과정에 대하여 살펴보면, 첫 단계로 터잡기이다. 풍수지리를 고려하여 집의 좌향과 배치를 잡는 가장 기초적이면서 중요한 작업이다.

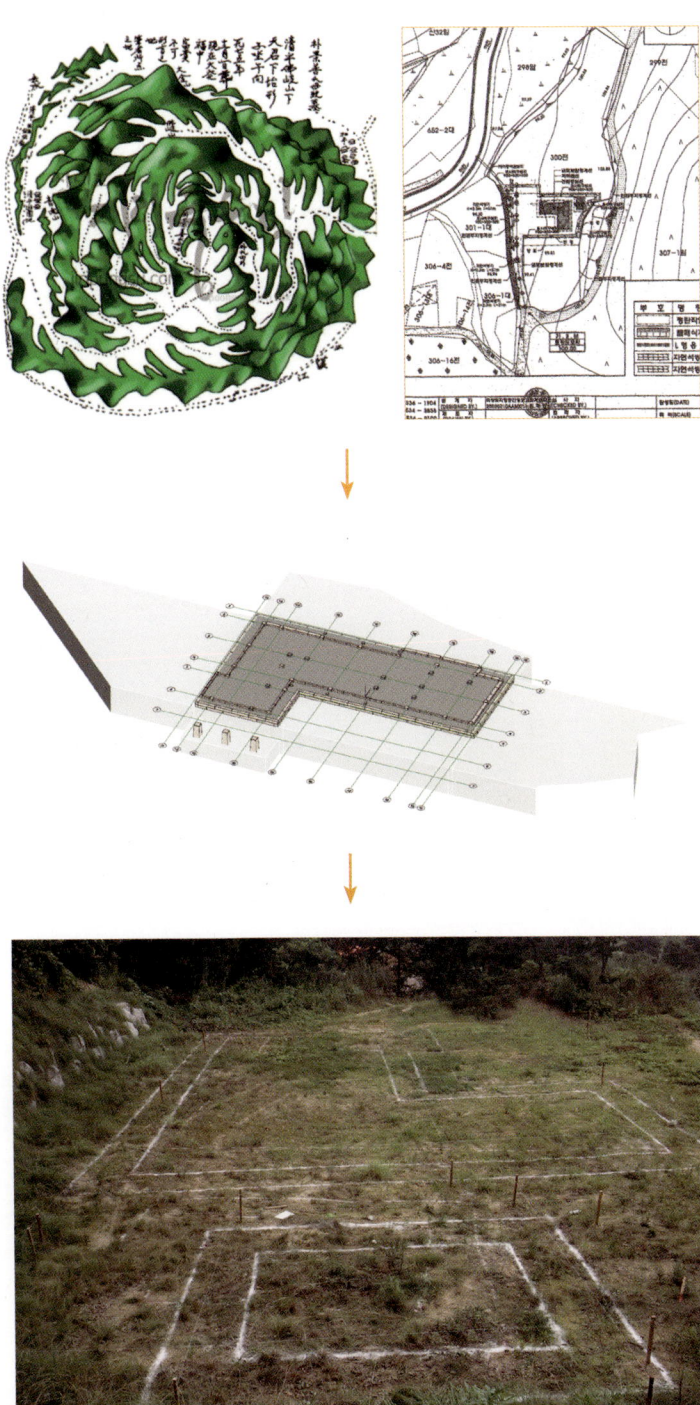

_터잡기

둘째 단계는 간살잡이라고 하는데 방의 크기와 방의 위치를 잡는 일이다. 과거에는 동서사택으로 문, 방, 부엌의 위치를 잡았으나 현대에는 라이프스타일과 공간의 중요성을 고려하여 공간의 배치가 정해지고 있다.

Type A

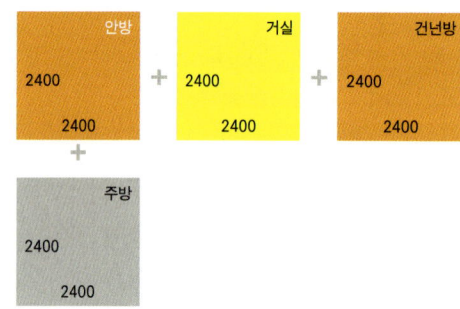

Type B

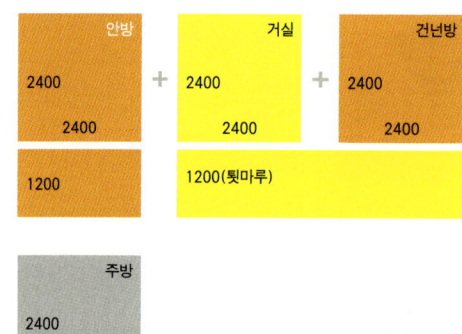

간살잡이

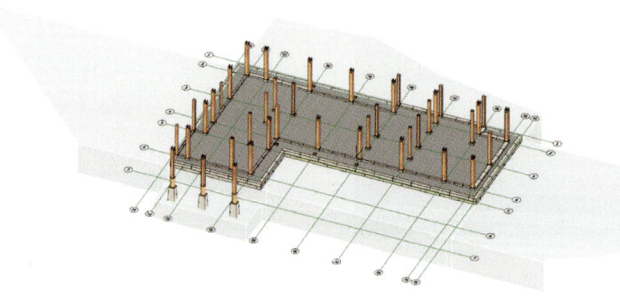

셋째 단계인 양식결정은 건물의 성격과 공사비를 고려하여 민도리, 초익공, 이익공, 삼익공, 다포, 주심포 양식을 정하는 작업이다.

_ 양식결정

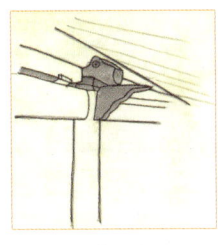
민도리

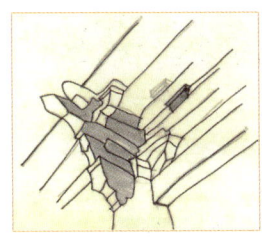
주심포

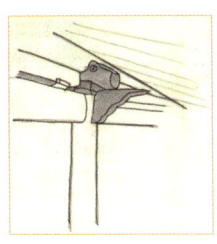
익공

다포

넷째 단계는 건물의 평면계획에 따른 높이와 공간의 쓰임새를 고려한 단면계획으로 3량, 5량, 7량 등의 목구조를 정하는 단계이다. 여기에는 내부공간의 쓰임과 구조를 고려하여, 고주의 유무를 결정한다. 근대 이후 생활방식 좌식문화에서 입식문화의 변화는 인체치수에 변화를 주었고, 이에 따른 공간을 구성하는 기둥의 높이와 간의 넓이가 조금씩 변하고 있다.

_ 단면결정

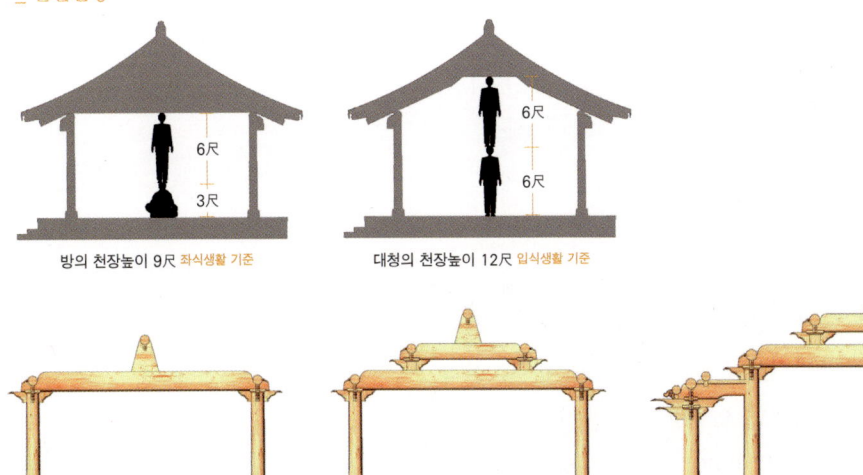

다섯째 단계는 지붕 계획으로 정면과 양통, 一자, ㄱ자, ㄷ자 등의 평면형태에 따라 맞배, 팔작, 우진각 등의 지붕을 결정한다.

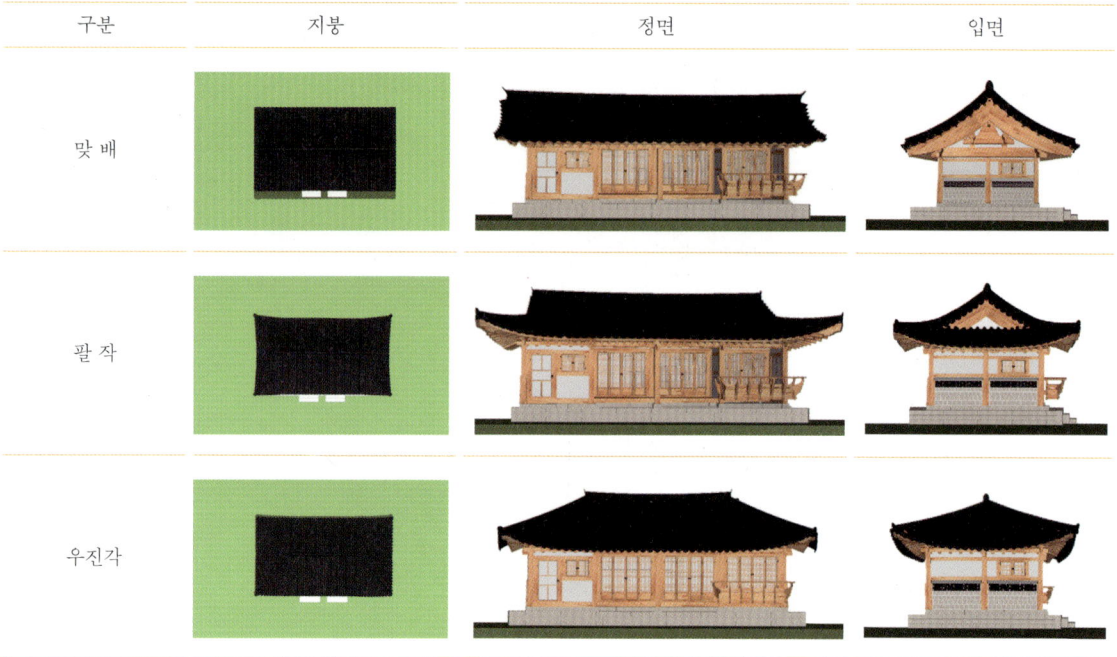

_ 지붕형태

출처_한옥센터

여섯째 단계는 입면의 비례, 창, 문의 형태를 결정한다. 한옥의 장점은 같은 문양의 이름들이 창과 문에 함께 사용되며, 부재 간의 연관성을 지닌다는 것이다. 예를 들자면 세살, 만살, 완자, 귀갑, 용자, 아자, 숫대 등의 용어가 창과 문에 같게 사용되며, 기둥의 지름과 간 사이는 구조재와 연결된 보, 장여, 도리, 수장 등 비례적 관계성을 지니고 있다.

이러한 단계의 구분은 과정을 설명하기 위한 방법론차원의 구분이고 실제에는 복합적인 판단이 필요하게 된다. 한옥을 하나의 유기체로 사고할 필요가 있다. 가령 방이 좁아서 퇴칸을 두어 늘리고자 한다면 그에 따라 지붕의 모양이나 구조방식이 영향을 받게 되는 것이다.

| 설계와 시공 | 의뢰와 과정 | 33 |

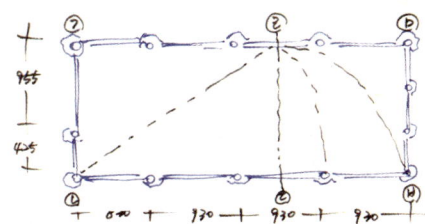

_ 송광사 평면 비례분석

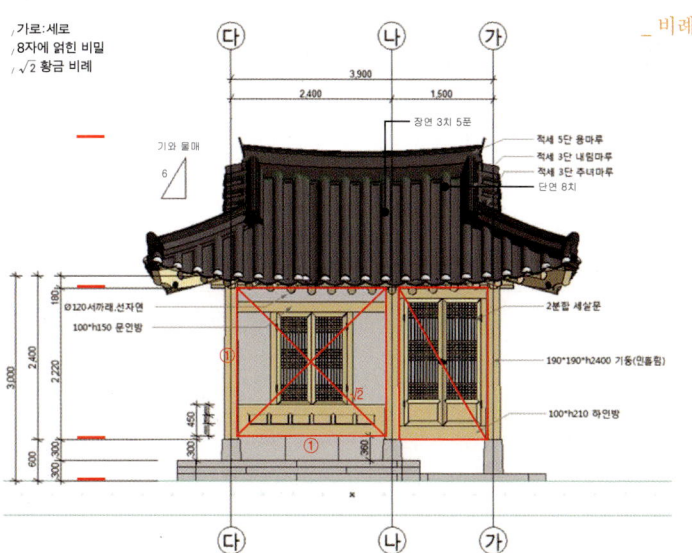

_ 비례

정면도 1:60

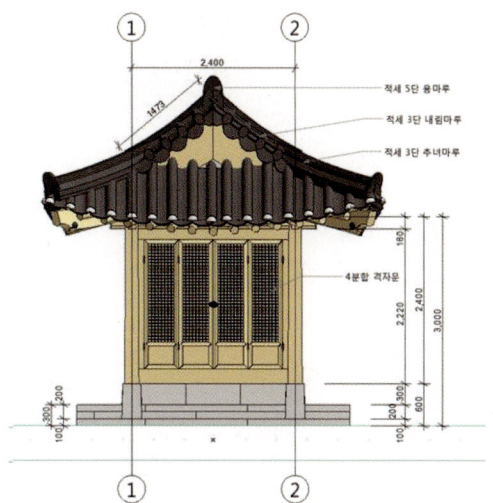

우측면도 1:60

| 배치 | 간살잡이 | 양식결정 |

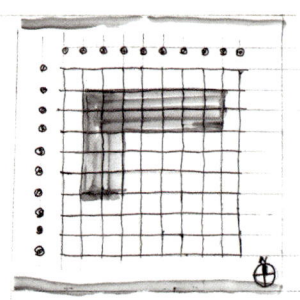 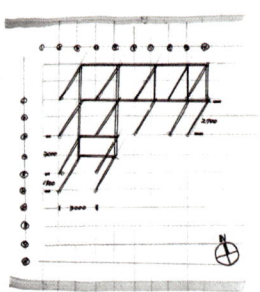 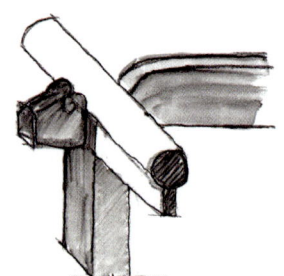

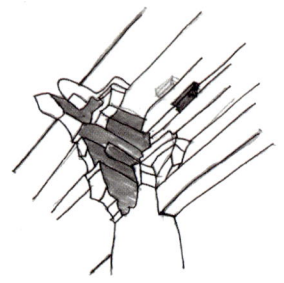

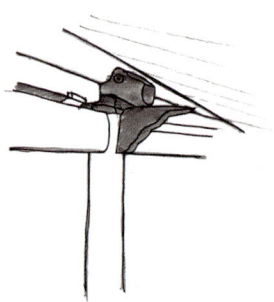

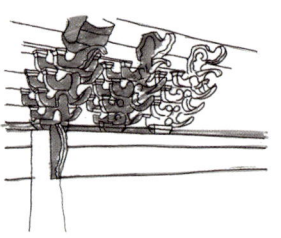

_ 설계 진행과정

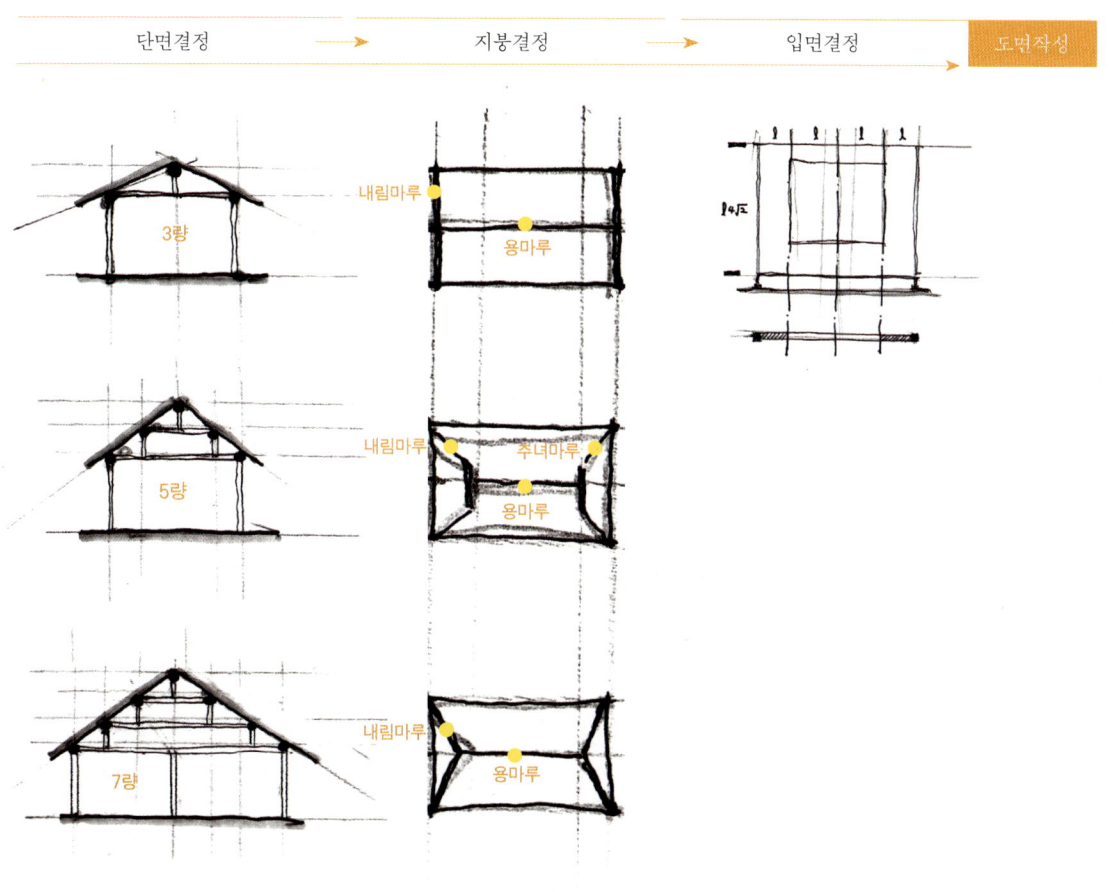

2/ 터고르기와 기초공사

터를 고르기 위해서는 기존의 지형을 알맞게 다듬게 되는데, 이것을 땅을 연다고 한다. 작업에 들어가기 전에 개토제라 하여 자연과 주변 사람에게 알리는 행사를 하게 된다.

땅의 경계를 정하는 것은 예나 지금이나 분쟁의 소지가 많은 문제라서 여러 가지 법률로 정하고 있다. 우선 경계측량을 해서 땅의 경계를 정하고 집 지을 자리에 규준틀을 설치하게 된다. 측량을 통한 기준점 설치는 실제의 부지와 설계도서와의 정합을 확인하기 위하여 평면, 고저측량을 하고 경계명시측량 후 경계말뚝을 설치하고 준공 시까지 보전될 수 있도록 한다. (측량은 관할관청이나 지적 공사에 의뢰하는 경우가 많고 측량 시 인근 주민과 동행하여 분쟁 소지를 줄이는 것이 중요하다.)

규준틀 설치는 설계도서에 따라 건물 위치할 곳을 표시하는 것인데, 모서리 및 필요한 위치에 설치하는 것으로 건물의 배치하는 위치를 표시한다. (규준틀을 설치했다 하여도 다시 확인하는 것이 좋다.)

1/ 규준틀 설치
2/ 터파기 기초다지기
3/ 철근 콘크리트 기초

2.1 기초

기초에는 몇 가지 방법이 있는데 굵은 잡석 – 작은 잡석 – 자갈 – 모래 – 강회다짐을 하는 전통방식과 무근콘크리트 독립기초, 철근콘크리트 독립기초, 철근콘크리트 온통기초 등의 현대방식이 있다.

전통방식은 초석 밑의 기초를 다지기 위해서, 표토를 걷어낸 후 기초파기를 한다. 이때 동결선 밑까지 파야 하는 것을 꼭 염두에 두어야 한다. 우리나라는 기온의 연교차가 커서 땅이 얼고 녹기를 반복하는 과정에서 지반변동이 있을 수 있다.

강릉70.3 / 울산57.8 / 춘천140.7 / 충주98.3 / 서울123.2 / 광주58.8 / 청주107.7 / 인천103.8 / 부산25 / 속초48.4 / 홍성81.7 / 포천51.7 / 목포29.2 / 대전80 / 부여72.1 / 대구76.6 / 여수23.5 / 남원64.7 / 전주75 / 수원113.5 / 삼척43.1 / 순천22.1 / 안동 83.3 / 김천68.1 / 밀양60.3 / 경주47.4

단위 cm
출처_ 장기인 〈건축시공학〉

기초파기를 한 후 굵은 잡석과 작은 잡석의 두 층 정도 다져 채운 후 모래를 덮고 물을 부으면서 다져나가는데 이것을 입사기초라고 하며 삼국시대부터 사용한 전통방식이다. 그런 다음 강회나 잡석 다짐으로 마무리한다.

현대방식이라고 하는 3가지 방식은 대지의 성격과 건축주 요구에 따라 조금씩 달라진다.

무근콘크리트 독립기초는 잡석 층 위에 거푸집을 이용하여 규정강도 $210kg/cm^2$ 이상 콘크리트를 사용하는 것이고, 철근콘크리트 독립기초는 연약지반에서 지내력을 얻기 위해 기초를 각각 다르게 시공하는 경우 사용한다. 마지막으로 철근콘크리트 온통기초는 동결선 이하의 지반에 충분한 지내력이 예상될 때 시공한다.

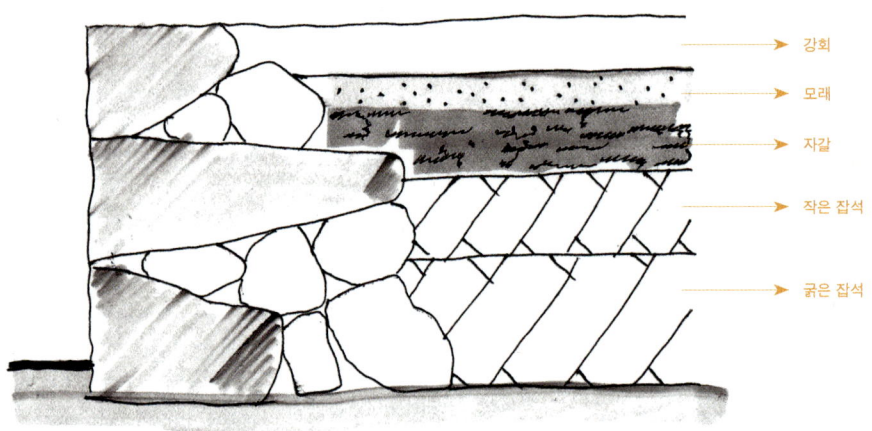

_ 기초 구분

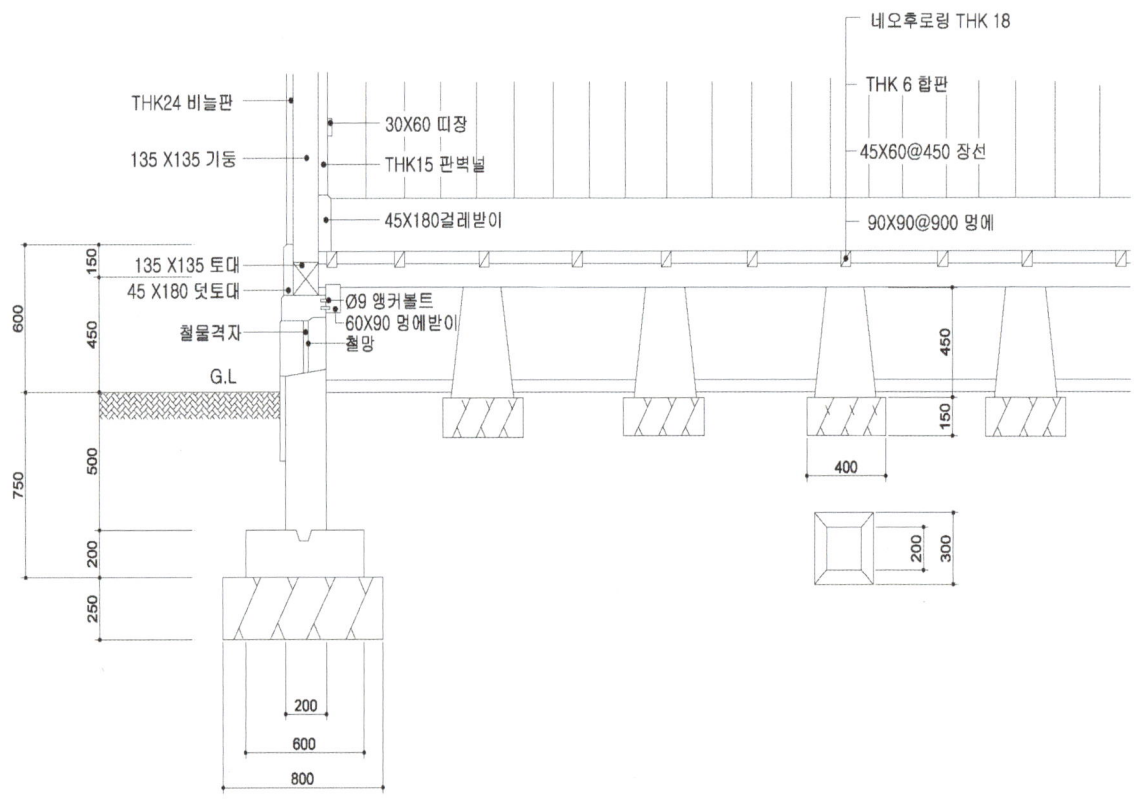

_ 사례 1
출처_〈전통한옥 시공〉

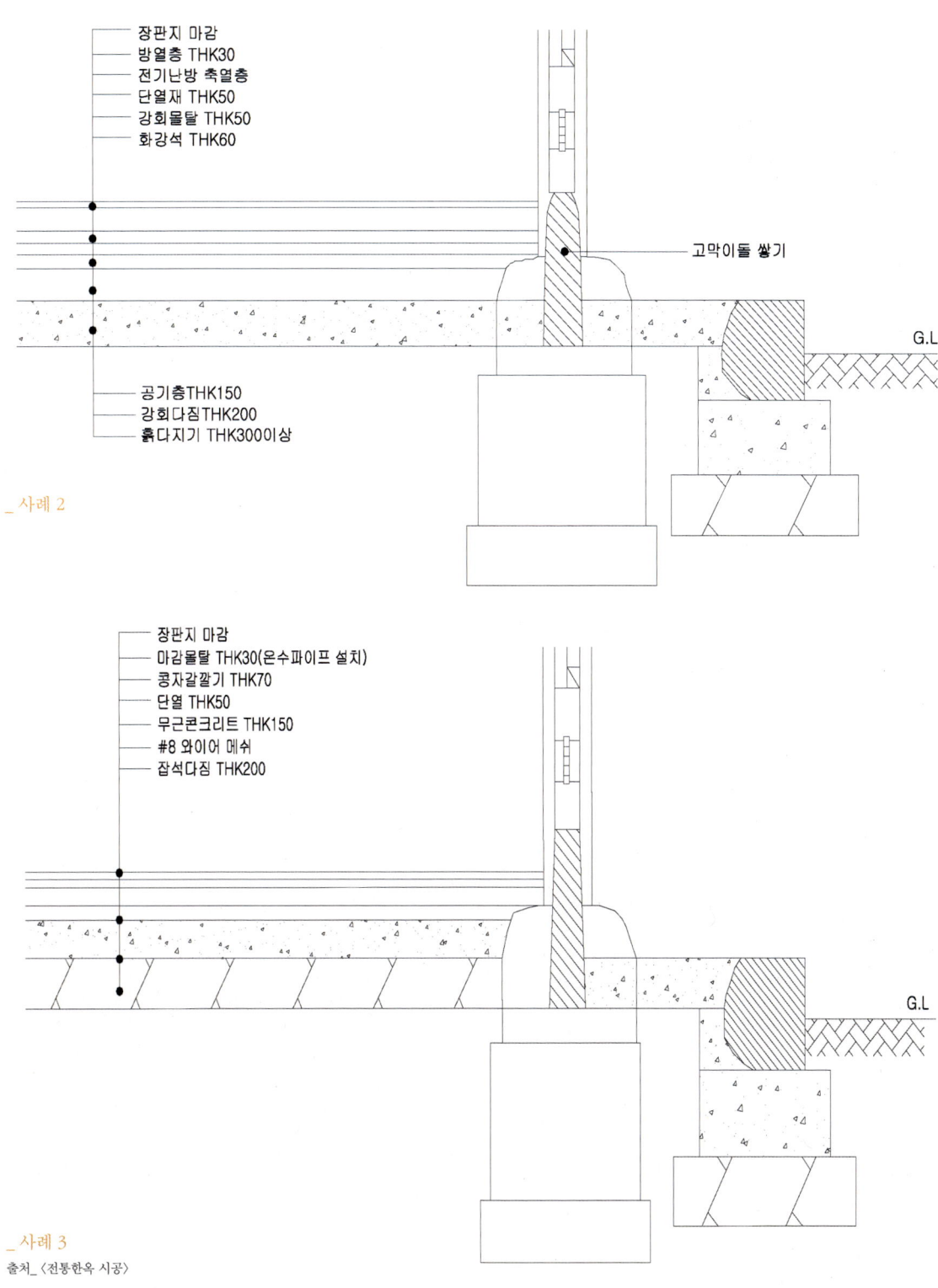

_ 사례 2

_ 사례 3
출처_〈전통한옥 시공〉

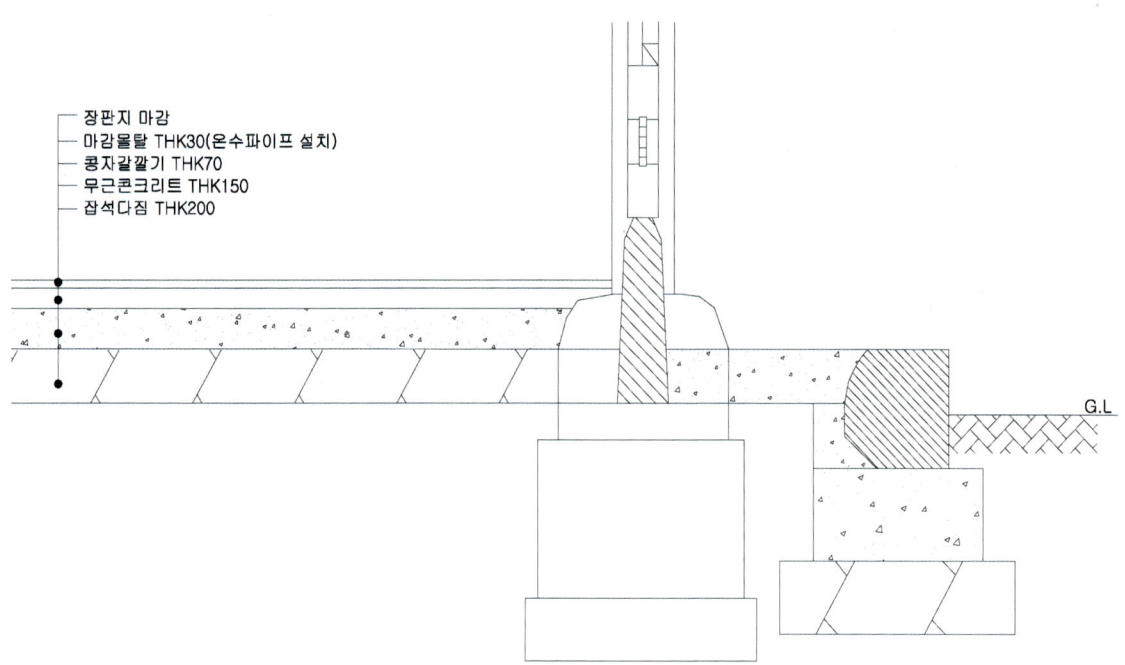

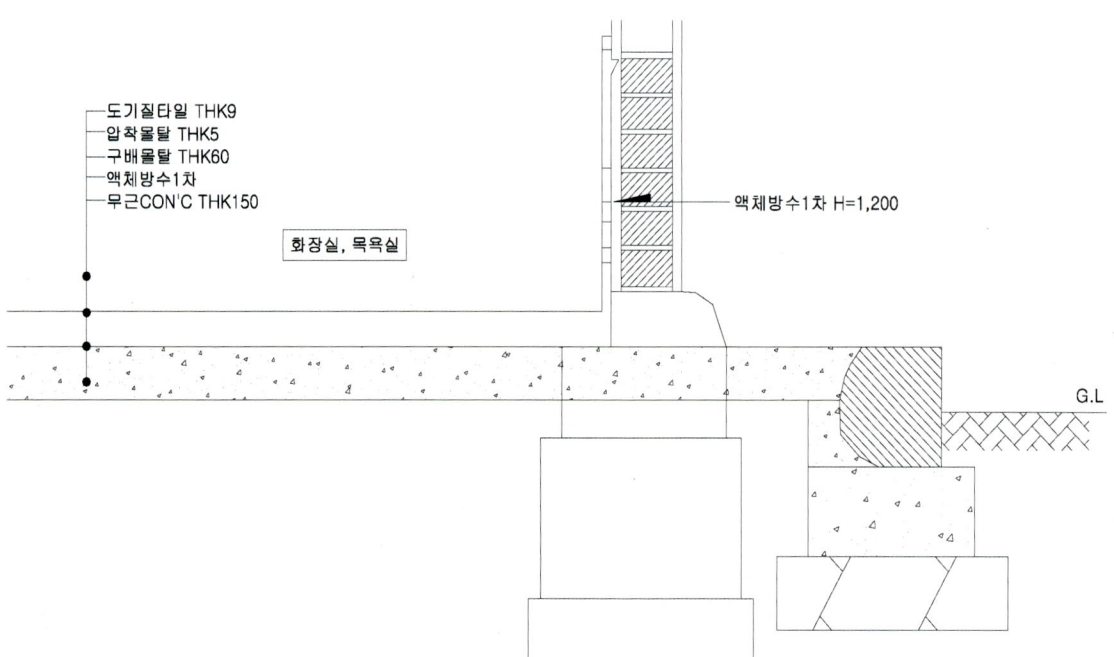

_사례 5
출처_〈한옥시공 매뉴얼〉

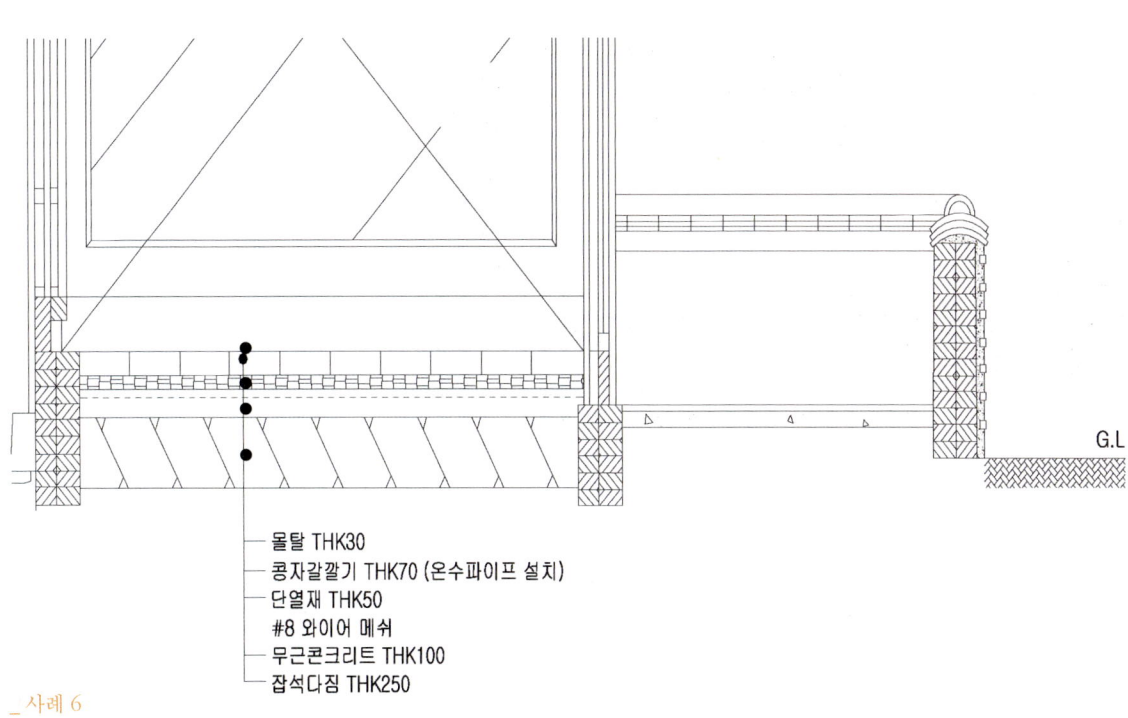

- 몰탈 THK30
- 콩자갈깔기 THK70 (온수파이프 설치)
- 단열재 THK50
- #8 와이어 메쉬
- 무근콘크리트 THK100
- 잡석다짐 THK250

_사례 6
출처_〈북촌 가꾸기 기본계획: 한옥 실측도면〉

_ 기초시공 과정   1/ 터 다지기 2/ 터 고르기 3/ 무근콘크리트 4/ 철근 넣기 5/ 배관, 인입관 설치 6/ 완료

tip

기초공사 시 병행 처리하여야 할 공정들

1, 전기 인입 및 콘센트 바닥 배선

기초공사 시 전기 계량기 설치함과 배전반 설치 위에 따라 전기배선을 사전에 설치해야 한다. 심야전기보일러 설치 시 보일러실 바닥 콘크리트 타설 전에 배선해야 하고 지중 배선라인으로 인입선도 뽑아 둔다. 콘센트 및 통신, 유선 등 필요한 배선을 바닥 배근 시 미리 결속하여 벽체가 들어설 위치까지 빼놓으면 번거로움을 줄일 수 있다.

2, 수도 인입 및 배관공사

화장실이나 다용도실에 외부에서 수도관을 끌어들일 수 있는 배관을 해둔다. 오수 배수관의 위치는 벽체를 쌓고 나면 차이가 발생할 수 있기 때문에 근접한 부분에 배관 작업만 하도록 한다. 방바닥보다 200mm 정도 낮추어 공간을 구분해 두면 자유롭게 배관을 변경할 수 있다. 이때, 정화조 옹벽공사를 병행하면 두 번 작업을 피할 수 있다.

2.2 돌과 기단

우리나라의 석조문화는 화강암 문화라고 할 만큼 건축을 비롯한 석조문화재의 주재료가 화강암이다. 국내산 화강암류는 크게, 쥐라기에 형성된 대보 화강암과 백악기의 불국사 화강암, 기타 관입암이나 화강편마암 등으로 구분할 수 있다.

제품명	용어설명	형상	제품명	용어설명	형상
각석	나비가 두께의 3배 미만이며, 일정한 길이를 가지고 있는 것		견치석	면은 원칙적으로 거의 사각형에 가까운 것으로, 길이는 4면을 쪼개어 면에 직각으로 잰 길이는 면 최소 변의 1.5배 이상일 것	
판석	두께가 15cm 미만이며, 대략 나비가 두께의 3배 이상인 것		사고석	면은 원칙적으로 거의 사각형에 가까운 것으로, 길이는 2면을 쪼개어 면에 직각으로 잰 길이는 면 최소 변의 1.2배 이상일 것	

출처_〈한옥문화〉

한옥에서 사용되는 석재는 주로 화강석이며, 문경석, 포천석, 황등석이 대표적이다. 그 중 입자가 크고 미색 빛이 나는 포천석을 많이 사용한다.

_ 포천석　　_ 문경석　　_ 황등석

출처_〈한옥문화〉

　　한옥에서 기단은 건조물의 하부에 지면보다 높게 쌓은 단으로서, 본체가 밀려나지 않게 하는 구조적 역할과 그 외곽의 경계를 짓는 구축물이다. 종류에는 크게 재료, 마감 석재형식, 시공방법에 따른 분류가 있고, 기타로 구분할 수 있다. 재료에 따른 분류는 토축기단, 전축기단, 석축기단이 있으며 석축기단은 기단의 주를 이루고 있다. 마감 석재형식과 시공방법에 따른 분류는 막돌허튼층쌓기, 막돌바른층쌓기, 다듬돌바른층쌓기로 구분하고 기타에는 축대와 월대가 있다.

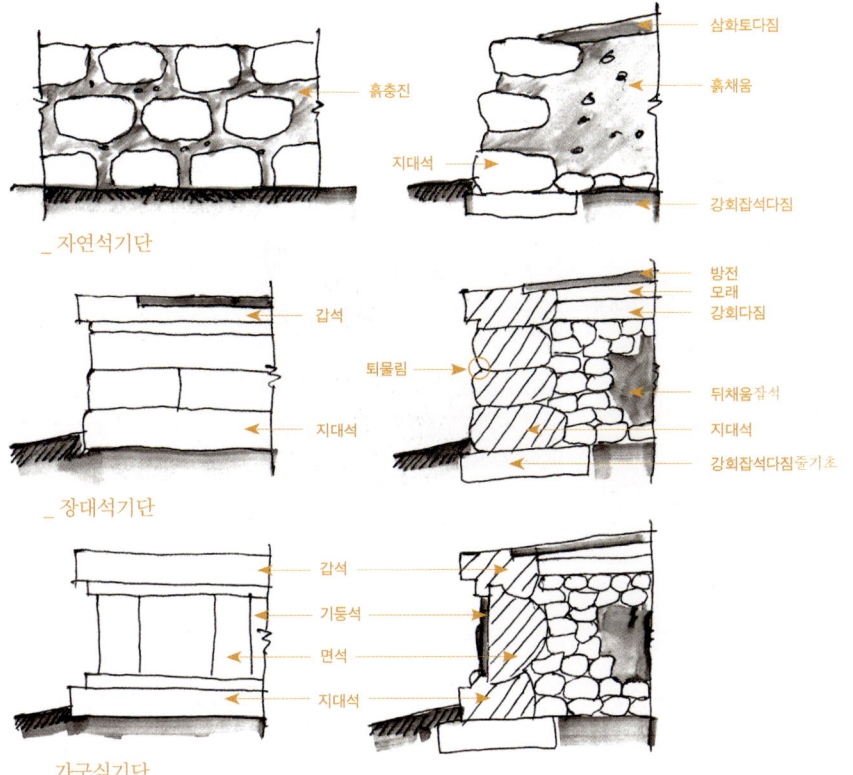

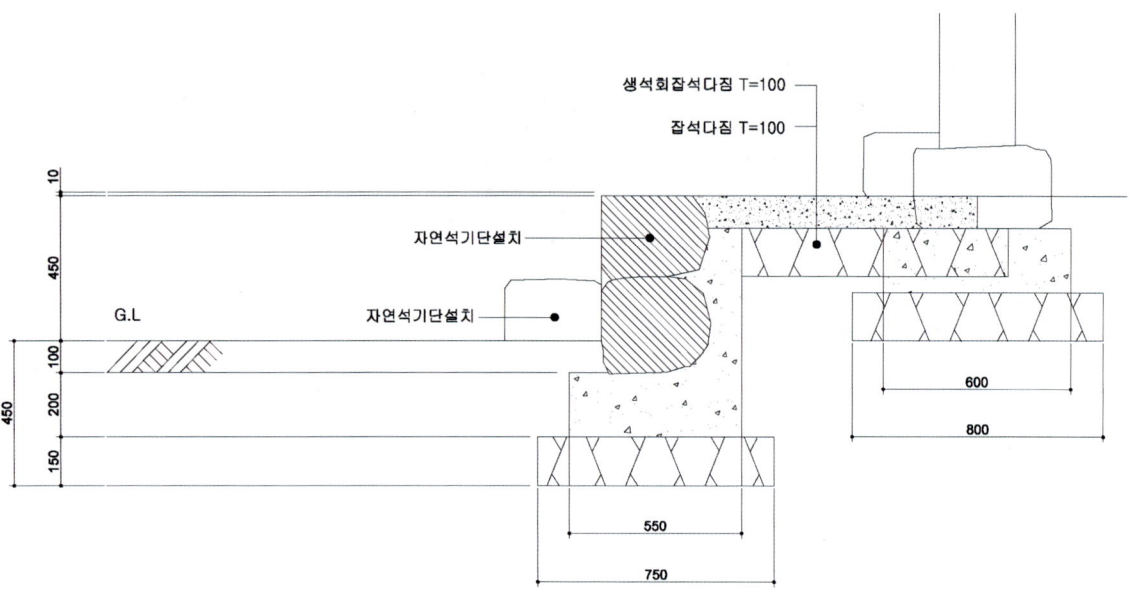

_사례 1
출처_〈한옥시공 메뉴얼〉

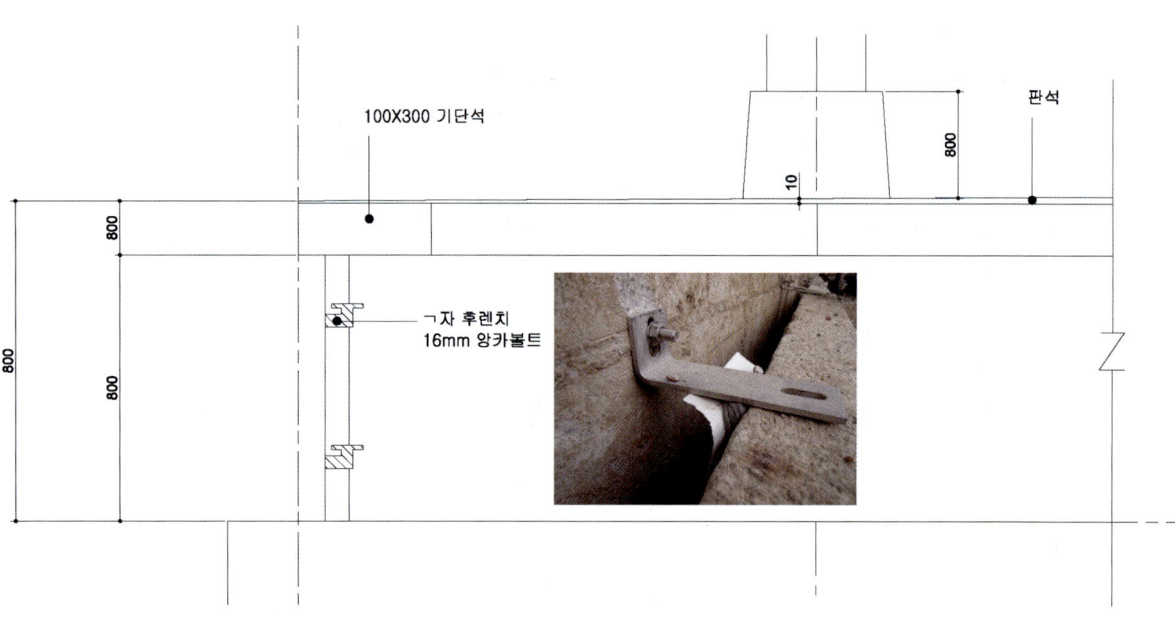

_사례 2

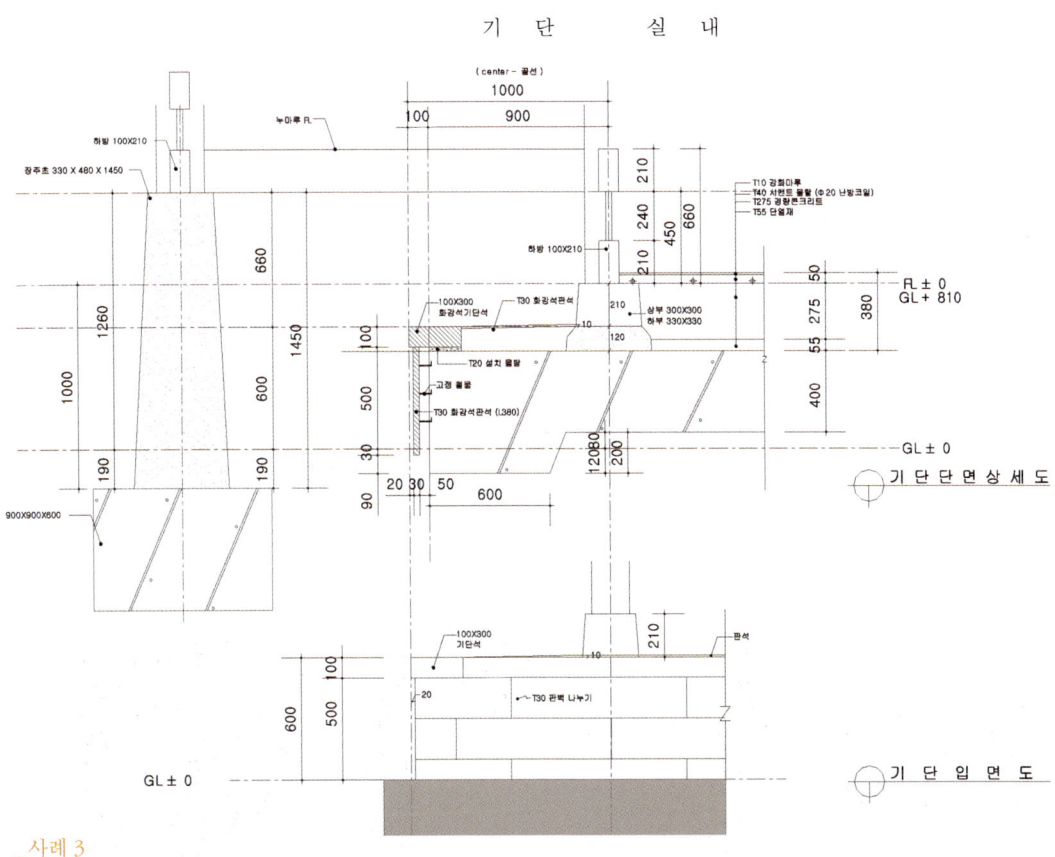

_사례 3

_기단 시공   1, 시공 전 2, 면석 붙이기 3, 모서리 처리 4, 갑석 설치 5, 완료

2.3 초석礎石: 주춧돌

기둥을 받아 기초에 힘을 전달하는 초석을 주초, 주춧돌이라고도 한다. 건물의 격, 쓰임새, 생활방식에 따라 형태와 크기가 정해진다. 대표적인 형태는 덤벙주초자연석초석, 사각형, 원형, 팔각, 사다리형, 장주초석, 고맥이초석 등이 있으며, 높이가 큰 것과 작은 것, 문양을 넣은 것과 민무늬 등으로 구분할 수 있다.

초석은 건물의 하중을 기둥으로부터 전달받아 기단으로 분산하는 역할을 하며, 바닥에서 올라오는 습기를 차단하여 기둥이 썩는 것을 방지하는 역할을 한다.

1/ 덤벙주초 2/ 사다리형초석
3/ 장주초석 4/ 연화무늬초석
5/ 원형고맥이초석
6/ 원형초석 7/ 8각초석

초석의 크기는 중국 북송시대의 건축기술서인 영조법식 營造法式에 보면, 초석 하부 면의 너비는 기둥지름의 두 배라는 내용이 있으나, 절대적인 것은 아니다. 지반의 성질강도과 기초 방식에 따라 다를 수 있으며, 초석 상부의 크기는 보편적으로 한옥의 기둥 치수보다 1~2치 크게 만든다.

- 덤벙주초인 경우 그렝이질을 한다.
- 주초와 기둥이 접착한 면에 숯과 소금을 넣는다.

기둥상부
=기둥하부-1치

초석상부
=기둥하부+2치

기둥하부

초석하부
=초석상부+1치

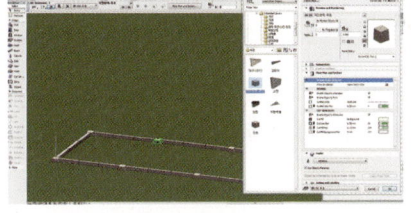

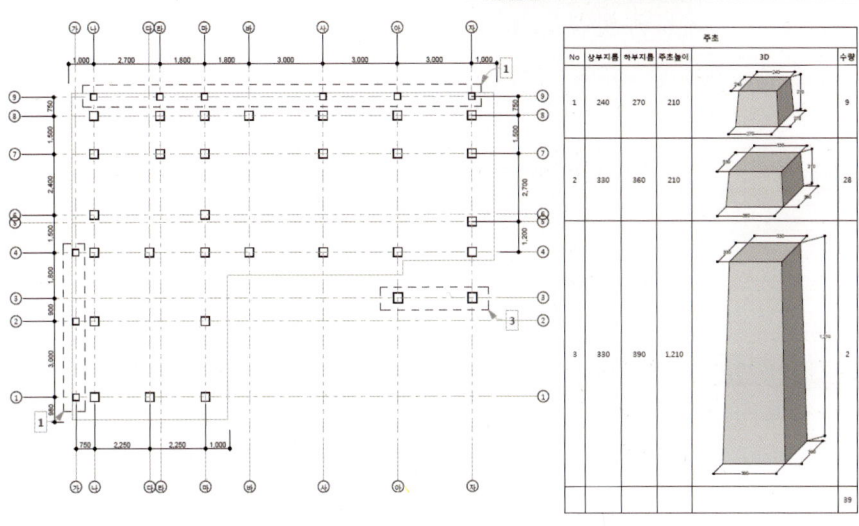

No	상부지름	하부지름	주초높이	3D	수량
1	240	270	210		9
2	330	360	210		28
3	330	390	1,210		2

1/ 기초
2/ 초석 십반먹
3/ 초석 위치잡기
4/ 완료

_ 초석시공

2.4 구들공사

구들은 온돌이라고도 하며 겨울의 추위를 견디기 위한 조상의 지혜가 담겨 있다. 지역에 따라 구들의 크기와 사용방식이 조금씩 다르긴 하지만 용도는 같다. 구들은 고래를 켜고 구들장을 덮어 흙을 발라서 방바닥을 만들고 불을 때서 난방하는 방식이다. 공사시기는 목구조가 끝나고 수장공사를 시작하면서 함께하지만 위치 잡기는 기초공사할 때 함께 한다. 공사 시 유의할 사항으로 구들은 나무를 사용하여 난방하는 방식이므로 흙에서 올라오는 습기에 매우 민감하여 구들을 놓는 바닥은 별도의 시공방법으로 하기도 한다.

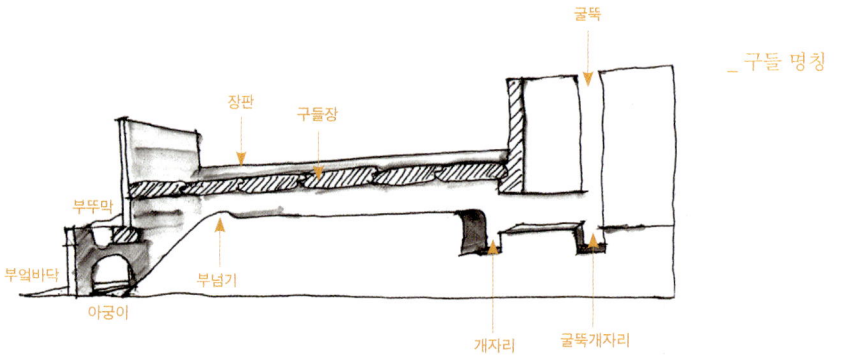

_ 구들 명칭

전통적으로 구들의 분류는 1로식, 2로식, 다주식, 다로식으로 분류하고 불을 사용하는 위치에 따라 함실아궁이와 부뚜막아궁이로 구분한다.

구들공사의 가장 중요한 점은 바람의 방향을 봐서 바람이 부는 쪽을 아궁이로 하고 바람이 불어가는 쪽을 굴뚝으로 계획해야 한다. 왜냐하면, 바람의 방향과 반대 방향으로 계획을 하면 따뜻한 공기가 역류하여 아궁이 쪽으로 불길이 나와 화재의 위험도 있고, 난방이 제대로 이뤄지지 않는다.

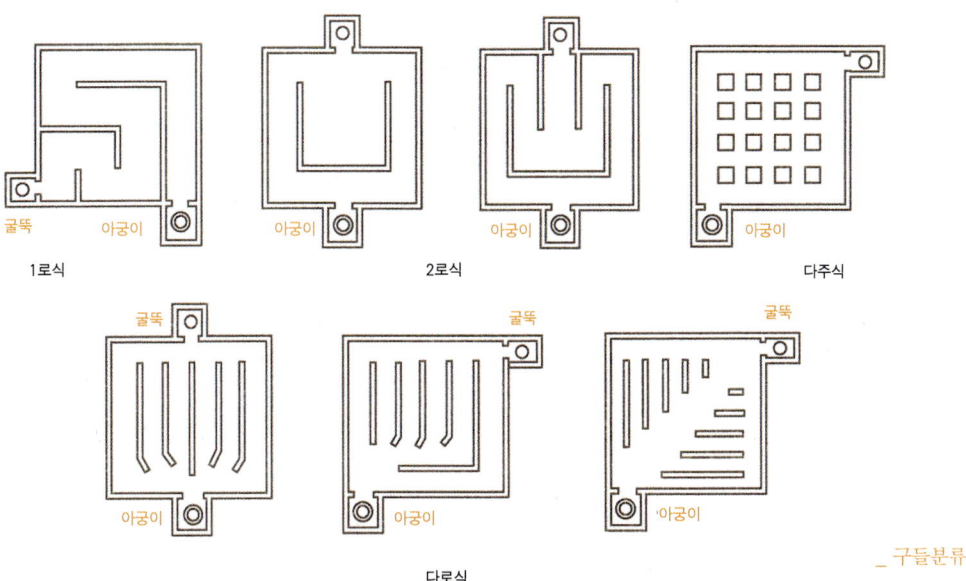

_ 구들분류

구들공사는 바닥에 콘크리트 타설 후 기초에서 1m 이상 내화벽돌을 쌓고 고래둑 높이를 80cm 이상, 폭 30cm로 한다. 그런 다음 고래둑 위에 구들장을 올리고 틈새가 없도록 진흙이나 시멘트모르타르로 메워준다. 이때가 가장 중요하다. 꼼꼼히 메우지 않으면 연기가 방안으로 들어오기 때문에 지금까지의 모든 공정을 다시 해야 하는 번거로움이 있다. 마지막으로 바닥 7~10cm 두께로 황토모르타르나 시멘트모르타르 미장한다.

전통방식의 흙을 사용할 경우에는 불을 때고 나면 바닥이 갈라짐으로 수 차례에 거쳐 방망이로 다져서 틈을 메우고 다시 바르는 과정을 반복한후에 연기가 새지 않게 시공을 하여야 한다.

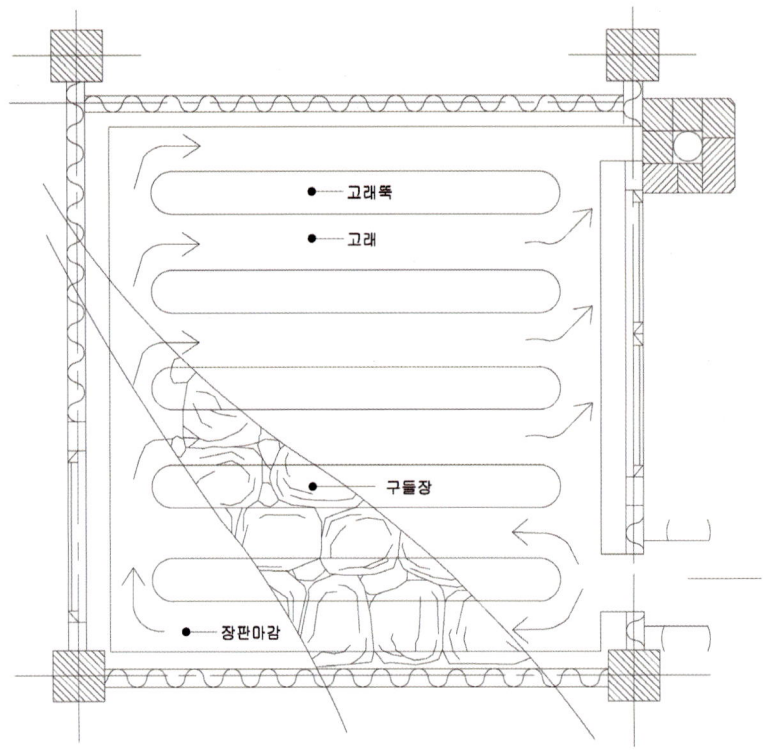

_ 구들명칭

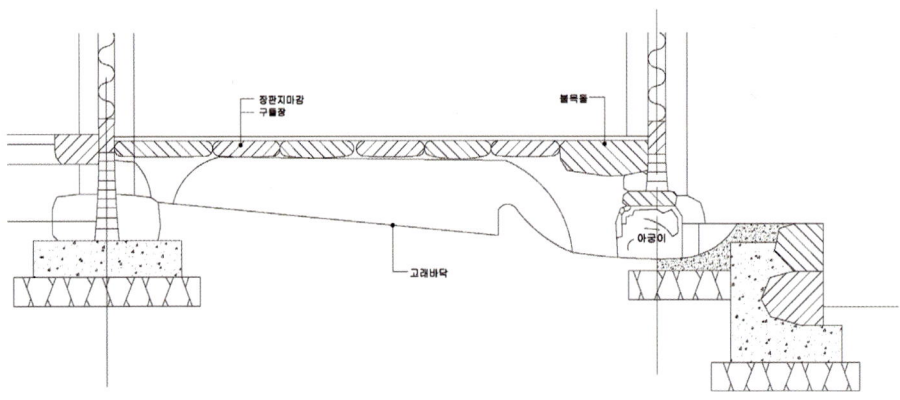

_ 사례 1

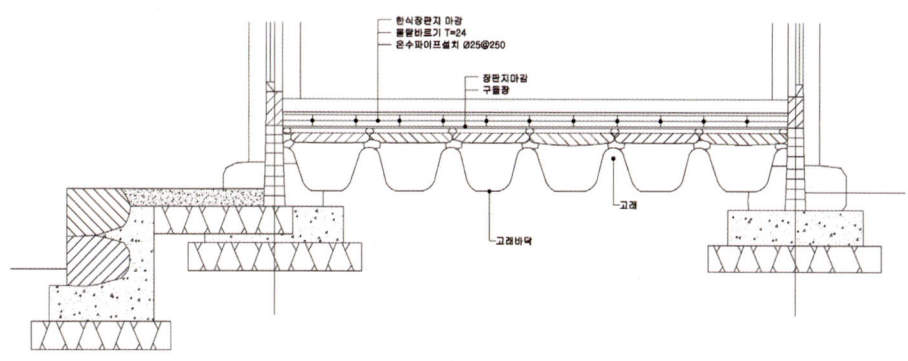

_ 사례 2

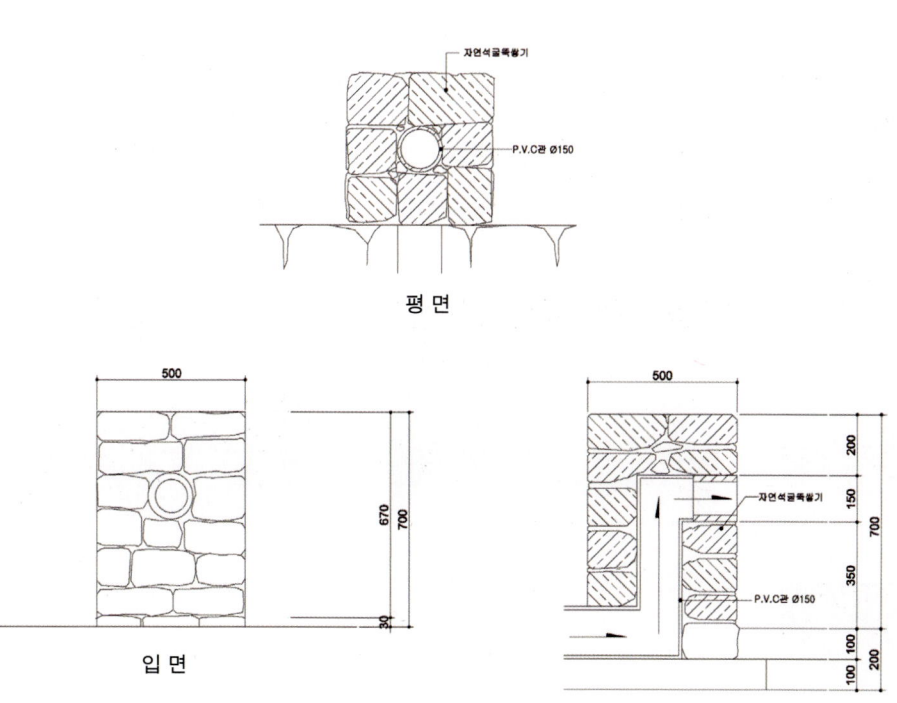

_ 사례 3

출처_ 〈한옥시공 메뉴얼〉

_ 구들시공

1/ 기초공사 2/ 외벽 쌓기 3/ 고래둑 만들기 4/ 개자리 만들기
5/ 구들장 놓기 6/ 잔돌 채우기 7/ 부토작업 8, 9/ 불 피우기
10/ 완성된 와편굴뚝 11, 12/ 함실아궁이 마무리 모습

설계와 시공 | 터고르기와 기초공사 | 53

_ 구들분류

3. 목재와 목구조공사

목재를 사용하는 한옥은 목재의 수급이 중요한 과제이다. 특히, 소나무가 귀해서 구조재로 사용할만한 목재를 찾기란 여간 어려운 일이 아니다. 근래는 수입 원목을 많이 사용하기도 하지만 그래도 적당한 목재를 찾기가 쉽지만은 않다. 국내의 소나무를 벌목하기 위해서는 해당 시군구청 산림녹지과를 찾아서 산림경영계획서라는 서식을 작성해 벌목허가를 받으면 된다. 서류라고 해서 복잡하거나 어려운 것은 아니다. 하지만 필자는 목재소나 제재소를 찾아가 목재를 구하는 것을 권장한다. 나무의 벌목 최적기는 겨우살이를 하기 위해 최대한 물을 밑으로 내린 12월이다. 그러나 보통 11월이면 벌목을 시작한다. 벌목한 나무를 가지와 잎이 달린 상태에서 겨울을 나도록 하면 나무속에 들어 있는 수분이 잎을 통해 공기 중으로 많은 양 빠져나가서 자연건조에 많은 도움을 준다. 그다음에 가지를 잘라낸 목재를 제재소로 가져와 야적시키게 되는데, 이때 수년 동안 자연건조가 충분히 된 기건氣乾상태의 목재를 구할 수 있으면 집을 짓는 데 무리가 없을 것이다. 벌목을 잘 마친 후 주의해야 할 것이 몇 가지 있다. 첫째가 보관을 잘못하여 변색균에 의한 청태가 생기는 것과 습기에 의해 곰팡이가 생기는 것이다. 변색을 일으키는 균의 해를 예방하는 기본적인 원칙은 균의 생육조건과 반대되는 환경을 유지하는 것이다. 될 수 있으면 빨리 건조 시키고 건조 후에 다시 젖지 않도록 하며 약제처리, 저온저장, 산소차단의 방법이다. 기온이 낮으면 변색은 발생하지 않으므로 변색을 예방하는 최선의 예방책은 겨울철, 10월에서 3월에 벌채하여 충분히 건조한 후 봄이 되기 전에 가공하여 사용하는 것이 좋고, 보관 시 습기나

_변색균에 의한 청태 및 곰팡이
출처_ 〈한옥문화〉

물기에 닿지 않도록 바닥에서 30cm 이상 띄워 보관하여 물기에 노출을 피하는 것이 예방법이다.

좋은 목재를 고르는 방법에 대해서도 알아보자. 첫째는 나이테 간격이 고르면서 촘촘한 목재를 선택한다. 나이테 간격이 좁을수록 단단하고, 치밀하다. 나이테에 어두운 빛을 띠는 만재의 비율이 높으면 좋은 목재라 할 수 있다. 만재는 조재보다 리그닌이라는 물질이 많고 수분함량은 적다. 리그닌은 목재의 섬유소끼리 단단히 붙잡아주는 접착제 역할을 하는 물질로 심재 부분에 많이 들어 있다. 심재는 세포의 골격을 이루는 물질만 남아 나무를 지지하는 기계적 기능을 가진다. 리그닌 함량이 많고 지지하는 기능을 갖는 심재가 많이 들어있는 목재가 그만큼 건물의 뼈대를 지탱하는데 유리하다.

둘째로 충분한 수령을 가진 최소 30년생 이상의 목재를 선택하는 것이 좋다. 15년 이하의 목재는 급격한 성장으로 형성된 심부로 미숙재라 하여 가치가 떨어지며 구조재로써 사용하기에 매우 부적합하다. 보통 우리나라 소나무는 지름 30cm당 80년에서 120년의 수령을 보이는데, 주로 영서지방 나무들의 수령이 작고 영동지역 소나무들이 120~130년까지 된다.

셋째로 옹이가 적당한 목재를 고른다. 옹이는 나무등치의 부피가 점차 커지면서 그 내부에 가지를 점점 포위시켜 만들어지는데, 가지 생장이 왕성할 때 생긴 산 옹이는 옹이와 나무

_ 나이테 간격

_ 산 옹이

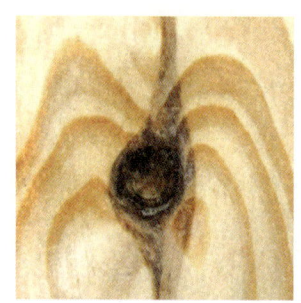
_ 죽은 옹이

출처_〈한옥문화〉

둥치가 밀착되어 목재가 말라도 쉽게 떨어지지 않는다. 그러나 가지가 고사하여 만들어진 죽은 옹이는 판으로 켰을 때 쉽게 떨어질 수 있다. 옹이가 많으면 목재의 강도를 떨어뜨리고 수축이 불균일하게 일어나 뒤틀림이나 갈라짐을 유발한다.

　마지막으로 소나무의 종류에 관하여 이야기할까 한다. 우리나라 소나무는 일반적으로 육송이라고 부르는데, 해안 근처의 해송과 대비되는 호칭이다. 껍질 아랫부분이 거북이 등처럼 갈라지고 윗부분은 붉은색을 띠게 되는데, 적송이라고도 한다. 소나무는 자라는 지명과 학술적으로 나뉘는 것이 몇 가지 있는데 필자는 현장에서 주로 사용하는 지역명 소나무와 유래를 중점적으로 다루고자 한다. 동북형 소나무는 개마고원을 제외한 우리나라 전역에 분포하고 있는 소나무이며, 금강송이라 불리는 소나무는 강원도 태백산 근역의 해발 600고지 이상의 지역으로 경북 울진, 봉화, 청송에 이르는 강원 산악 및 동해안에 자라는 소나무들을 일컫는다. 춘양목은 일제강점기에 춘양역에서 온 소나무를 말하고, 황장목은 영주, 봉화, 태백지역에서 온 소나무이고 이것을 금강송이라 말하는 사람도 있다. 송백은 소나무와 잣나무를 말하는데 두 가지 모두 우리나라의 대표적인 고유수종으로 백자송, 상강송, 유송, 오엽송, 신라송, 홍송이라고도 한다. 특징은 심재 부분이 황홍색이고 소나무보다 뒤틀림이 덜해 창호나 문틀을 짜는 데 많이 사용한다. 곰솔은 동·서·남해안 섬 등 바닷가 근처 10여 리 내외에서 자라는 해송으로 소나무와 곰솔의 차이는 곰솔 껍질은 까맣고 잎끝을 눌러보면 찔릴 정도로 딱딱하며 새순은 회갈색이지만, 소나무는 껍질이 붉고 잎이 부드러우며 새순은 적갈색이 특징이다. 여기까지가 국내수종이다.

　그럼 국외수종에 대하여 이야기해보자. 소나무 수급과 비용에 어려움이 있어 국외수종을 수입해 사용하는 경우가 많아졌다.

　외국 소나무인 라디아타 파인, 헴록, 더글러스퍼, 구주소나무 등이 국내로 수입된다. 라디아타 파인은 미국 캘리포니

나무의 종류

_ 소나무

_ 황장목금송

_ 잣나무

출처_〈한옥시공 매뉴얼〉

아가 원산지로 조림한 지 30년 정도 된 목재라 지름이 작고 자연림에서 자란 목재보다 품질이 떨어지는 편이다. 헴록은 알래스카의 케나이반도부터 캘리포니아 북서부 지역까지 분포한다. 우리나라에 수입되는 헴록은 주로 서부 헴록으로 품질이 동부 헴록보다 좋고 가격도 비싸다. 헴록은 더글러스퍼와 함께 재질이 좋으며 지름이 2~3m씩이나 자라 건축재에서 합판까지 쓰임새가 다양하다. 더글러스퍼는 캐나다와 멕시코를 포함하여 미국 태평양 연안 및 로키산맥지역에 분포한다. 천연림에서 자란 북미산은 색도 붉고 재질도 부드러우며 강도도 강하다. 변재가 많은 라디아타 파인과 달리 심재가 많은 수종으로 구조용 목재로 적합하다. 구주소나무는 유럽과 북부 아시아 원산으로 유럽에서 주요 조림 수종이다. 목재시장에서는 지역에 따라 소송, 독송 등으로 불리며, 껍질은 붉은색을 띤다. 국내 소나무와 종은 다르나 외형이 비슷하고 재질이 가장 유사하다.

이처럼 많은 종의 국외 소나무가 국내에 들어와 한옥의 한 부분을 차지하고 있다. 하지만 필자의 생각은 한옥의 나무가 우리 강산에서 자란 소나무라면 더할 나위 없이 좋겠지만, 문화재에서 겪는 어려움에서 보듯이 대경재를 구하기란 쉽지 않다. 꼭 국내 소나무라야 된다고는 생각지 않는다. 물론, 국내 소나무와 국외 소나무는 다소 차이를 보이기는 한다.

_ 곰솔

_ 헴록

_ 더글라스퍼

출처_〈한옥시공 메뉴얼〉

3.1 세장비細長比와 결구

한옥은 나무, 흙, 돌 등과 같은 자연에서 생산되는 재료를 사용하여 건설하는 친환경 건축물이다. 그중 목재는 구조와 형태를 담당하고 있으며, 하중이 전달되는 방식은 가구식이다.

가구식架構의 한자를 풀이하면 "건너질러 얽어맨다."이며, 한옥의 구조방식은 매우 합리적이며 단순한 구조로 되어 있다. 최근 들어 조적방식이나, RC 구조방식과 같은 현대식 공법으로 한옥의 맥을 이어나가는 것도 있으나 필자는 목가구구조를 중심으로 설명하고자 한다.

기둥의 세장비細長比는 보, 도리, 초석 등과 비례가 있어 영향을 준다고 말한다. 현장에서 작업하거나 설계하는 작업자에게 왜 그러냐고 물어보면 대답은 한결같이 예전부터 그랬다고 하거나 비례 때문이라고 말한다. 틀린 이야기는 아니지만, 여기에는 힘의 전달이라는 공학적 구조해석이 숨겨져 있고 세장비 말고도 결구 방식을 들여다봐야 해답이 풀린다.

구 분	초석	보		보목	도리	장여	
	크기	가로	세로		굵기	가로	세로
기둥기준	1치 크게	크거나 같게	1.5배	2치5푼	1치 크게	柱의1/3	4~7치

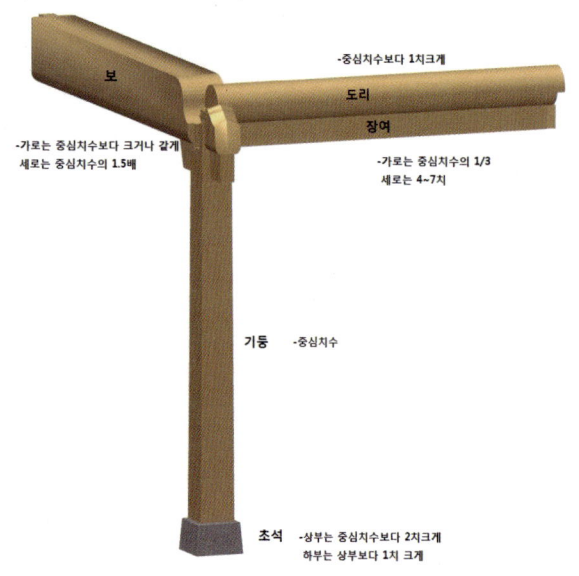

_ 부재비례

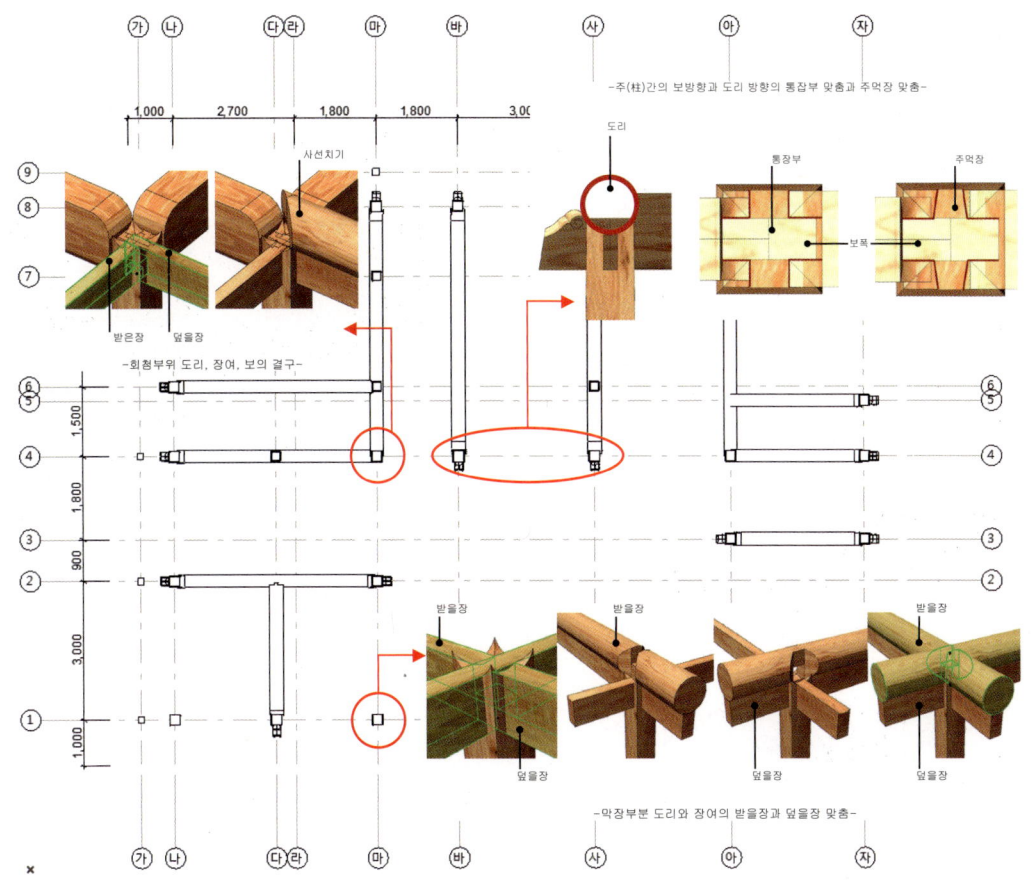

_위치별 부재맞춤

3.2 수직, 수평하중 저항분배

한옥의 구조는 수직하중과 수평하중 그리고 건조 시 발생하는 뒤틀림 현상에 관한 충분한 계획이 있어야 한다. 연하중을 중심으로 해서 구조적 안정을 취하는 한옥은 일반적으로 지붕 하중의 전달이 서까래-도리-기둥-초석-기초를 통하여 전달된다고 알고 있으나, 이것만 가지고는 부족한 부분이 있다. 서까래와 도리가 만나는 지점은 수직하중만 전달하는 것이 아닌 마찰과 반력이 함께 작용한다. 그리고 도리, 장여, 보가 결합하는 기둥머리는 이음과 맞춤으로 수평하중에 반력을 가지면서 강한 저항과 인장력을 보인다.

한옥 설계에서 시공까지

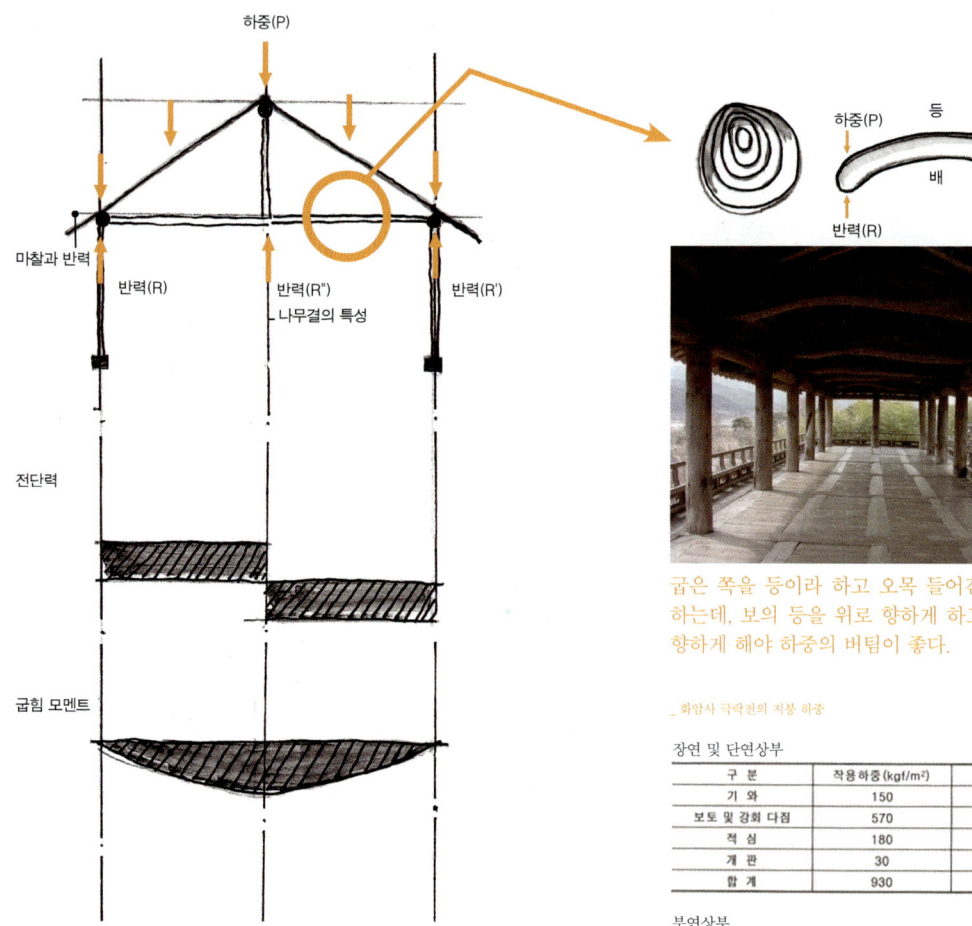

굽은 쪽을 등이라 하고 오목 들어간 쪽을 배라고 하는데, 보의 등을 위로 향하게 하고 배를 아래로 향하게 해야 하중의 버팀이 좋다.

_ 화엄사 각황전의 지붕 하중

장연 및 단연상부

구 분	작용하중(kgf/m²)	비고
기 와	150	
보토 및 강회 다짐	570	30cm
적 심	180	30cm
개 판	30	
합 계	930	

부연상부

구 분	작용하중(kgf/m²)	비고
기 와	150	
보토 및 강회다짐	370	20cm
개 판	30	
합 계	550	

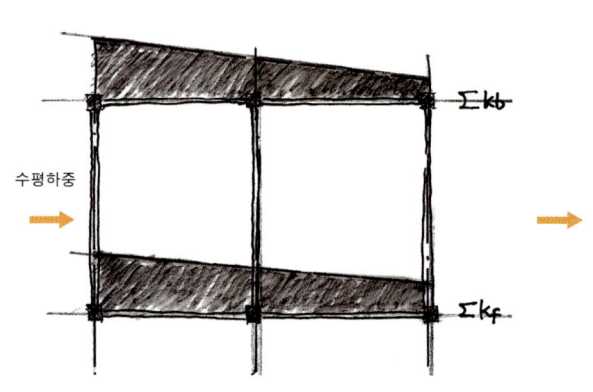

_ 수평하중 개념도

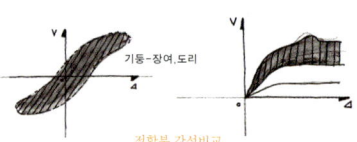

_ 접합부 강성비교

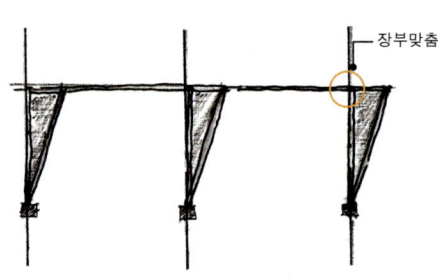

3.3 기둥

한옥의 기본단위는 간間 혹은 칸이라고 하고, 기둥의 위치에 따라 평면구성과 기둥의 이름이 다르다. 간은 기둥과 기둥을 을 1간이라고 하고 4개의 기둥이 사각형 형태의 면적을 만들 때도 간이라고 한다. 현대건축에서는 기둥과 기둥을 스판span이라 하고 사면의 크기를 면적area으로 구분하지만, 한옥에서는 하나의 개념으로 말한다. 기둥의 위치에 따른 평면구성은 정면도리 방향을 도리간 혹은 도리통이라 하고 측면인 보 방향을 양통이라고 한다. 주 출입구이면서 간 사이가 가장 넓은 곳이 정간, 또는 어간이라고 하고 옆으로 가면서 협간, 툇간이라 하고, 협간은 간수가 증가하면서 1협간, 2협간이라 한다.

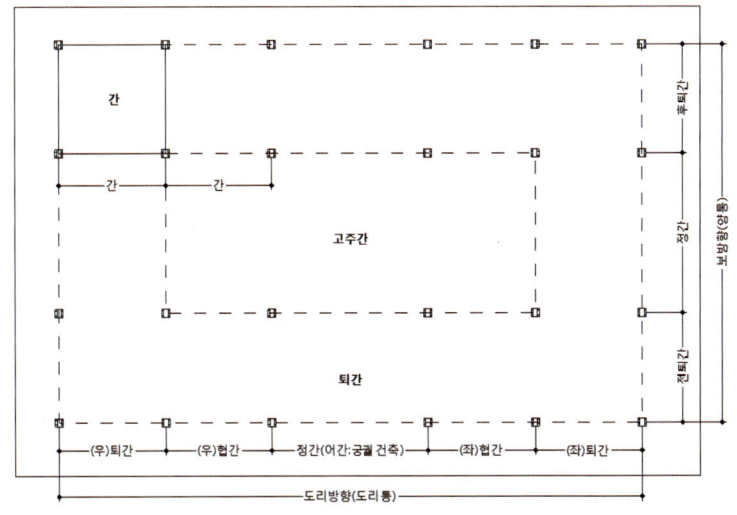

_기둥과 평면구성

평면구성에 툇간이 있는데 툇간은 여름 공간과 겨울 공간이 함께 있는 우리나라를 대표하는 공간으로 툇간은 현대적 표현으로 완충 공간이라 보면 된다. 기둥을 분류하면 건물의 바깥쪽에 둘러선 기둥을 변두리기둥 또는 외진주라 하고 내부에 둘러선 기둥을 안두리기둥 또는 내진주라고 하며, 건물의 모서리에 세운 기둥을 귀기둥 또는 귀주, 우주라고 한다.

기둥에 의한 평면구성은 일반건축과 사찰건축으로 평면구성이 나뉘는데 사찰건축의 특이할 점은 심주와 사천주가 있는 것이다. 기둥배치에는 전통적으로 쓰이는 것으로 안쏠림과 귀솟음 방식이 있는데, 이것은 기둥의 흘림 방식과 더불어 착시현상을 바로잡고 구조적인 안정을 취하기 위해 기둥을 안쪽으로 기울여 세우고, 모서리 기둥을 평주보다 일정비율 높게 만드는 기법이다.

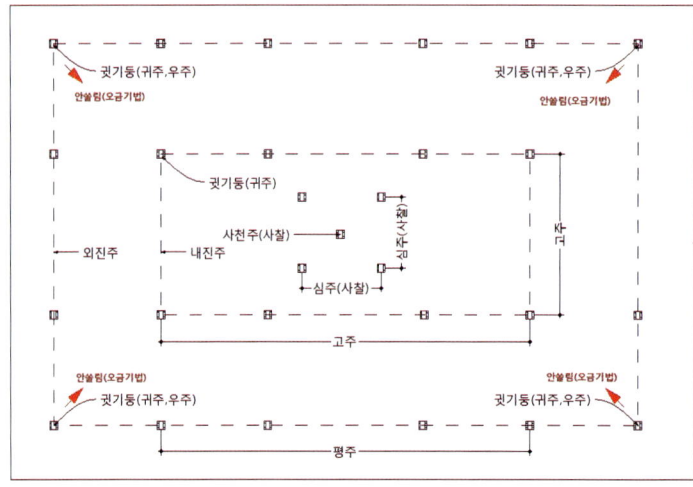

_ 평면구성에 따른 기둥명칭

목구조를 조립하기 위해서는 초익공 방식은 먼저 주초 위에 기둥을 세우고, 기둥 상부에 익공과 창방을 짜맞춤 한다. 그 위에 주두를 놓고, 장여를 끼우고, 앞뒤 방향으로 보를 끼운 다음 직각 방향으로 도리를 얹어서 완성한다. 기둥은 단면 형태에 따라 원형기둥, 네모기둥, 다각형기둥으로 나뉘며, 입면 형태에 따라 민기둥, 민흘림기둥, 배흘림기둥으로 구분한다. 기둥의 치목은 민기둥인 경우 상부와 하부의 크기가 같고, 흘림을 줄 때 상부지름을 하부지름보다 길이의 1/100 정도 적게 하며, 배흘림기둥은 기둥 몸체의 하부 1/3지점이 굵어지도록 치목한다.

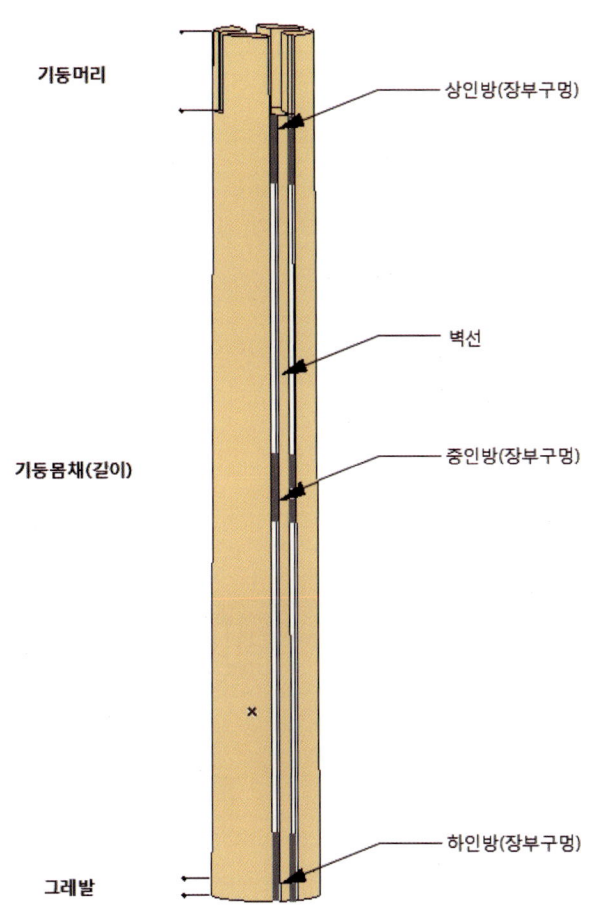

_기둥명칭

기둥을 치목하기 전 몇 가지 검토사항이 있는데, 설계도서의 도면 검토, 기둥머리, 수장구멍을 어떻게 할 것인가, 벽선 유무에 대한 검토 등이다. 그리고 목재주문을 하기 위해서는 몇 가지 알아 두어야 할 것이 있다. 그중에서도 도면 치수와 목재 치수가 중요한 데, 목재를 구매할 때 가장 중요한 것은 도면에 있는 치수로 목재를 구매하면 부재를 만들고 난 후 부재의 크기가 작아지는 현상이 현장에서 종종 발생한다. 오류가 발생하는 이유는 목재를 제재할 때는 톱을 사용하여 제재하기 때문에 톱날의 두께에서 생기는 오류이다. 제재소에 주문할 때 치수에는 주문치수, 제재 정치수, 마무리 치수가 있다. 주문치수는 금액을 계산하기 위한 치수이고 제재 정치수는 주문치수에서 톱날의 두께를 뺀 치수이며, 마무리 치수라 함은 대패질까지 마친 치수를 이야기한다. 주문할 때는 목재의 건조 정도를 봐서 보통은 마무리 치수보다 두 푼6mm이상 키워서 주문해야 실수가 작다. 목재를 주문할 때는 재라는 단위를 사용하는데, 1재라 함은 가로1치×세로1치×길이12자이다. 주문단위가 통상적으로 1자 단위로 되어 있어, 부재 크기가로치수×세로 치수에 필요한 길이자수를 곱하여 나온 수를 12로 나누면 그 부재의 주문 재수가 나오게 된다.

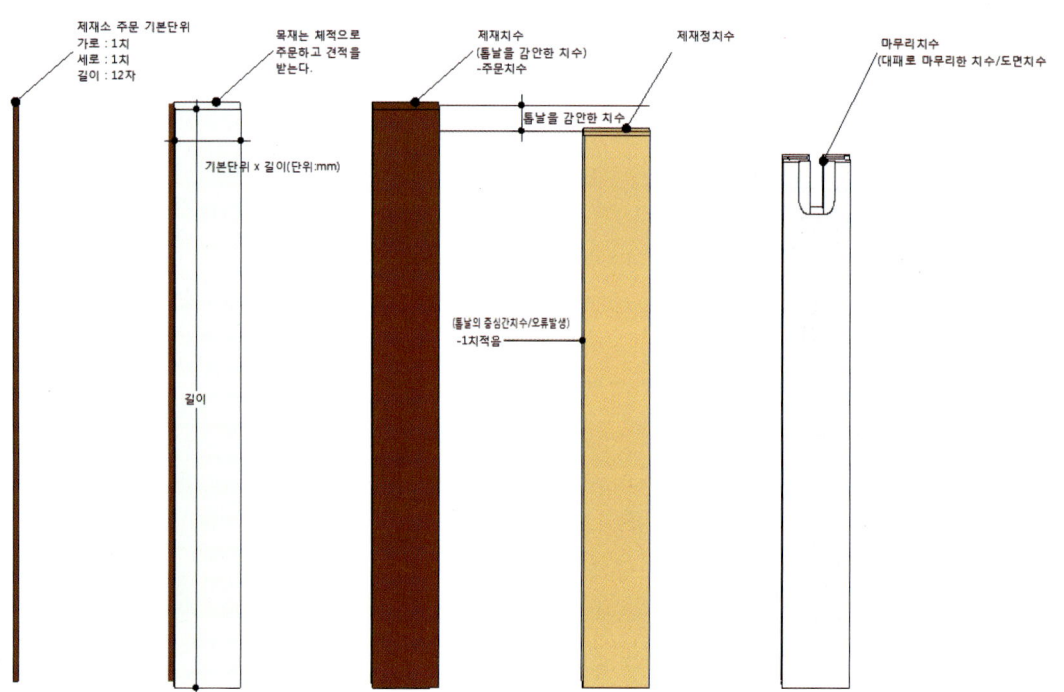

우리가 사용하는 제품들은 상품화할 때 일반적으로 아이디어 – 도면 – 재료선정 – 재료수급 – 일차가공 – 이차가공–후가공을 거쳐 상품화된다. 근래 공장생산이 늘어나면서 한옥에서 사용되는 부재도 비슷한 과정을 거쳐 현장에 운반되는 경우가 생기고 있다. 제재소와 현장 사정에 따라 부재가 제재소

에서 완료한 것을 현장에서 받던가, 아니면 기본 제재된 목재를 운반해서 현장에서 치목을 하게 된다. 현장 치목을 하는 경우 나뭇결을 살펴 목재의 말구와 벌구를 구분하고 등과 배를 정한 뒤에 십반먹을 놓고 쓰임에 따라 맞는 형태의 먹을 놓고 다듬게 된다.

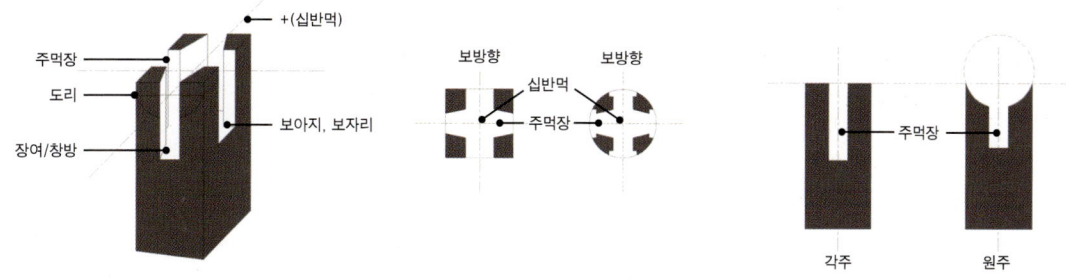

_ 기둥머리 계획

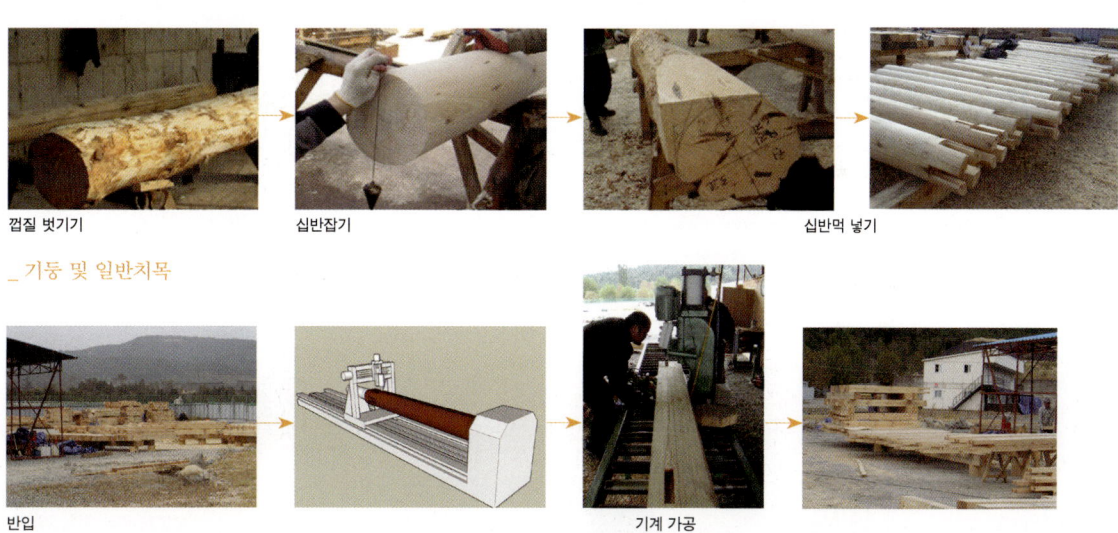

_ 기둥 및 일반치목

_ 기둥 기계가공

　　기둥이 확정되면서 기둥과 기둥 사이에 벽체가 들이게 되는데 이것을 수장 드린다고 한다. 기둥과 수장재를 연결하는 방법은 인방이라는 수평부재가 끼워지게 되는데, 전통적인 방법은 지붕에 기와까지 올려 집을 안정시켜 놓고 한쪽 기둥은 수장구멍을 수장 쌍 촉 깊이대로 파고 반대쪽은 그 깊이를 두 배로 파서 한쪽으로 깊게 밀어 넣었다가, 반대편 구멍에 넣는 방식인 되맞춤 방법을 써왔다. 요즘 들어서는 기둥과 수장을 동시에 짜 올려가는 방식도 많이 쓰고 있다. 인방에는 상부에 붙는 상인방, 중앙에 붙는 중인방, 하부에 붙는 하인방이 있다. 한옥의 구조 부분과 문이나 창이 들어오면서 조금씩 다르긴 하지만 일반적으로 수장벽체라고 하면 3개의 인방이 기본 구조가 된다.

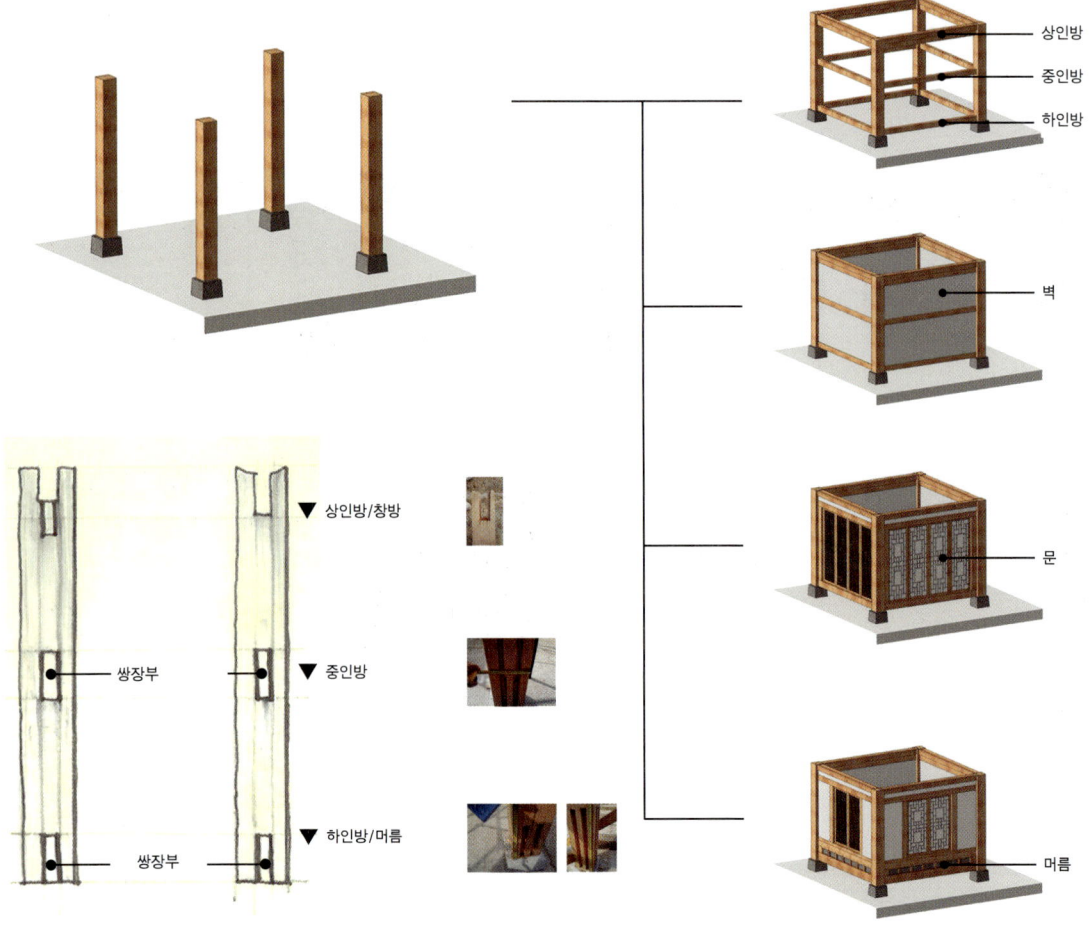

_ 기둥과 수장

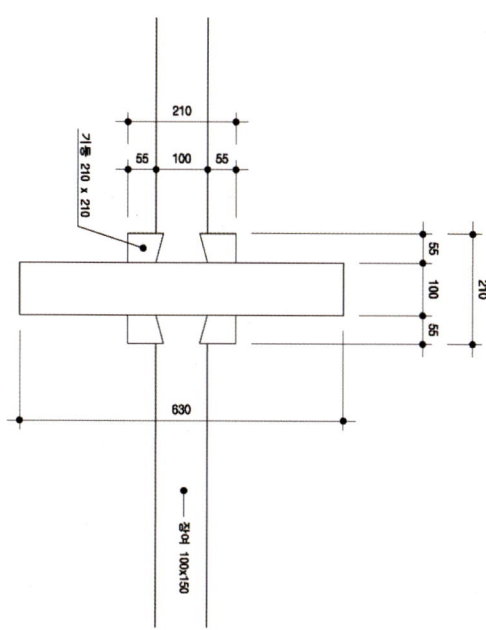

_ 기둥 평면

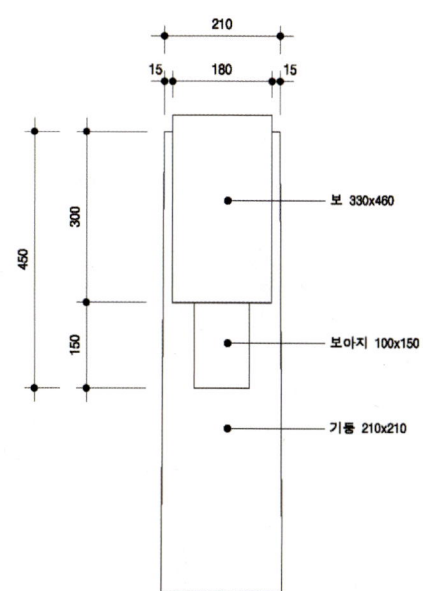

_ 기둥 정면

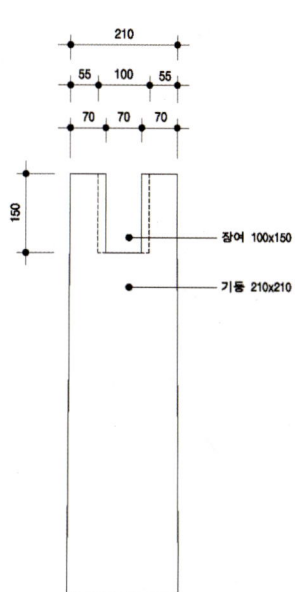

_ 기둥 측면

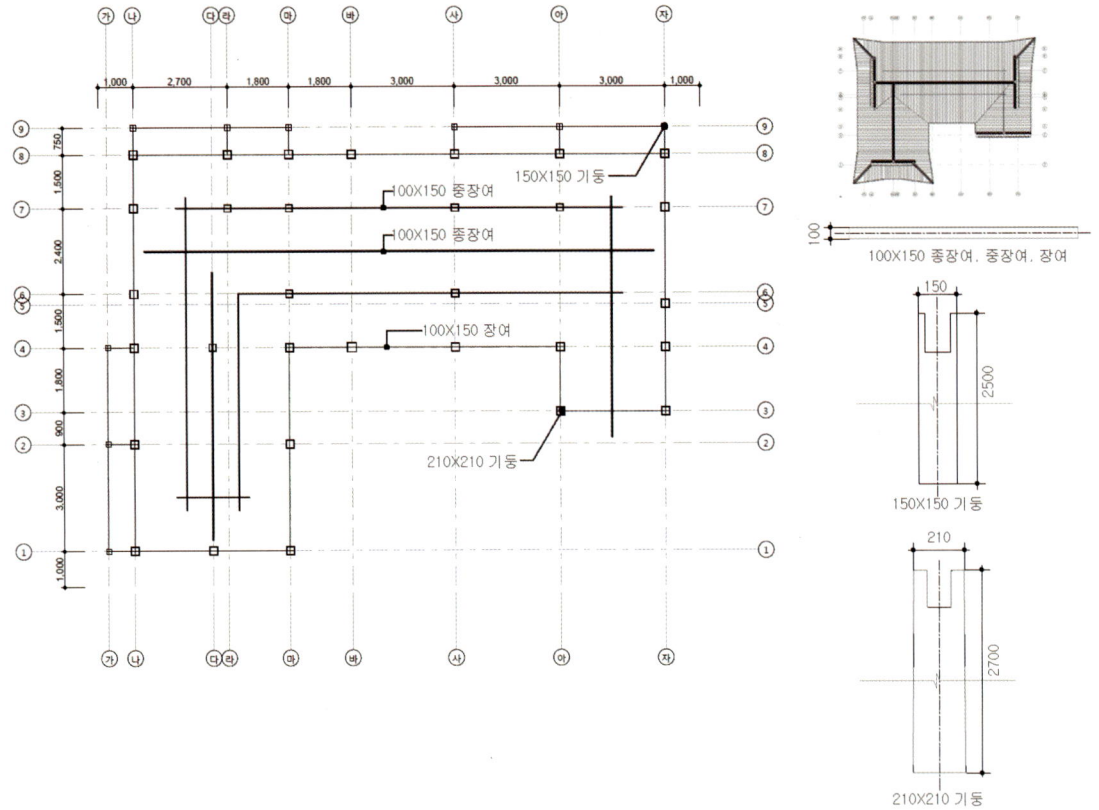

3.4 보

전통한옥의 민가의 넓이와 높이는 8자였다. 3D구조로 보았을 때 가로8자×높이8자가 기본단위로 구성되었다. 여기에는 몇 가지 속사정이 있다. 산판에서 벌목할 때 석 자 단위로 길이를 잘라 운반하게 된다. 6자, 9자, 12자가 가장 많은 숫자를 차지한다. 보감이나 추녀감 등 굵은 목재는 나오는 길이대로 절단하는데, 길이가 길고 클수록 가격은 곱절로 뛰게 된다. 그래서 가장 구하기 쉬운 6자, 9자, 12자에 맞춰 집의 간살이를 잡게 된다. 9자 목재를 쓸 경우, 어간은 도리의 양쪽에 주먹장만 있으면 되므로 길이를 다 쓸 수 있고, 협간은 왕찌 뺄목이 차지하는 길이에 따라 그만치 짧아지게 된다. 현대에 와서는 벌목기계와 운송시스템 그리고 제재장비들이 좋아져서 크게 구애받지 않으나, 국내산 목재를 쓸 때 아직도 관습적으로 3자 단위로 길이가 정해져 있어 고려해야 하고, 수입 목재는 사정이 좀 나으나, 수입하는 방식이 수출물건 때문에 나갔던 컨테이너가 돌아오면서 목재를 싣고 오는 경우가 많아서 40피트 컨테이너에 넣을 수 있게 길이를 절단함으로 그 길이에 맞추어 물량을 뽑으면 다소간 목재의 손실을 줄일 수 있다.

또한, 지금은 입식 생활을 하지만 예전에는 좌식문화였다. 예전 사람의 평균 키가 5자라면 두 팔을 위도 들면 7자에 천장높이까지 1자를 더하면 높이가 8자가 되고 누운 치수 5자에 팔을 벌리면 7자, 여기에 필요한 집기 1자를 더하면 8자가 된다. 하지만 현대의 사용자 평균 키는 6자에 팔을 올리면 8자가 되고 천장높이까지 1자를 더하면 9자가 되고, 평면 역시 9~15자의 공간이 필요하므로 보의 높이와 폭에 따른 길이 문제는 설계나 시공하는 견해에서 대단히 중요하다.

_ 방, 대청의 과거와 현재

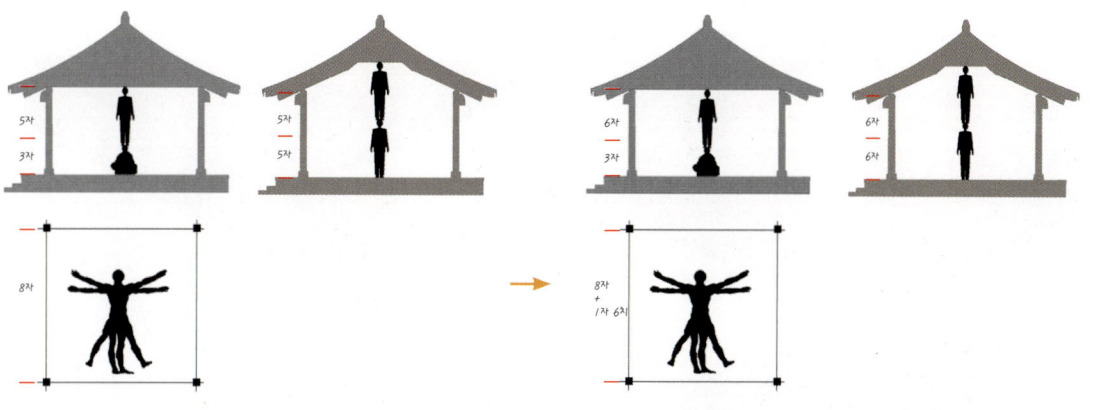

전통 좌식생활 기준   현대 입식생활 기준

보는 기둥의 상부를 결구하여 앞뒤로 잡아주는 수평부재이다. 보의 구분은 보머리, 보목, 보몸으로 구분하고 기둥과 보가 결구되는 방식에 따라 사개맞춤과 숭어턱맞춤, 상투걸이맞춤 등으로 구분한다. 사개맞춤은 사방의 보나 도리가 기둥 위에서 맞춰지도록 이들과 기둥머리를 따내서 엇갈리게 끼운 맞춤방식이고 숭어턱맞춤은 보의 목을 가늘게 하여 기둥 화통가지에 끼이게 하는 맞춤방식이다.

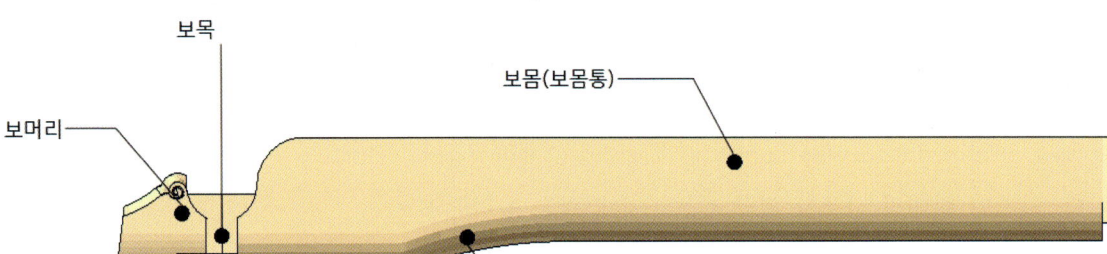

_보의 명칭

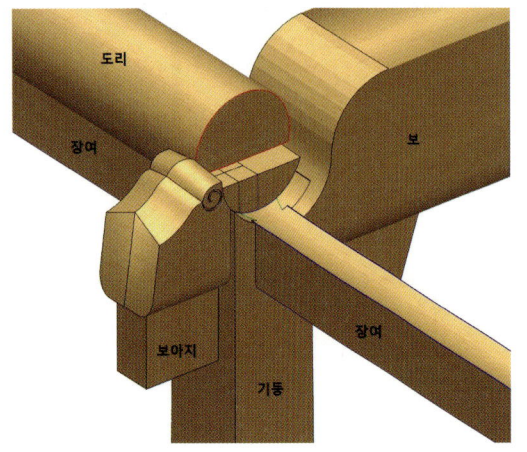
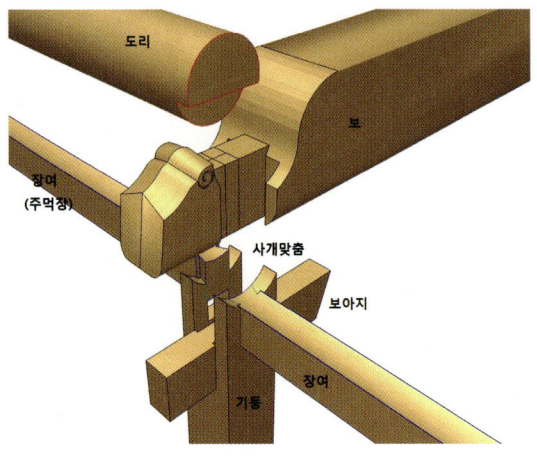

_사개 맞춤

보는 지붕의 하중을 기둥으로 전달하는 수평부재로, 다른 말로 지붕보, 들보, 대들보라고도 하고 위치에 따라 주심보, 중보, 종보라 하고, 대량대들보, 들보, 맞보, 퇴량툇보, 충량, 측량 등 쓰임새와 형태에 따라 사용되는 이름이 각각 다르다.

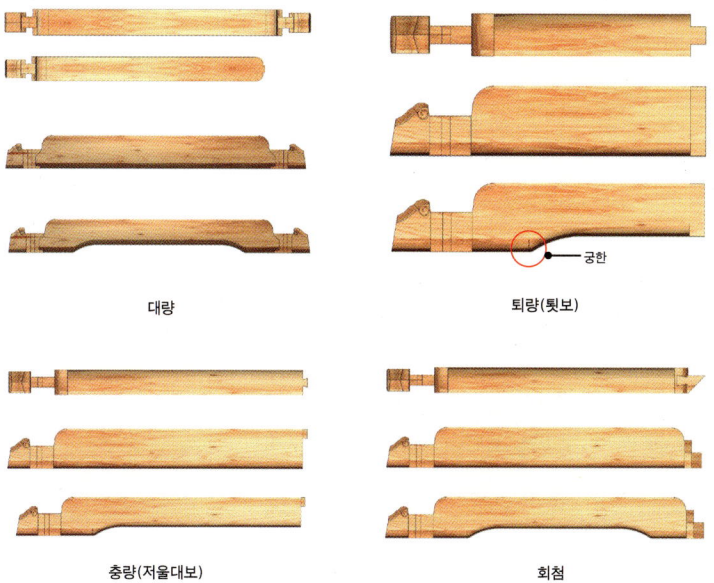

_보의 분류

대량

퇴량(툇보)

충량(저울대보)

회첨

대량은 대들보, 들보라고도 하며, 도리 방향과 직각 되는 부재이고 수평부재로서 가장 크고 무거운 부재이다. 퇴량은 퇴칸에 걸리는 보이며, 고주에 산지로 고정해 계획하거나 내림주먹장을 사용하여 고정해 사용한다. 충량은 저울대보라고도 하며, 대량의 몸통에 주먹장 맞춤으로 결구하거나 대량 위로 반턱 결구하여 대량의 단면 손상을 최소화하는 방향으로 계획하여야 한다. 대량 위로 올릴 때 추녀와 더불어 곡이 큰 만곡재를 사용하면 유리하다.

납기둥의 민도리집은 보머리를 기둥두께보다 크지 않게 하는 것이 보기에 좋고 선단에 1/10의 물매를 주고 보의 몸통은 기둥두께를 기준으로 보의 두께와 같거나 1치 정도 키우는

게 보기에 좋다. 보의 춤은 보 전체길이의 1/8~1/12 정도로 쓰며 보 단면의 가로세로비가 $1:\sqrt{2}$ ~ 1:1.6 정도가 적당하다. 배 부분은 둥글게 굴림을 주거나 위치에 따라서 궁한을 계획한다. 보목의 두께는 장여 두께로 쓰면 된다. 숭어턱맞춤의 경우는 주두가 올라감으로 보머리의 치목을 다르게 해야 한다.

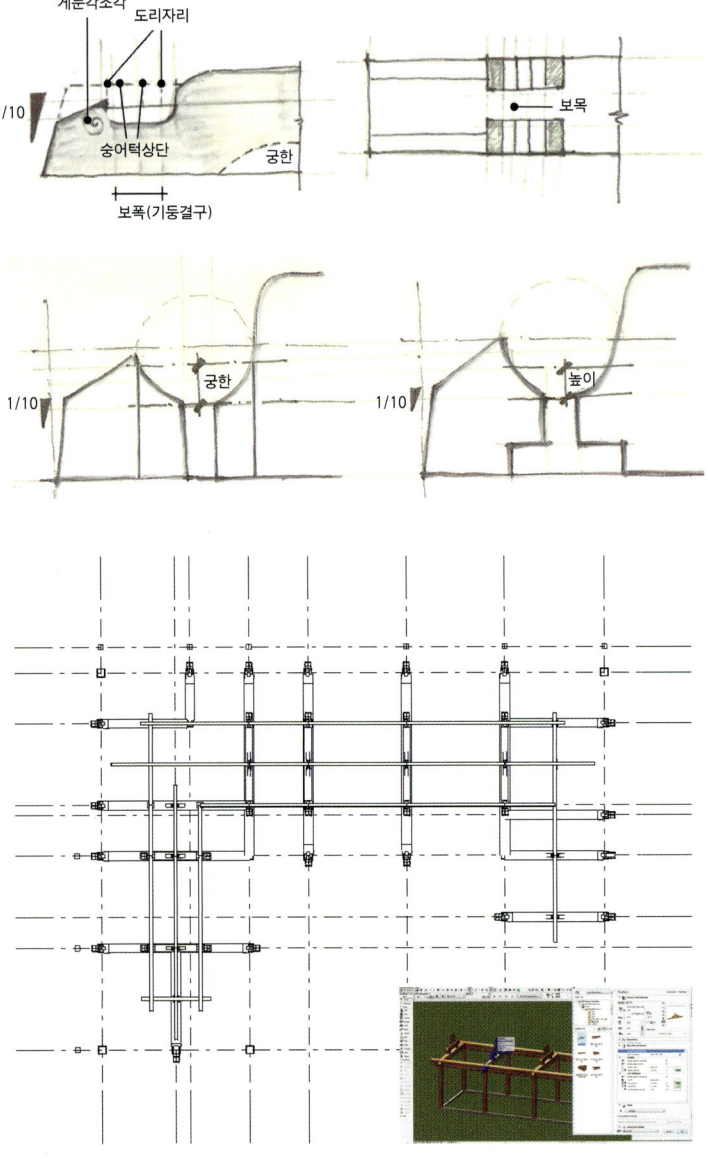

_사개맞춤과 숭어턱맞춤

_보 배치도

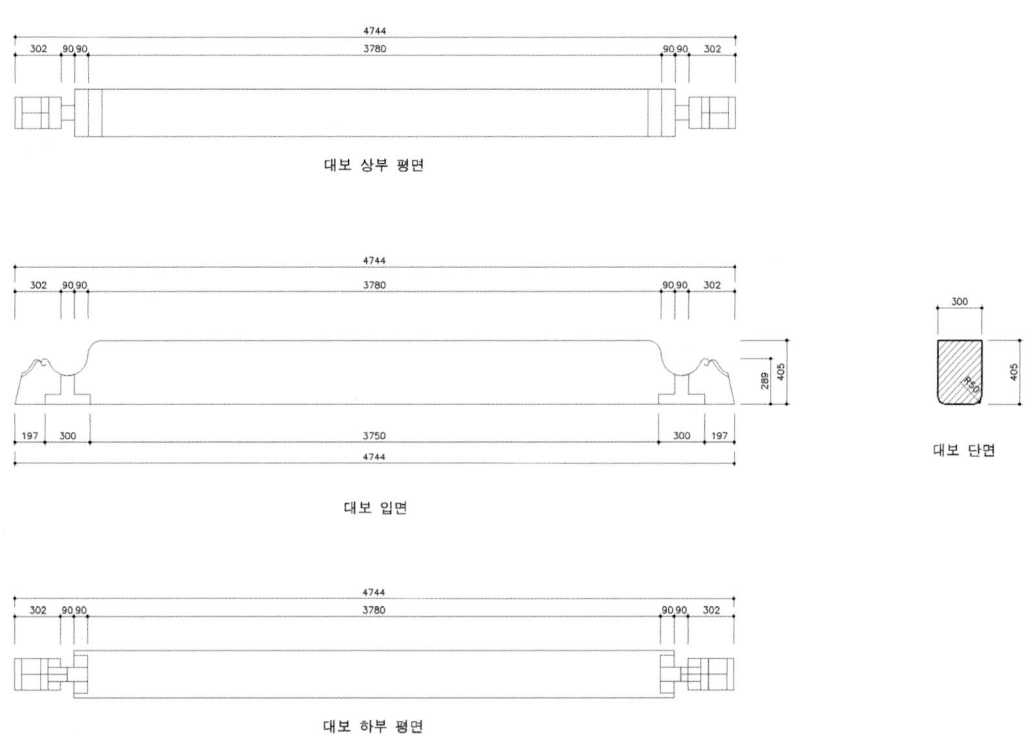

대보 상부 평면

대보 입면

대보 단면

대보 하부 평면

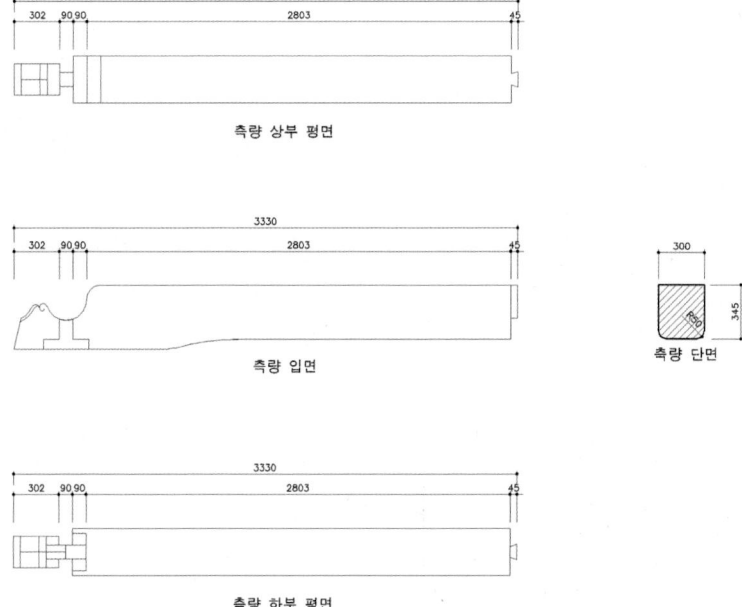

측량 상부 평면

측량 입면

측량 단면

측량 하부 평면

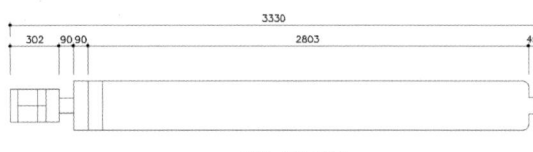

퇴량 상부 평면

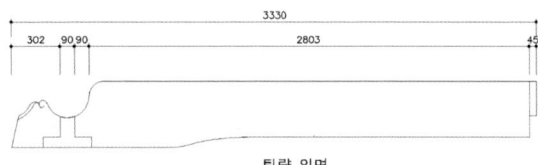

퇴량 입면 · 퇴량 단면

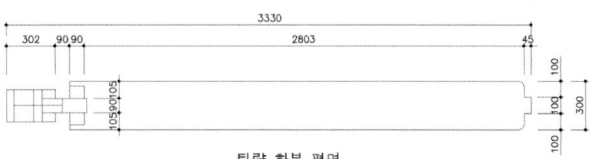

퇴량 하부 평면

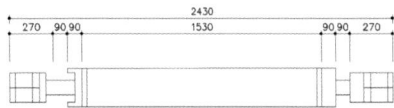

중보 상부 평면

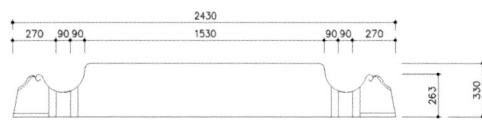 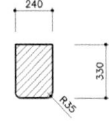

중보 입면 · 중보 단면

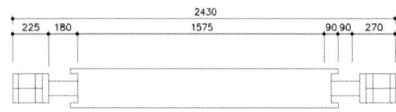

중보 하부 평면

| 설계와 시공 | 목재와 목구조공사 | 75 |

다림 보기

가새 대기

머름(창), 하인방(문)상

상인방

장여

완료

_ 기둥, 안방, 보 시공

나무 고르기(대패질)

먹선긋기

도리, 숭어턱, 보목자리 먹선

보목, 숭어턱 작업

게눈각 작업

끌 작업

완료

_ 보 일반치목

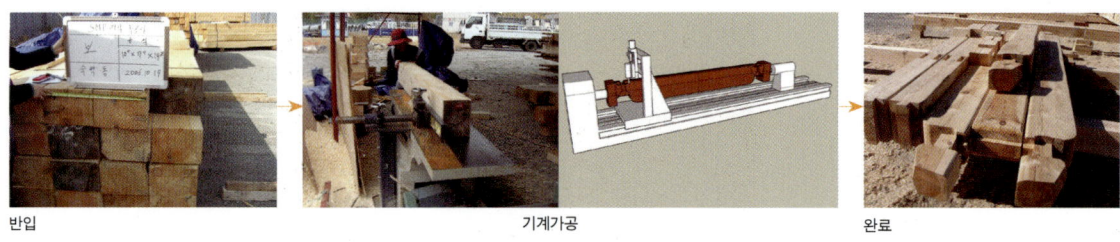

_ 보 기계가공

3.5 삼분변작과 사분변작

보 위에는 대보-동자주-중보-대공-종도리 순으로 부재가 올라가게 되는데 중도리와 대공의 위치를 잡을 때 삼분변작

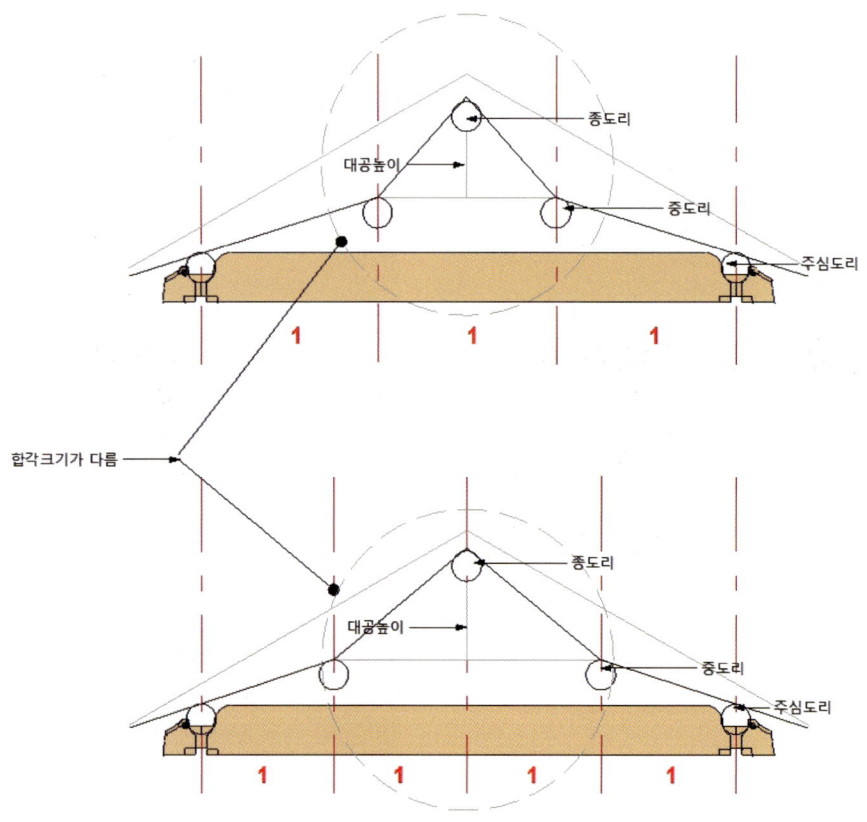

_ 삼분변작과 사분변작

과 사분변작이 있다. 필자는 보의 춤과 지붕의 물매를 먼저 고려하여 변작법을 사용한다. 변작법의 중요함을 말하자면 집을 지을 때 기초를 고민하는 터고르기와 비중이 같다고 보는데 이것은 한옥 외관 중 1/2 이상을 차지하는 지붕의 물매를 잡는 기초작업이기 때문이다. 뒤에 지붕 부분에서 본 내용을 다시 언급하겠지만 삼분변작과 사분변작을 간략하게 설명하자면 보의 길이를 3등분 할 것이냐 4등분 할 것이냐에 대한 설계자의 고민이 담겨 있다.

우리가 한옥을 위대한 건축물이라 말하는 것은 아마도 2D의 설계방식이 아닌 3D 삼차원 입체방식으로 계획하여 시공했기 때문이 아닌가 생각한다. 부재의 위치와 높이를 결정할 때 정면, 측면 이외도 등측도等測圖, 등각 투영도에서 직교하는 세 개의 축을 축소하지 않고 원래의 치수 크기대로 그린 그림를 고려하여 계획했기 때문이다. 변작법의 중요함을 나열하자면, 첫째는 도리의 위치를 정하여 건물의 높이를 정하는 것, 둘째는 종도리와 적심도리을 계산하여 용마루의 곡선을 추정하는 것, 셋째는 주심도리와 기와의 깊이욱은곡를 미리 검토하는 것, 넷째는 도리와 추녀의 높이앙곡를 고려하여 사래 혹은 알추녀아래추녀에 대한 계획을 사전에 검토하는 것, 다섯째는 도리와 서까래안허리곡의 길이를 계산하여 서까래의 길이와 연골벽의 넓이를 정하는 것, 마지막으로 갈모산방의 높이와 길이를 정해야 하기 때문이다. 한옥의 구성원리의 중요한 하나는 전일적인 연관성이다. 전체적인 틀이 짜인 상태에서 한 부분을 수정하게 되면 그 영향이 다른 부분 전체에 미치게 된다는 이야기다. 중도리의 보위 위치와 대공의 높이가 결정이 되면 장연의 물매가 결정되므로 장연 물매와 연관이 되는 모든 부분이 자동으로 결정이 되는 것이다. 이러한 특징은 일정한 알고리즘 수식으로 만들 수 있게 된다.

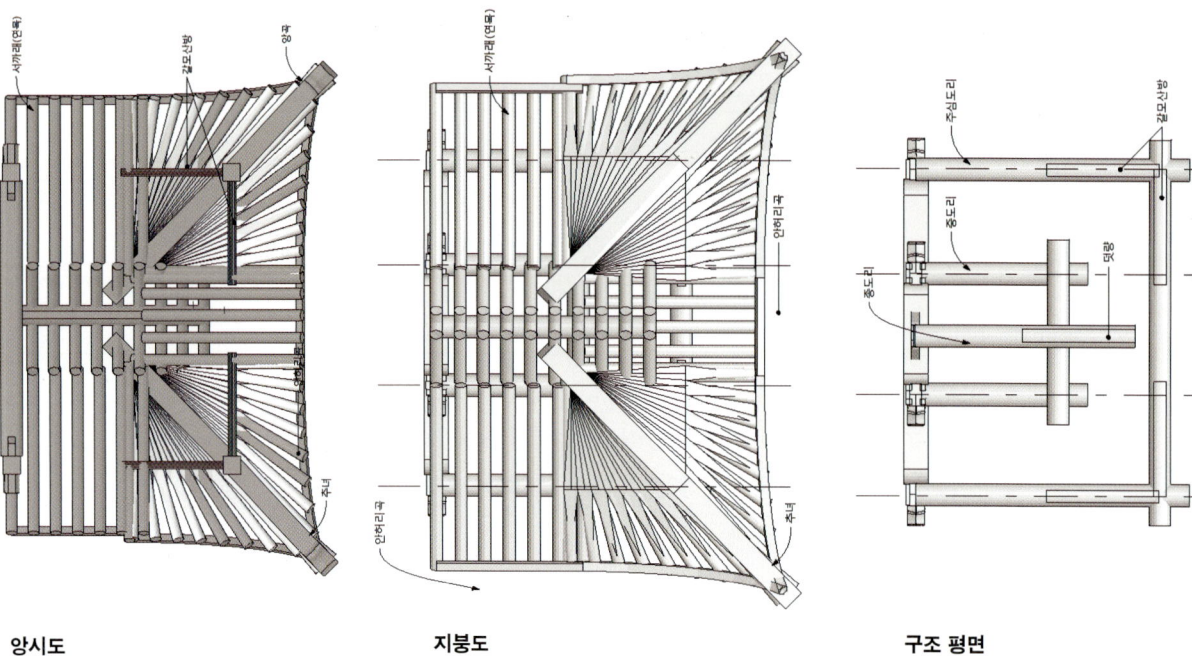

앙시도   지붕도   구조 평면

갈모산방

덧량

_ 지붕 앙시도

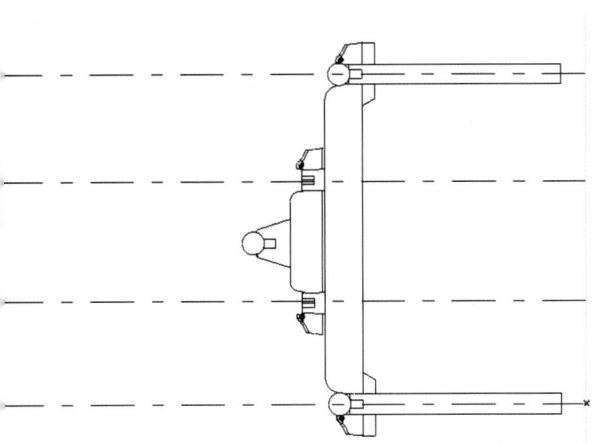
삼분변작

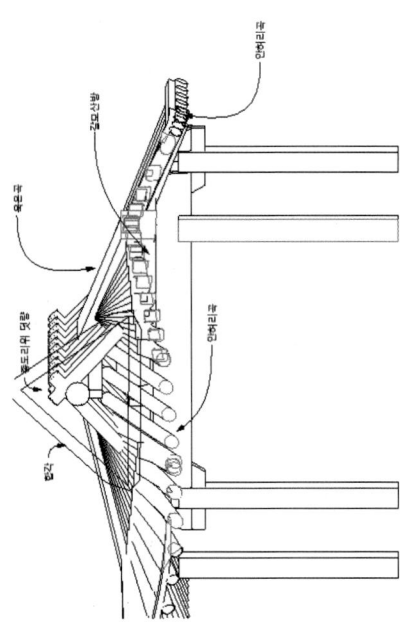
부재와 관계

3.6 도리와 장여

도리는 서까래를 받는 부재이다. 형태에 따라 굴도리와 납도리로 불린다. 굴도리는 단면이 둥근 형태이고, 납도리는 단면이 사각형 형태로 네모도리라고도 불린다. 도리는 장여와 함께 서까래에서 전달하는 하중지붕하중을 받아 기둥에 전달하는 역할을 하고 건물의 간을 정하는 기준이 되기도 한다. 도리는 위치에 따라 주심도리, 중도리, 종도리, 적심도리 등으로 구분한다. 집의 규모를 이야기할 때 3량가, 5량가라고 하는 것은 단면의 도리 개수를 이야기하는 것이다.

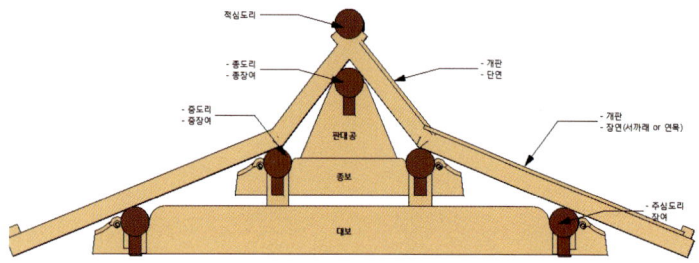

_ 도리와 장여

굴도리 이음은 기둥에 장여가 주먹장으로 끼워지고 그 위에 도리가 보목과 함께 결구되는데 이때 나비 모양의 나비장을 끼워 벌어지지 않게 고정하는 방식을 쓴다. 납도리는 주로 납기둥에 많이 쓰이며 사개맞춤 방식을 사용하는데, 기둥에 장여와 도리가 주먹장으로 끼워지게 된다.

 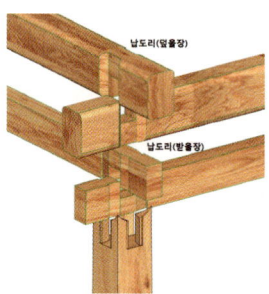

_ 굴도리와 납도리

_ 회첨부위 설치

도리와 장여는 수평부재이다. 수평부재를 결구하는 방법에는 반턱, 주먹장, 나비장, 메뚜기장, 촉, 맞장부 이음 등이 있는데 수직 하중과 횡력을 동시에 받는 도리에는 나비장 이음을 주로 사용하고 있다. 하지만 목재가 건조되면서 연결되는 부분이 뒤틀림에 의한 취약 부분으로 노출되고 있어 최근에는 꺾쇠를 사용하여 쪼개짐이나 목재의 깨짐을 방지하고 있다.

밭턱 이음 · 나비장 이음 · 꺾쇠 이음

주먹장 이음

_ 이음방법

납기둥집에서 도리의 단면은 기둥에 비해 같거나 1치정도 크게 하고, 장여의 폭은 기둥의 1/3 정도로 하고 장여 폭은 벽과 창호가 계획되는 수장의 기준이 되기도 하며, 장여의 춤은 입면의 비례에 따라 조금씩 달아지는데 일반적으로 4~7치로 계획한다. 최근 들어 에너지절감에 대한 사회적 분위기에 힘입어 장여의 폭이 점점 넓어지고 있으며, 도리, 장여, 인방의 연결부위에 졸대를 계획하기도 하고 단열재를 적절히 계획하여 시공할 때 넣기도 한다.

_도리 춤과 폭

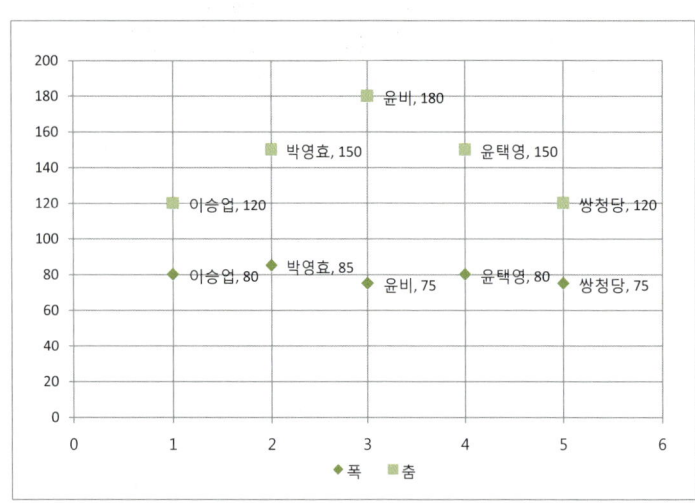

_도리 춤과 폭

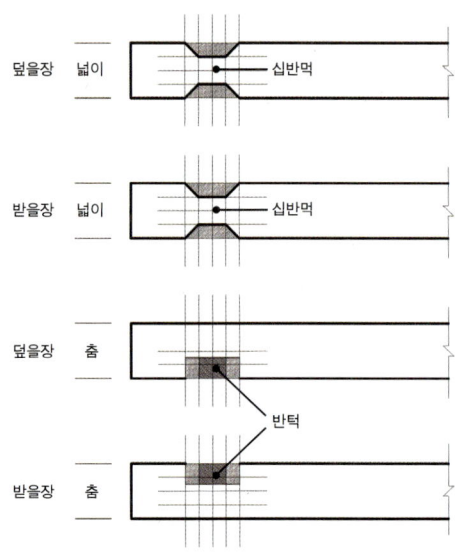

_왕찌장여 반턱맞춤

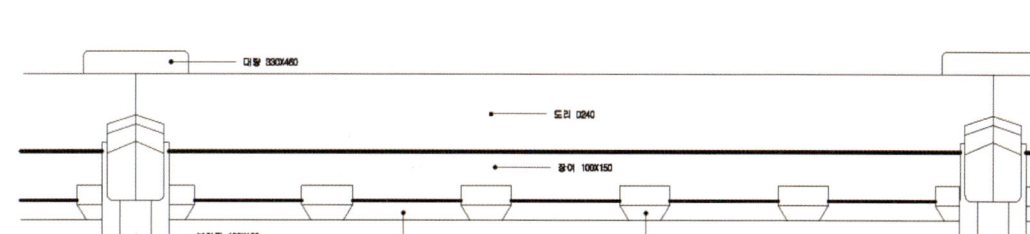

_ 장여 입면

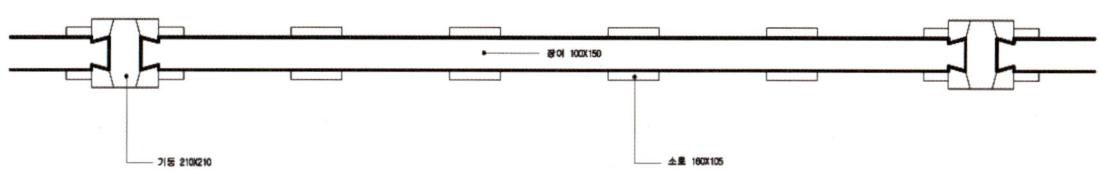

_ 장여 평면

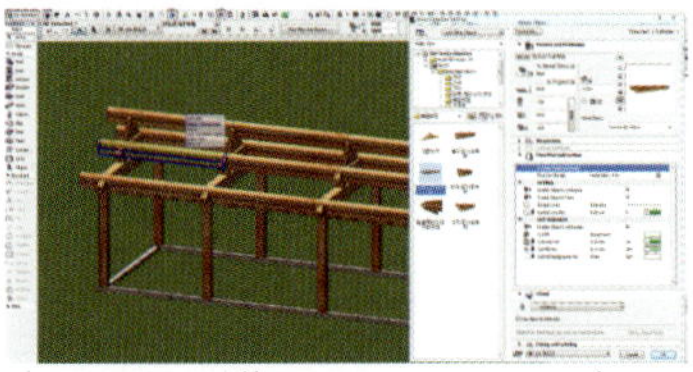

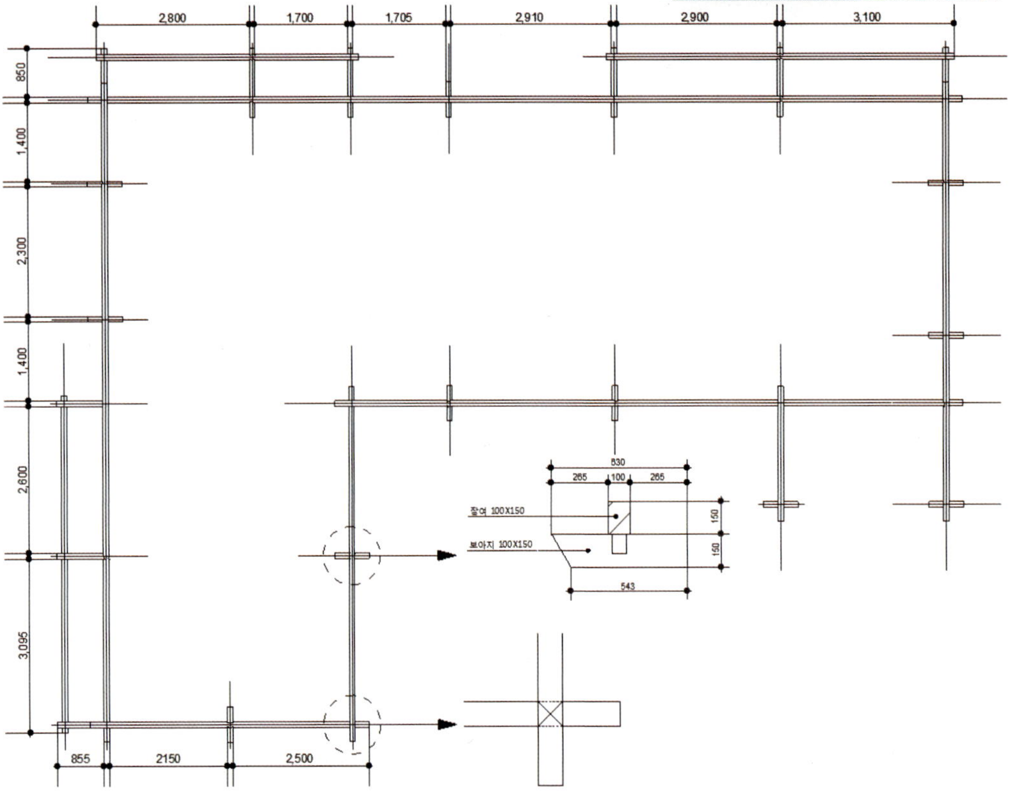

_ 장여 배치도

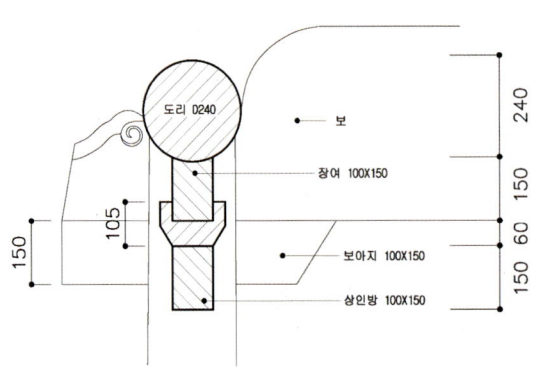

_ 굴도리 단면

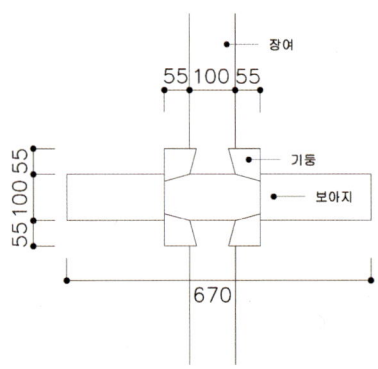

_ 민도리 평면

_도리 일반치목

반입 　　바심질 하기 　　폭 위치 잡기

깎기 　　완료

_도리 기계가공

반입 　　기계 가공 　　바심질 하기 　　완료

3.7 소로와 소로 방막이_{소로봉}

소로를 다른 말로 접시받침이라고도 한다. 민도리 목구조에서는 장여를 받히거나 포집 목구조에서는 첨차, 제공, 장여 등이 중첩되거나 교차하는 곳으로 중첩되는 부재의 양 끝이나 중앙지점 등에 놓이게 된다. 부재의 형태가 주두柱頭와 비슷하나 크기가 다르다. 소로의 형태는 위에서 볼 때 정방형이 일반적이나 설계자 의도나 위치에 따라 장방형인 것이 간혹 있다. 소로의 윗면에 공포재나 장여가 끼이도록 홈을 파는데 갈이라 한다. 갈은 주로 한 방향의 홈으로 이갈을 많이 사용되며, 주두는 이, 삼, 사갈의 방향을 가진다. 또한, 하부가 40도로 경사져 있는데 이것을 굽이라 하고 굽 아래쪽에 턱이 있는 경우 굽받침이라 한다. 굽받침이 없는 것을 일반적으로 납작소로라고 학계에서 명칭하고 있으나 현장에서는 모두 소로라고 명칭한다. 이외에도 8각형 형태의 팔모접시소로가 있고 육모정에서 사용하는 육모소로 등이 있으며, 소로는 일정한 간격으로 한칸에 4, 5개를 끼운다. 민가에서 소로 모양만 내는 경우가 왕왕 있는데 바깥쪽에만 붙이는 반쪽소로쪽소로, 벽부소로가 있다. 소로를 고정시키는 방법에는 소로 아래의 부재에 홈을 파고 소로 밑면에도 그 중심에 홈을 파서 은촉을 끼운다. 마지막으로 부재와 부재를 상하로 연결 하는 것에 대하여 이야기 하고자 하는데 부재와 부재는 부재-착고-부재를 원칙으로 하고 있다. 이유는 부재가 건조시 뒤틀림에 의해 틈이 생기는 경우가 있기 때문이다. 일반민가의 소로와 소로 사이는 방막이소로봉이라고 하는 각재를 소로와 소로 사이에 연결한다.

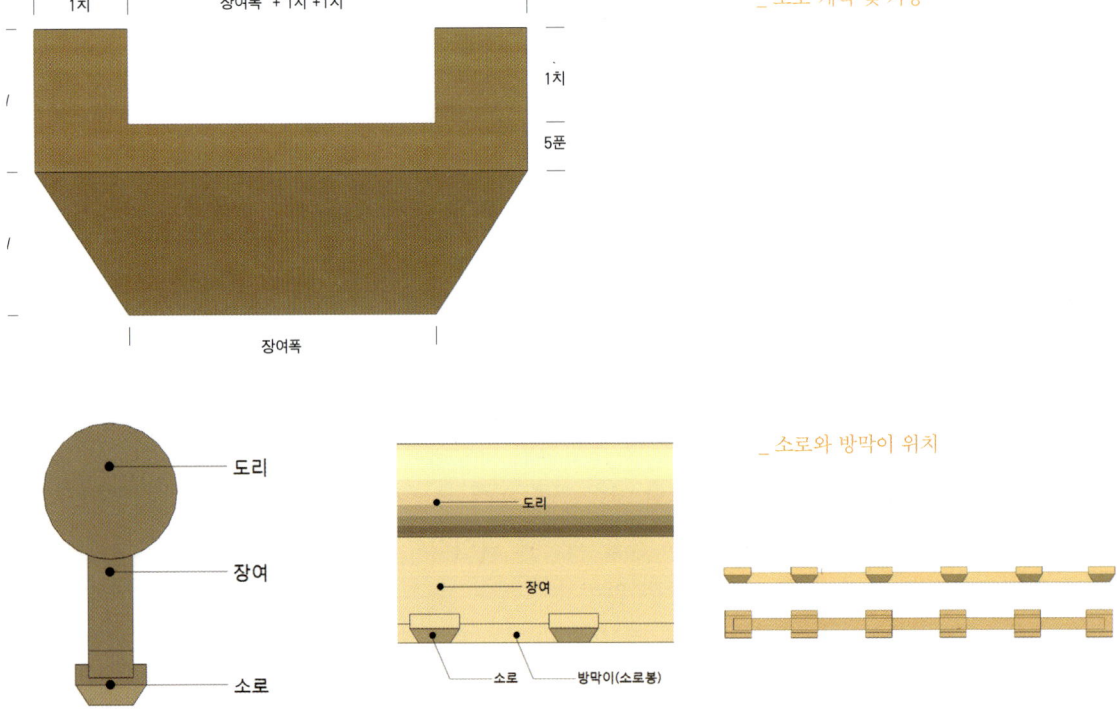

_ 소로 계획 및 가공

_ 소로와 방막이 위치

| 설계와 시공 | 목재와 목구조공사 | 87 |

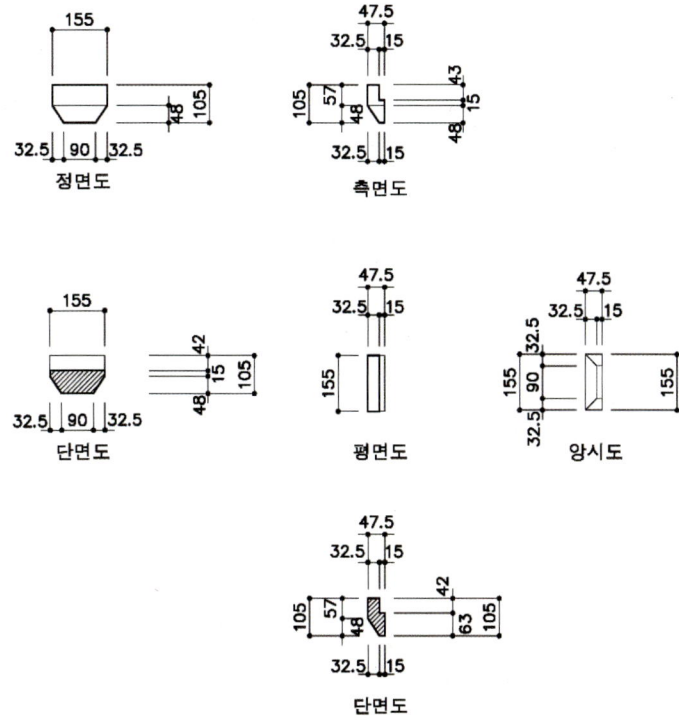

_ 소로

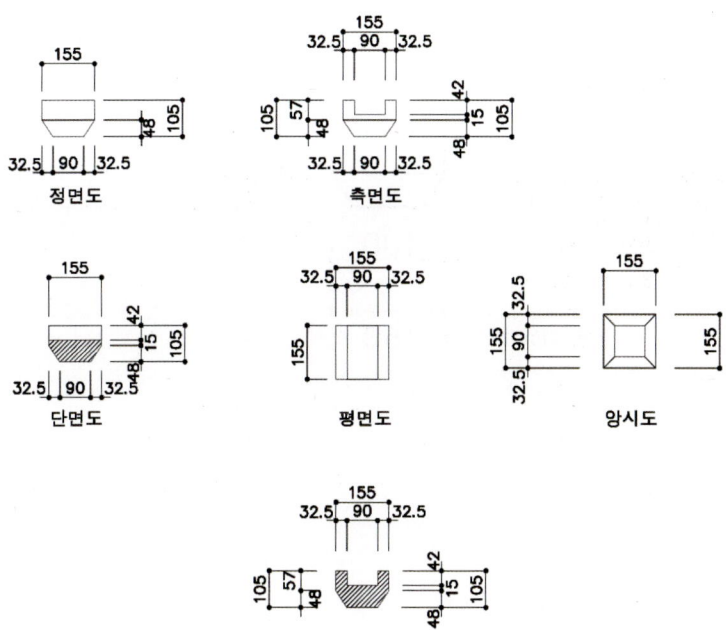

_ 쪽 소로

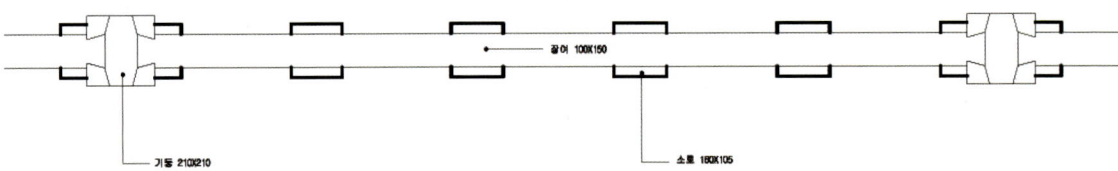

_ 소로 평면

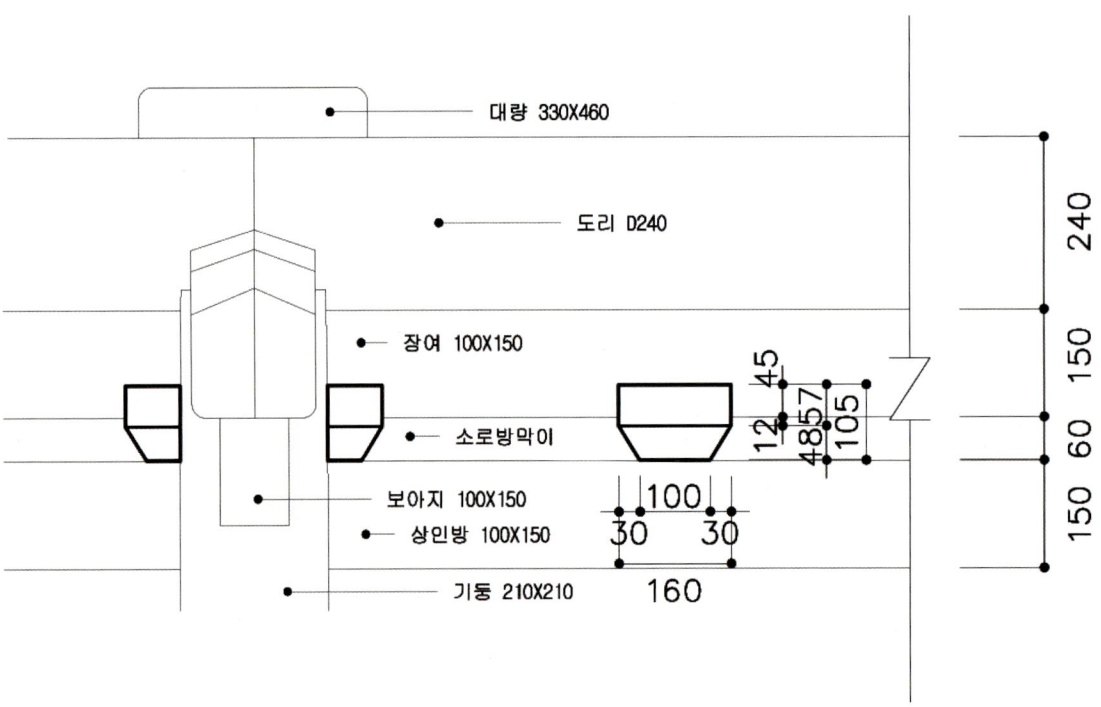

_ 소로 상세 입면

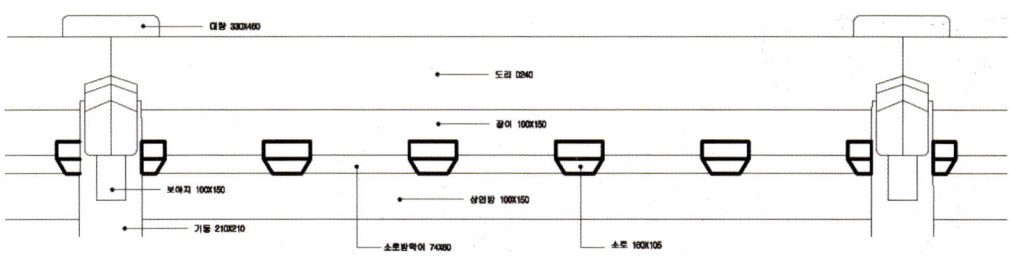

_ 소로 입면

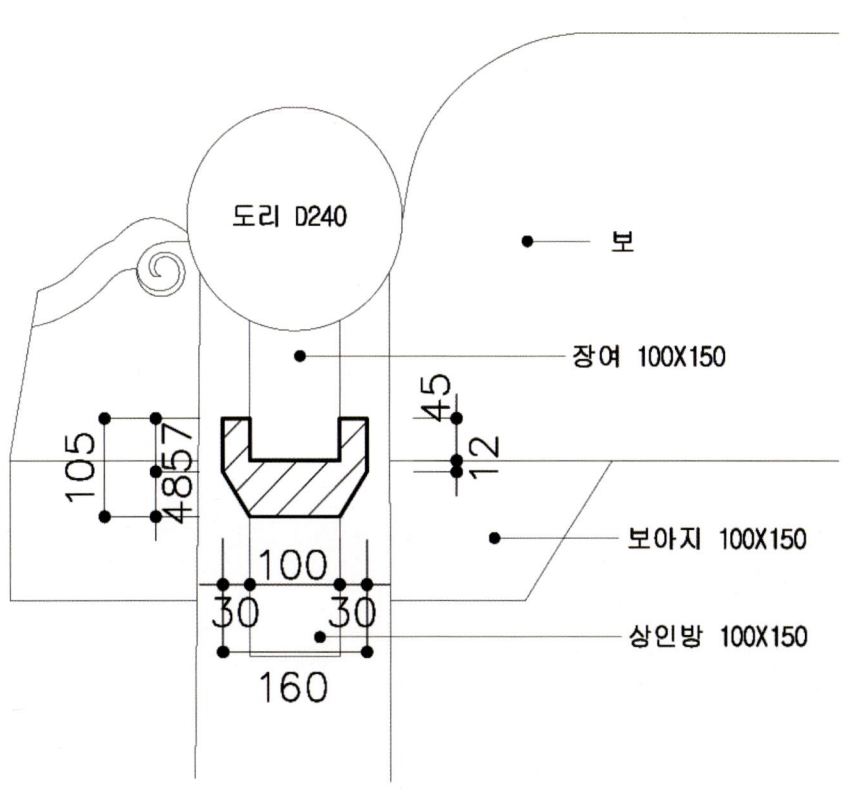

_ 소로 단면

| 소로 | 소로(외부) | 소로(내부) |
| 쪽소로 | 쪽소로 상세 | 쪽소로 내부 |

_ 소로 외부 및 내부

3.8 추녀, 선자서까래^(선자연)

추녀는 지붕형태가 팔작지붕, 우진각지붕, 모임지붕일 때 처마와 처마가 일정한 각도로 만나는 대각선 부분의 굵은 부재이다. 추녀의 위치는 중도리와 주심도리의 교차하는 왕찌 위에 걸쳐지게 된다.

    추녀의 내밀기와 휨 정도에 따라 지붕의 형상이 만들어지고, 선자서까래의 하중이 모이기 때문에 계획단계부터 신중하게 다뤄야 할 중요부재이다.

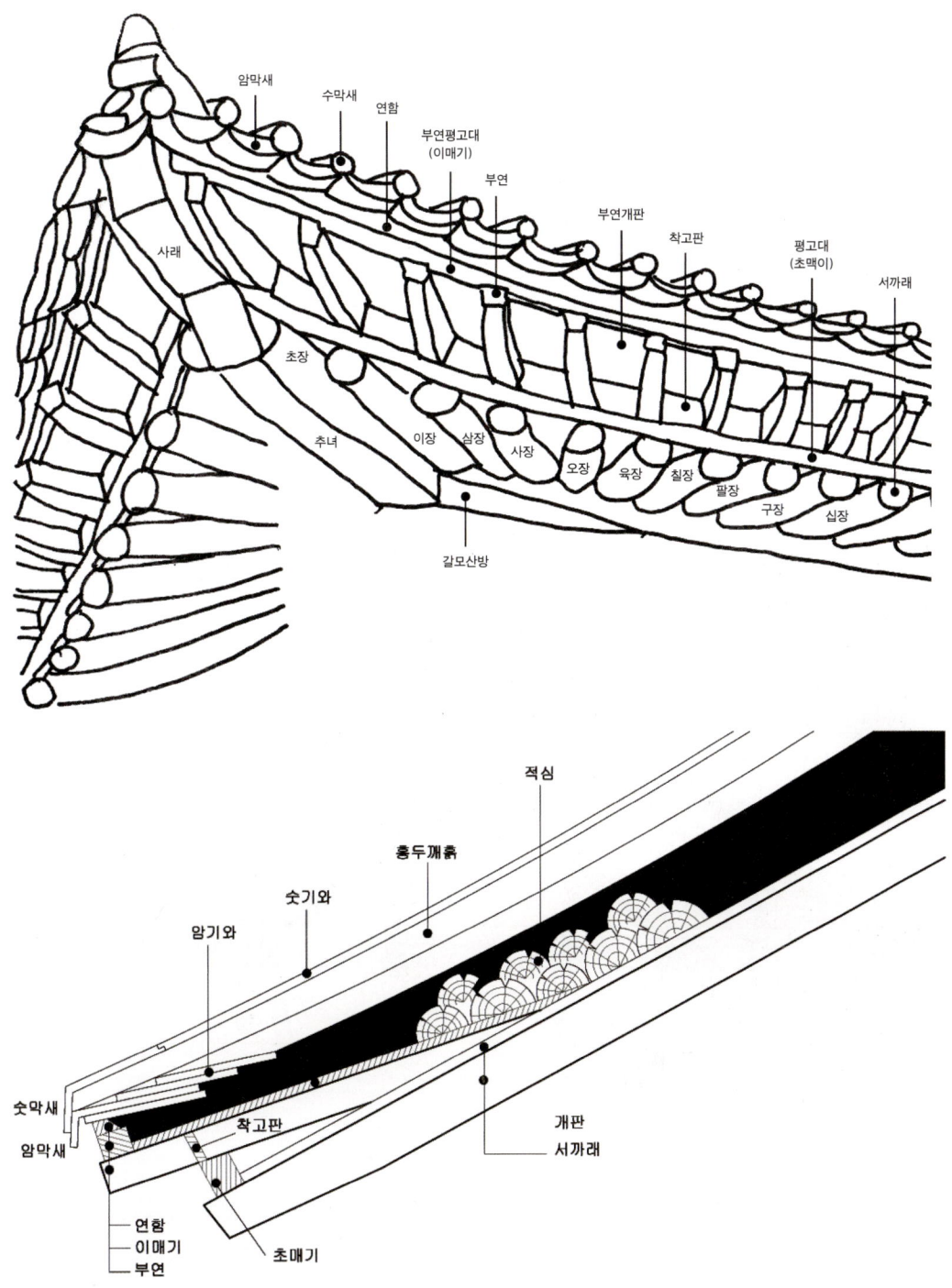

_ 처마의 부재별 명칭

추녀의 좌우에는 초장부터 막장까지 선자서까래가 구성되며, 처마의 안허리곡과 앙곡昻曲의 형상은 추녀곡과 추녀 내밀기에 의해 결정이 된다. 건물이 방형方形이면 추녀는 우주隅柱 위에서 45도로 걸쳐지게 된다. 추녀의 뒤뿌리과 선자연의 초리를 받는 외기도리의 왕찌 부분은 갈모산방의 각도에 상응하여 빗절하게 된다.

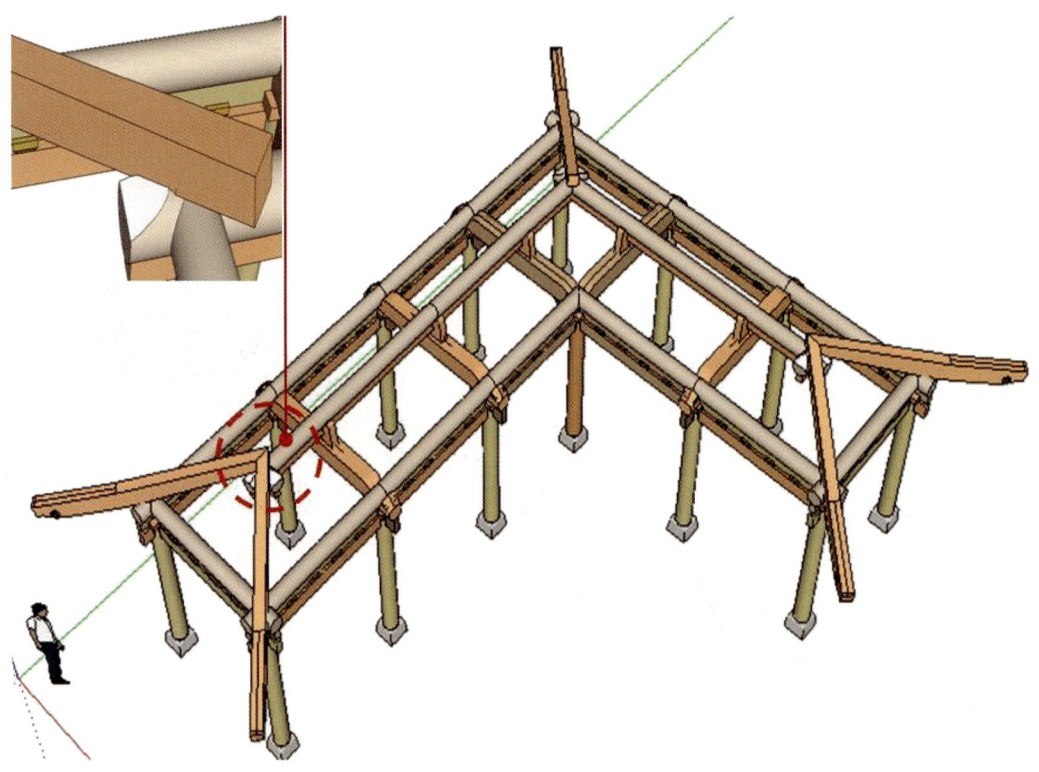

도리 위에 추녀 올려 놓기

먹칼로 그렝이 표시

끌이나 톱으로 파내기

추녀 얹기

추녀 고정

완료

_추녀 걸기

　추녀가 받는 하중荷重은 기둥 밖으로 내민 부분과 기둥에서 중도리 사이에 걸쳐진 부분을 비교할 때, 기둥 밖으로 내민 부분이 3배 정도 많으므로 추녀의 위치 잡기를 한 후 뒤뿌리 쪽의 들림을 방지하기 위해 과거에는 큰 돌을 놓았다. 하지만 최근에는 띠쇠로 감싸거나 철물로 고정한다. 또한, 추녀의 끝에서 사래가 올려지기 때문에 추녀가 받는 하중은 더욱 무거워진다. 규모가 큰 집에서는 추녀의 길이가 길어지고 긴 만큼 아래로 처지기 때문에 적당한 곡曲을 유지하기 위하여 알추녀를 설치하기도 하고 처짐을 방지하기 위해 활주活柱를 세우는 예도 있다. 마지막으로 추녀의 양볼에는 선자서까래의 첫 번째가 붙게 되는데 이것을 초장이라 하고 마지막에 붙는 것을 막장이라 한다. 선자서까래는 단면이 반원형으로 추녀의 상단에 맞추어 붙는다. 추녀 상단에는 초매기, 부연 상단에는 이매기라고 하는 평고대가 놓인다.

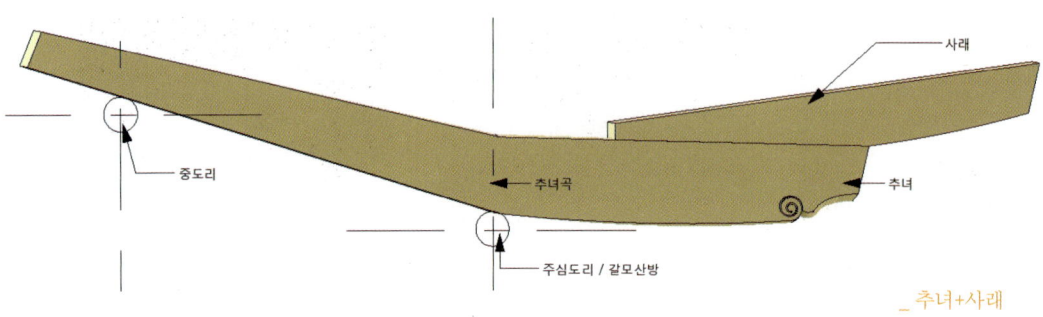

_ 추녀+사래

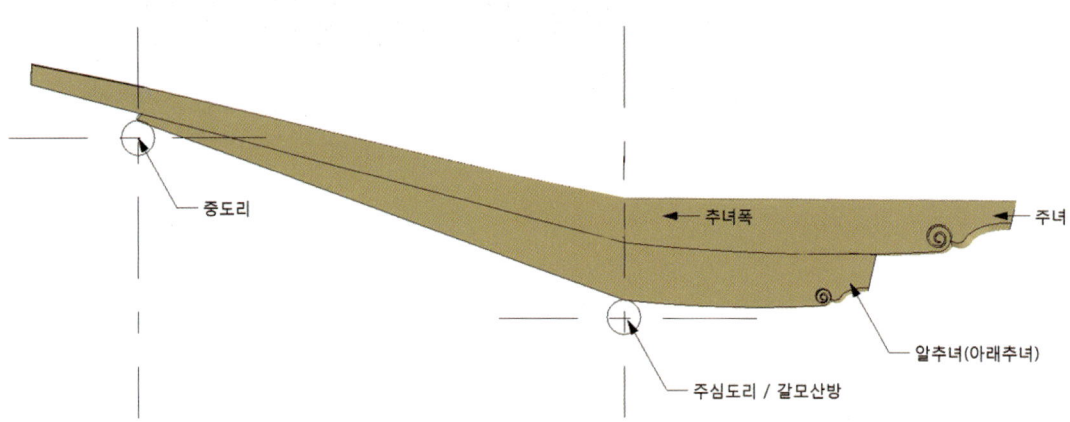

_ 알추녀+추녀

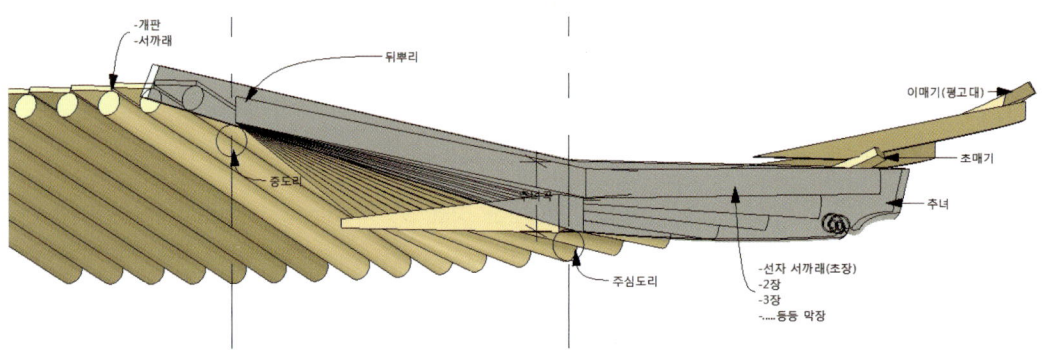

_ 추녀와 선자서까래

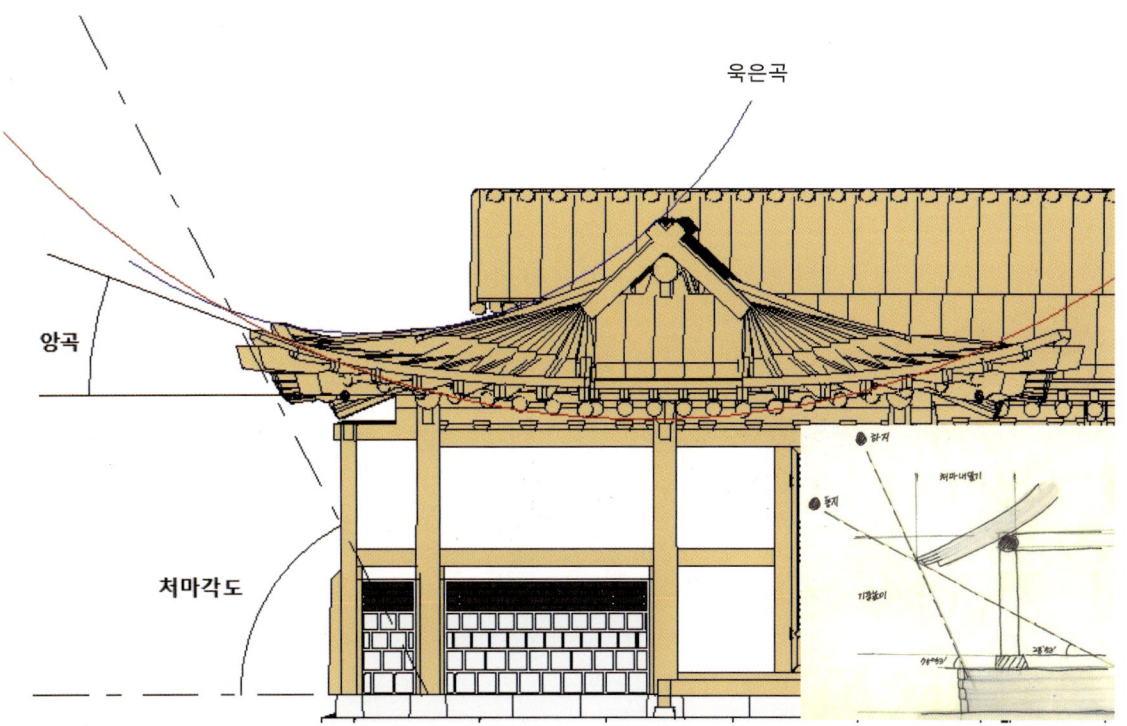

_ 앙곡, 욱은곡, 처마각

　지붕 곡선은 도리의 위치잡이와 추녀곡에 의해 결정된다. 추녀를 계획할 때는 2가지를 반드시 검토해야 한다. 첫째는 하중을 받는 추녀의 춤곡을 구하는 것이고, 둘째는 앙곡을 구하는 것이다. 일반설계자나 학계에서는 앙곡을 각도와 높이로 이야기하지만, 현장의 목수나 도편수들은 추녀, 장연, 도리, 갈모산방의 수치로 이야기한다.

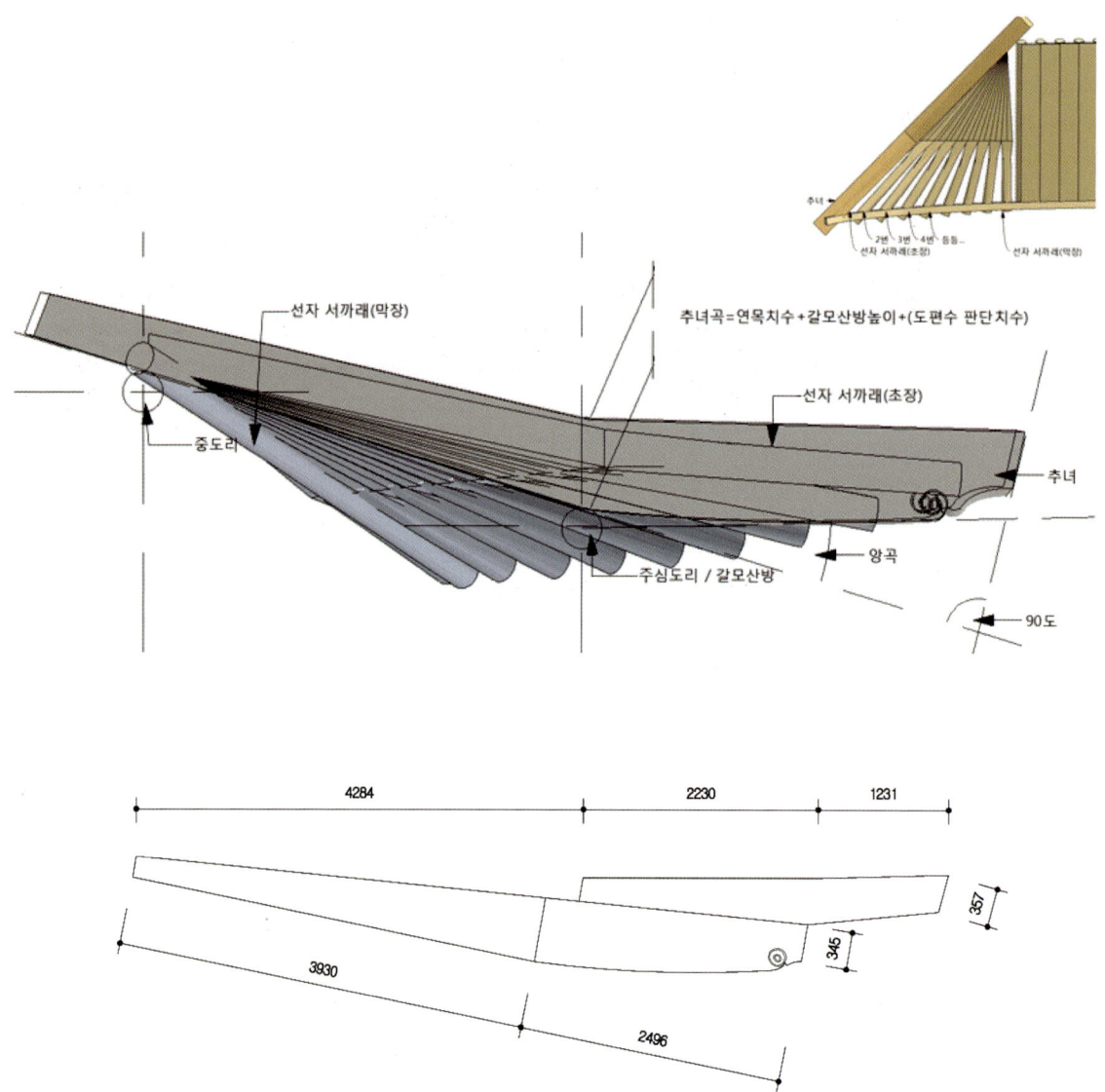

_ 추녀곡

　　추녀곡은 장연, 도리, 갈모산방 등을 고려하고 추녀로 사용할 목재의 상태를 검토하여 계획하는데 현장에서는 편수치수라고 하는 경험치가 추가 치수로 계획된다. 추녀곡의 계획은 연목의 지름, 갈모산방의 높이를 더한 값이 추녀의 춤이 되고 앞서 언급한 편수치수가 추가로 더해진다 집의 규모와 위계, 주변경관 등의 요소를 종합적으로 고려하여 결정됨.

다음은 추녀의 길이에 관하여 이야기해 보자. 추녀의 길이는 집의 중심 부분의 장연 길이를 L-1이라고 하고 주심도리에서 나온 장연의 출목 길이를 L-2라고 한다면, 추녀 길이=L-1×$\sqrt{2}$ +(L-2×$\sqrt{2}$)/4+(추녀 뒤뿌리 길이)라는 식이 성립된다. 풀어 이야기하자면 장연 길이의 45도 대각선길이 더하기, 출목 길이의 1/4은 더하고 추녀 뒤뿌리 길이에 3자 정도를 더한 값이 추녀 길이라는 것이다. 여기에서 출목 길이의 1/4은 안허리곡선을 만들게 되는데, 집의 규모에 따라 가감할 수 있다. 추녀의 두께는 기둥의 기본 치수보다 한치 작게 한다.

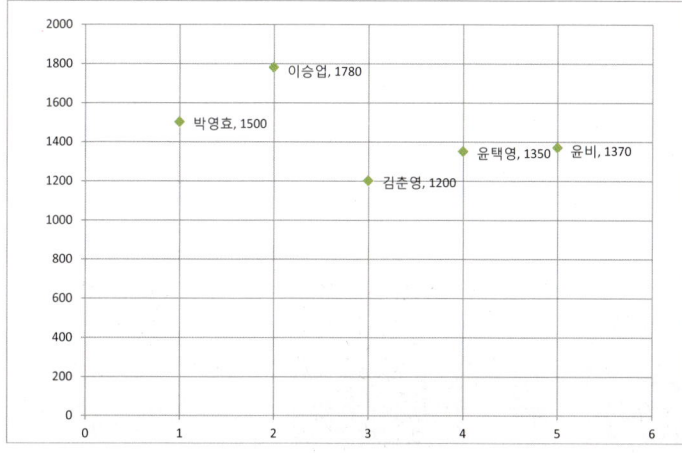

_ 겹처마인 경우

현장에서 추녀를 치목할 때는 장여의 내목, 외출목, 추녀곡 지점을 고려하여 적당히 휜 목재나 지름이 넓은 목재를 선택하여 추녀 부재로 사용한다. 위 내용과 선자연, 갈모산방을 고려하여 현치도를 합판이나 종이에 먹칼로 본을 뜬다. 추녀본을 추녀에 사용할 목재에 다시 대고 그리거나 먹선을 퉁겨 위치를 표시한 후 보관한다. 치목할 때 추녀 부재의 등과 배는 약간의 여유를 두는데 4곳의 추녀를 올린 후 수평을 잡거나 물매를 고려하여 배나 등을 깎아낸다.

전체적으로 수평과 비례가 맞으면 추녀 머리끝 부분에 평고대를 걸기 위한 삼각 따기를 하여 고정한다.

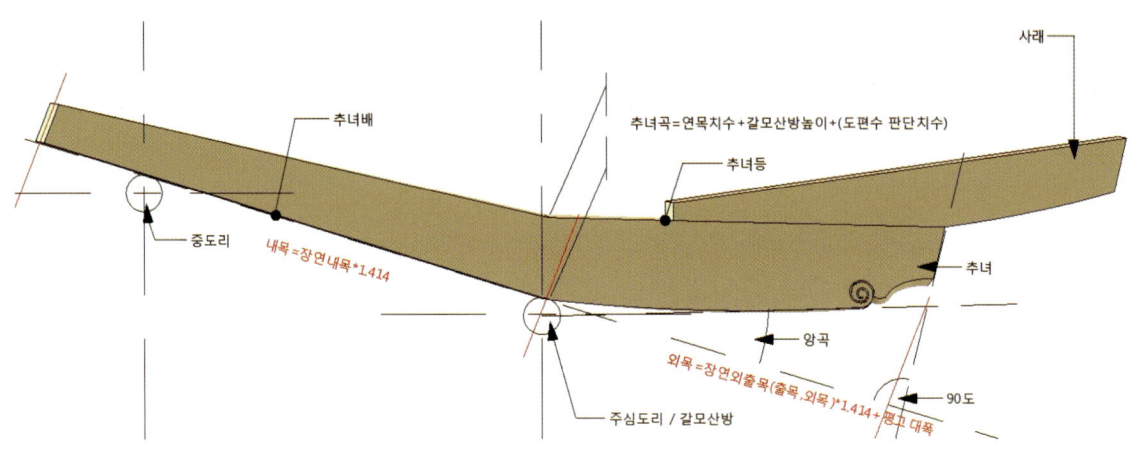

_추녀 계획

_추녀 일반치목

선자서까래의 형태가 안목은 점점 좁아지고 끝은 안목보다 크고, 선자서까래가 초장부터 막장까지 붙어 부챗살 모양을 이루는 것으로 선자연이라고도 한다. 선자연은 추녀 옆에 초장이 붙고 갈모산방 위에 얹어지며, 평연과 연속적으로 위치하여 지붕의 안허리곡을 만든다. 선자서까래를 계획할 때는 중도리와 주심도리의 간격으로 기본 치수가 정해지고, 펼친 각도에 따라 외목출목과 내목 길이가 함께 정해지게 된다. 선자서까래의 지름이 정해지면 초장부터 막장까지 번호가 정해지고 초장에서 중심도리 왕찌맞춤 부분의 직각 되는 곳까지의 길이를 계산하여 지름으로 나누어 각 장의 위치를 잡는다. 이때 주의할 점이 있다. 설계실에서 도면을 그리다 보면 현장에서 부재의 길이가 맞지 않는 경우가 발생하는데, 이것은 갈모산방의 높이나 초매기평고대의 각도에 따른 증가분의 차이 때문에 발생한다. 그래서 필자는 설계하고 목재를 주문할 때, 여유 치수를 더해서 길이를 지정하고 있다.

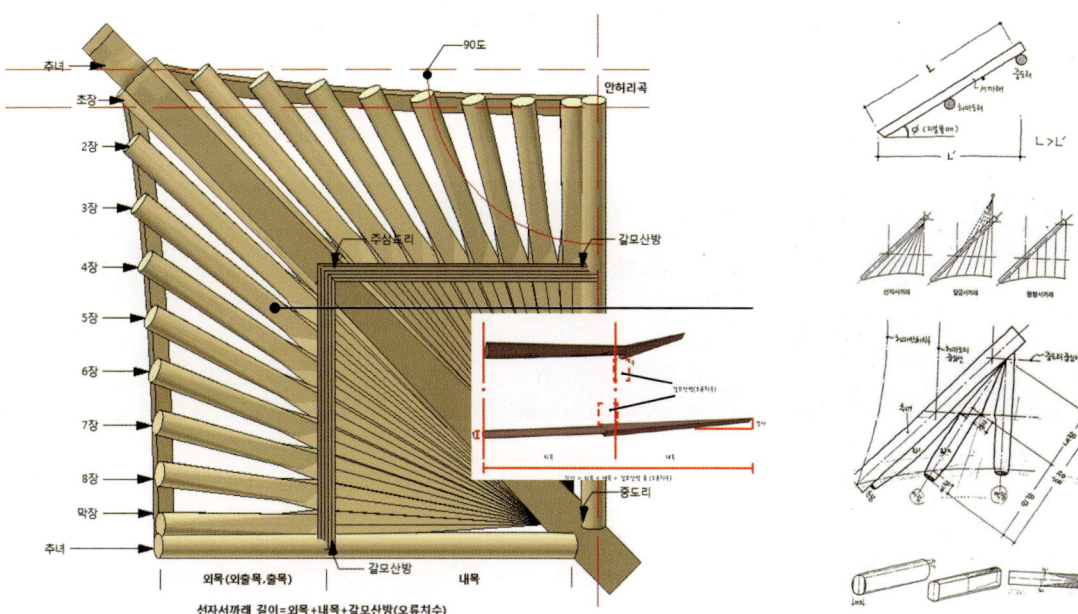

_ 선자서까래(선자연)의 구성

_ 선자서까래 일반치목

_ 선자연 시공

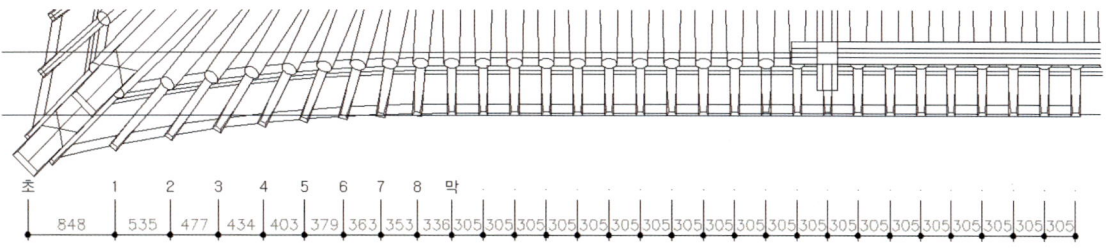

_앙곡 실측도

3.9 연목, 갈모산방, 사래, 부연, 초매기, 이매기

연목은 일반적으로 서까래라고 부르는 부재이다. 선자연의 치목방법에 비해 단순하며 위치에 따라 장연과 단연으로 구분하는데 주심도리에서 중도리까지를 장연, 중도리에서 종도리까지를 단연이라고 한다. 보통 5량가는 장연과 단연으로 구분하고 3량가는 주심도리에서 종도리까지 하나의 연목으로 걸리게 된다. 장연과 단연을 다른 말로는 평연과 동연이라고도 한다. 한옥에서 가장 많이 사용되는 부재이며, 일정한 간격으로 여러 개를 올려놓고 그 위에 개판이나 보토를 얹는 지붕을 구성하는 기본 부재이다. 서까래는 주심도리와 중도리, 중도리와 종도리에 위치해 각도를 가지게 되는데 이것을 물매라고 한다.

    서까래의 간격은 서까래의 굵기와 관계가 있는데, 대략 1자尺가 많이 쓰이고 서까래가 굵어지더라도 그 간격을 1자 2치 이상 넓게 하지는 않는다. 이는 기와의 규격과 관계되는데, 보통 쓰는 중와의 폭이 1자이고 규모가 큰집에서 쓰는 대와는 1.2자이기 때문이다. 보통 규모의 목구조는 서까래 굵기가 5치이고, 간격은 굵기의 배인 1자가 설계표준이 된다. 이는 장연과 단연이 중도리 위에 만나게 될 때 겹쳐지게 되므로 크기가 더 커지면 나머지를 깎아내야 하는 번거로움이 생기기 때문이다.

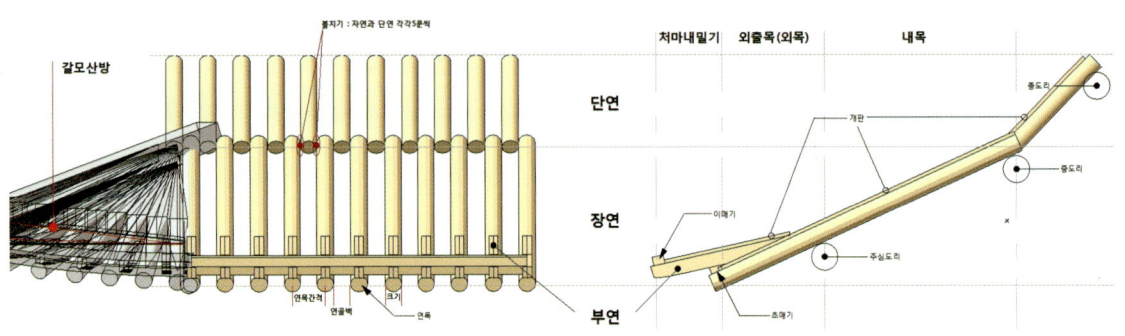

_ 위치별 부재 명칭

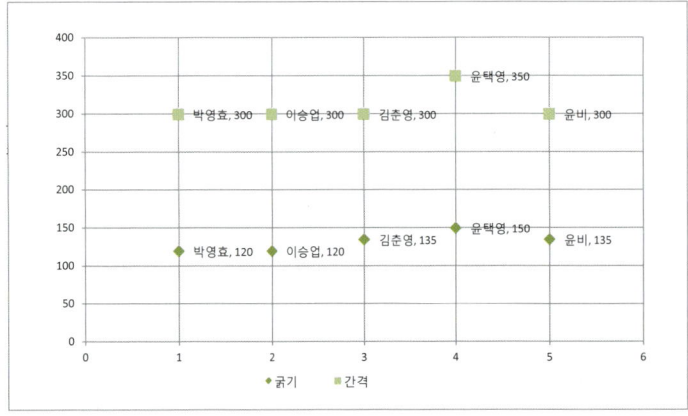

_ 연목의 굵기와 간격

여러 사람이 말하기를 한옥은 철물을 사용하지 않고 이음과 맞춤으로 지어지는 목구조 건축으로 알고 있다. 그러나 기둥, 보, 도리 등의 부분은 짜맞춤으로 이루어져 있으나, 도리 윗부분으로 올라갈수록 철물을 사용하여 부재와 부재를 연결하는 경우가 많다. 철물에는 연정, 띠쇠, 꺾쇠 등을 사용하여 부재들을 연결하고 이외에도 장연과 단연이 교차하여 반복되는 중심축 지점에 구멍을 뚫고 도리 방향으로 싸리나무로 만든 펠대연침로 연결하기도 하고 추녀를 고정하기 위해서는 1자 반이 넘는 추녀정을 사용하기도 하고 띠쇠로 도리를 얽어매기도 한다. 최근 들어 한옥공법이 현대화되면서 스크루 볼트와 같은 것을 부재 두께에 따라 사용하기도 한다.

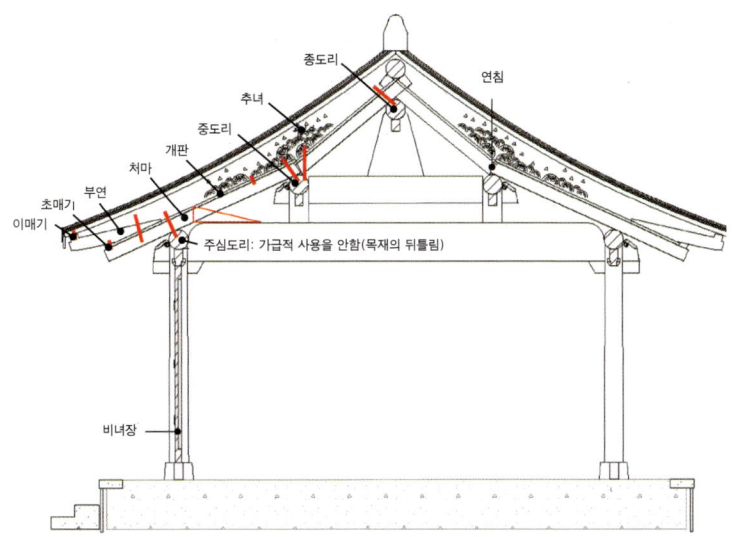

_ 연정 사용

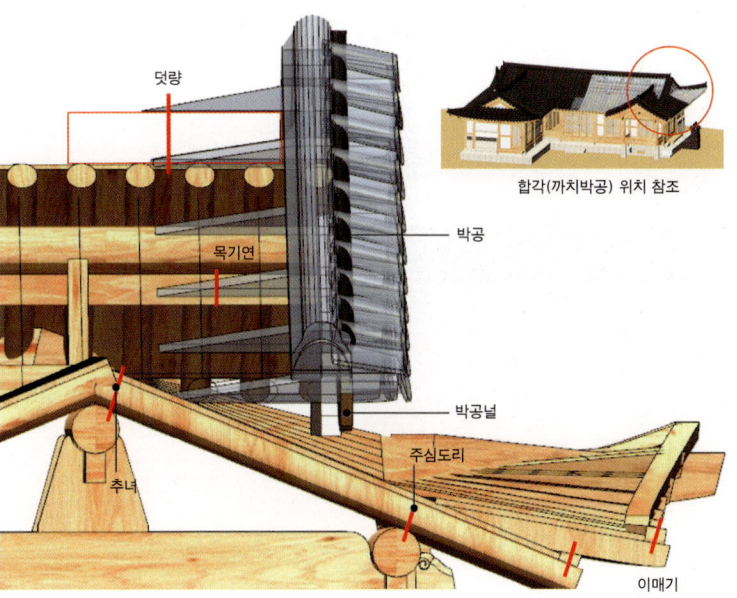

_ 합각의 연정 사용

연정 · 띠철(띠쇠) · 꺾쇠
쐐기 · 꿸대(연침) · 스크루 나사

_ 철물의 사용과 부재연결 사진제공_ 황진찬

기계가공 · 좌판
서까래 마구리를 위치에 따라 조정 · 마구리-주심도리-중도리 위치

_ 서까래 가공 및 좌판 사진제공_ 한정헌

갈모산방은 추녀의 옆에 붙어, 선자서까래, 또는 장연을 받아주는 역할을 하며 앙곡과 안허리곡을 계획하는데 중요한 역할을 한다. 갈모산방은 한쪽 머리는 높고 반대쪽 머리는 낮게 계획하는데 높은 쪽의 높이는 도리 춤지름보다 높지 않게 계획한다. 치목할 때 3가지를 생각하고 치목을 하는데 첫째는 추녀와 갈모산방의 높이이고, 둘째는 도리와 갈모산방의 위치, 셋째는 선자서까래의 물매이다. 한옥의 모든 부재가 삼차원3D구조로 관계되어 있지만 갈모산방의 경우 도리, 추녀, 선자서까래의 3부재가 만나고, 직각 방향의 입체적 맞춤이 발생하기 때문에 크기는 작으나 쓰임새와 치목할 때 생각해야 할 것이 다른 것에 비하여 많다. 치목 과정을 살펴보면 추녀 하부와 도리 상부에 붙게 되는데 추녀 하부와 붙게 되는 부분은 갈모산방을 얇게 깎고 잘 다듬어그렝이질 직각 방향에서 오는 또 다른 갈모산방과 잘 맞물리게 하고, 도리가 원형이면 홈대패를 사용하여 오목하게 하부를 깎아내면 된다. 마지막으로 서까래선자서까래와 장연의 물매에 따라 갈모산방의 윗면 각도를 조절하여 입체적으로 깎는다.

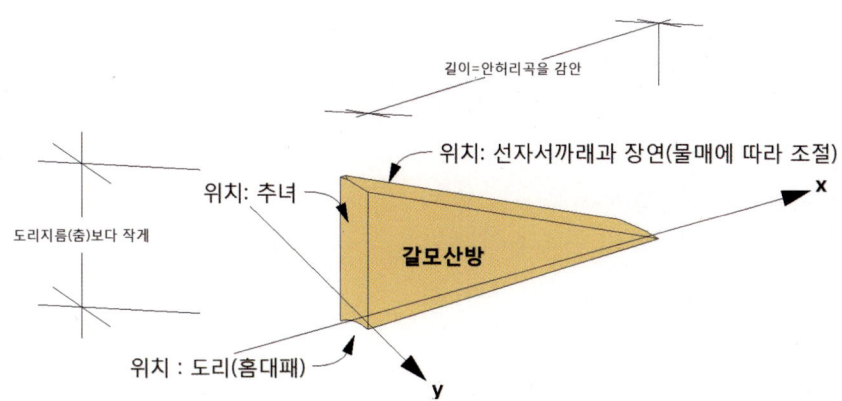

_ 갈모산방 계획

| 갈모산방 | 추녀 걸기 |
| 갈모산방 | 선자서까래를 갈모산방에 얹은 모습 |

_ 갈모산방 치목 및 시공

　부연이 있는 겹처마일 경우 추녀 위에 사래라는 부재를 올리게 된다. 겹처마를 만드는 이유는 서까래가 길게 나와서 처마가 깊어지면 두 가지 문제가 발생하는 데 하나는 서까래의 단면에 많은 부하가 걸리게 되어 겨울에 설하중이 있으면 위험할 수 있다는 것이고 다른 하나는 지붕이 삿갓처럼 집을 내리덮어 채광이 원활치 않게 된다는 점이다. 이러한 문제를 해결하고 더욱 유려한 처마곡선을 만들기 위해 겹처마를 사용한다. 또한, 사래의 역할은 추녀 위에 놓여 처마곡선을 유려하게 만들어 준다. 사래의 물매는 수평선을 넘지 않는 것이 한옥의 관례이나 중국은 사래를 바짝 들어 하늘을 향해 손가락질하는 형상을 하는 경우가 있는데, 우리 조상의 눈에는 그리 곱게 보이지 않았던 모양이다. 사래의 춤은 추녀의 춤을 넘지 않게 계획하고 두께는 추녀를 따르며 내민길이는 부연 내민길이의 두 배 정도를 기준으로 하여 가감한다. 부연의 두께는 서까래의 3/5을 기준으로 하여 가감하고 부연의 춤은 두께의 $\sqrt{2}$

배를 기준으로 한다. 내민길이는 통상 장연출목의 1/3을 기준으로 하고 전체길이는 내민길이의 3배로 계획한다.

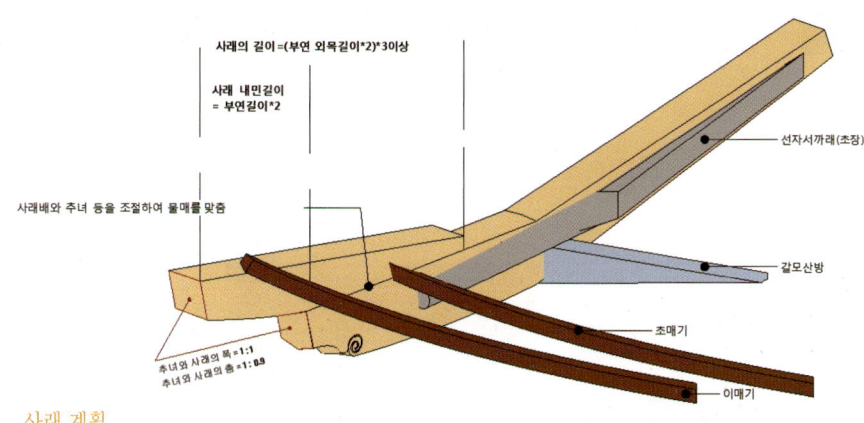

_ 사래 계획

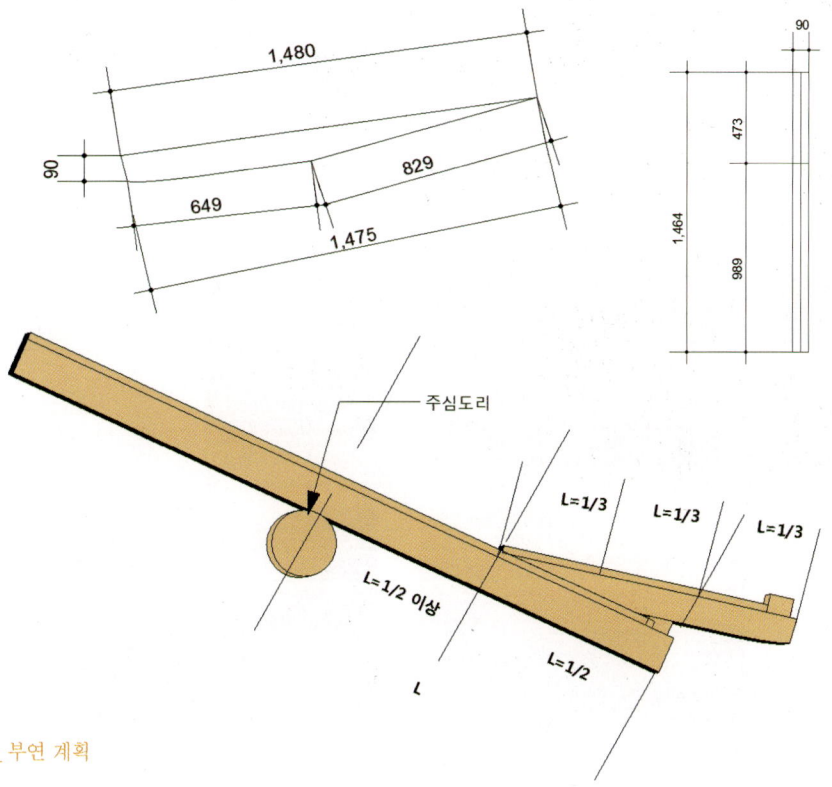

_ 부연 계획

평고대 춤

평고대 폭

서까래 위 설치 예

_ 평고대

장연 걸기

장연, 단연 걸기

평고대 놓기

평고대 곡잡기(안허리곡)

장연에 평고대 고정

회첨부위

빗쪽매이음 후 연정으로 고정

평고대 곡잡기(안허리곡)

삼각따기 후 초매기 올리기

사래 놓기

이매기 올리기

_ 초매기 이매기 시공

평고대는 매기라고도 하는데 처마의 선을 결정하는 중요한 부재이다. 놓이는 위치에 따라 초매기와 이매기로 분류되며, 추녀와 장연 위에 부착한 평평한 횡목을 초매기라 하고 사래와 부연 위에 부착된 평평한 횡목을 이매기라 한다. 평고대는 12자 이상 되는 길면 길수록 유리하다 적당한 목재를 사용하고 연결부위는 연못을 박아 사용한다. 평고대는 수평부재이기 때문에 안허리곡이나 앙곡을 만들기 위해서는 단단한 줄이나 체인을 사용하여 곡을 맞춘다. 안허리곡이나 앙곡이 세면 미리 휘어지게 치목을 하는데 이것을 조로평고대라고 한다. 매기를 잡는 것은 집의 모양을 잡는데 가장 중요한 일이라서 도편수는 심혈을 기울여 이 일에 임하게 된다.

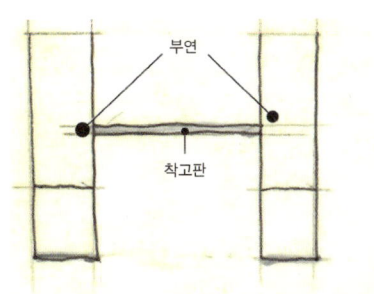 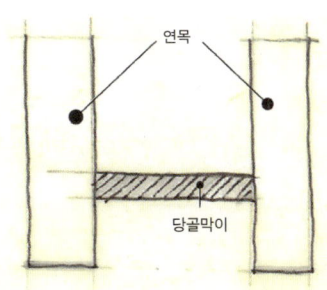

_ 부연착고와 당골막이 계획

당골작업

당골작업

주심도리, 중도리 당골작업

_ 당골막이와 부연착고 시공

부연착고

당골작업 전 / 부연착고

도리 위에 서까래가 올라가면 서까래와 서까래 사이에 틈이 생긴다. 이 틈이 생긴 부분을 당골이라고 하는데 현장에서는 당골막이라고 한다. 흙으로 당골을 막는다 해서 붙여졌다. 과거에는 목재를 구하기 어려워서 서까래 위에 갈대 혹은 대나무를 사용하여 산자엮기를 한 다음 흙으로 치받기를 하여 회바름으로 마감하는 것이 일반적이었다. 위를 쳐다보는 흙이라 하여 앙토라고 하는데 기술자가 아니면 여간해서는 하기 어려운 일이다. 워낙 일도 힘들고 인건비가 많이 들어 요즘 한옥현장에서는 앙토 대신 목재널로 된 개판을 서까래 사이에 길게 올리고 그 위에 보토를 받는 방식을 많이 사용한다. 부연과 부연 사이는 나무널로 막게 되는데 이것을 부연착고라고 한다. 부연착고로 막고 그 위에 부연개판이 덮어지면 드디어 한옥 지붕은 그 유려한 자태를 드러내게 된다.

3.10 합각과 박공

한옥 지붕의 모양을 대표하는 것이 합각지붕과 박공지붕이다. 합각지붕은 팔작지붕이라고도 하고 박공지붕은 맞배지붕이라고도 불린다. 추녀가 있으면서 까치박공이 없는 경우를 우진

_ 합각과 박공

각지붕이라고 하는데 한옥 지붕에서 팔작, 우진각, 박공지붕이 가장 많이 쓰이는 형태이다. 합각지붕은 화려하여 당대에 성공한 대인들이 좋아했다고 하고 박공지붕은 그 모양이 단아하면서도 힘이 있어 공부하는 학인들이 좋아했다고 한다.

합각을 계획할 때에는 합각의 위치와 측면, 물매를 함께 생각해야 한다. 합각의 위치는 주심도리, 추녀와 합각이 만나는 위치, 종심도리의 뺄목 길이를 고려하여 계획하는 데 보통 주심도리보다 1자^{尺} 들어간 위치를 합각의 위치로 본다. 합각의 위치가 주심에 가까울수록 용마루가 길어지고 합각이 커져서 집의 격이 높아지게 된다. 옛 여염집의 합각은 보통 협칸의 1/3지점에 있는 경우가 많았다. 지붕이 꺾인 부분에 합각을 설치할 때도 있는데, 보의 길이와 같은 때와 다른 때가 있는데 다른 때는 까치박공의 집부사가 추녀 위에 걸리지 않고 연목 위에 걸리게 된다. 이러면 누리개를 굵은 목재로 써서 충분하게 힘을 분산하도록 해야 세월이 가서도 처마의 선을 보전할 수 있다.

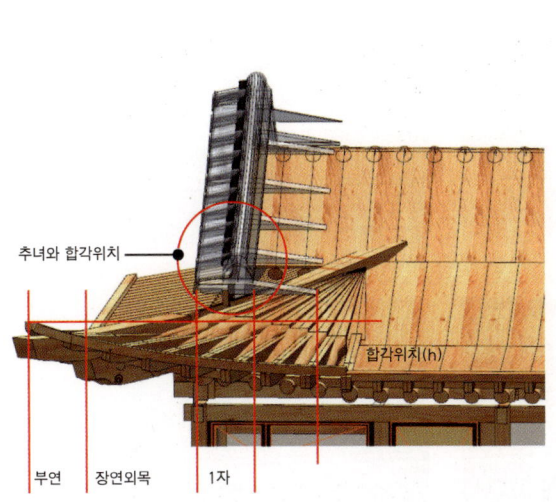 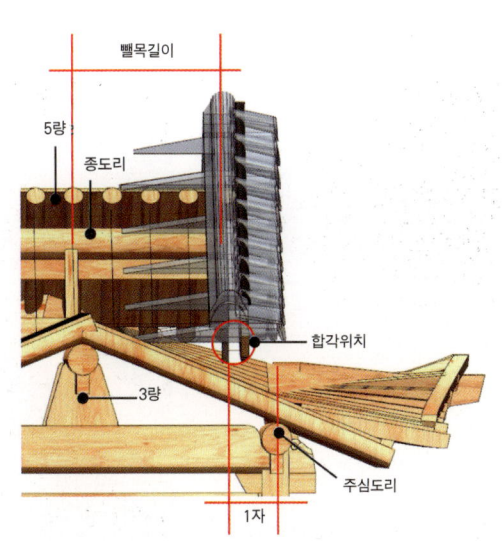

_ 합각까치박공 계획

박공은 박공판과 목기연, 박공개판으로 구성된다. 박공판의 두께는 1치 5푼에서 2치 정도를 일반적으로 사용하고 집의 규모가 커지면 3치도 쓴다. 박공판의 넓이는 박공의 크기에 비례하여 정하게 되는데 1자 2치 이상을 사용하게 되며, 제재소에서 벌구에 가까운 쪽으로 적당하게 휜 나무를 양면 제재하여 현장에 가져온다. 한옥에 쓰이는 거의 모든 목재는 벌목하기 전에 서 있던 방향으로 세워지고 가로재는 집의 중심을 향하게 방향 지어지는데 이것을 수내기 본다고 한다. 그런데 이 원칙을 따르지 않는 부재가 있는데 그것은 박공이다. 박공은 벌구가 위쪽으로 향하게 되어 마치 하늘에서 기운이 땅으로 내려오듯이 설치된다. 박공판에는 목기연이 등간격으로 끼워지는데 규모에 따라 2자~1.5자 간격을 사용한다. 목기연의 내민길이는 역시 박공의 규모에 따라 달라지는데 0.5자에서 1.2자 정도 안의 범위에 들어간다. 일반적인 살림집은 8치 정도가 적당하다. 목기연이 설치되면 박공개판을 덮고 기와를 얹기 위해 연함을 설치하면 박공작업은 마무리된다.

_ 합각 시공

종심도리 뺄목

박공판 걸치기

집부사 설치

너새(박공)개판 설치

완료 후 모습

박공이 걸리고 나면 목기연뒤초리를 서까래에 단단하게 고정해 오래도록 유지할 수 있게 하는데, 쐐기나 고임목을 사용하여 서까래에 흔들리지 않게 고정한다.

_ 합각 명칭

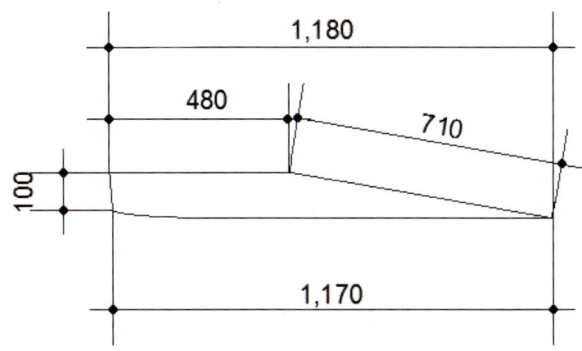 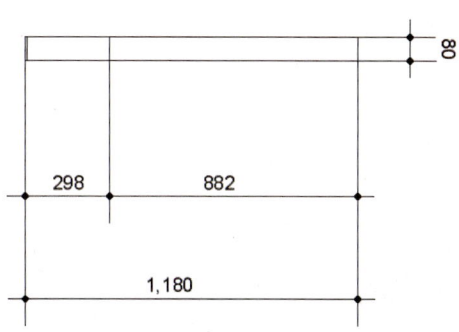

_ 합각 계획

4. 물매와 지붕올리기

4.1 물매와 지붕공사

물매란 수평을 기준으로 한 경사도를 말한다. 한옥에서는 일반적으로 자격음 물매를 사용한다. 자격음 물매라고 하는 것은 물매를 나타내는 삼각형에서 현 부분을 사용하지 않고 장변을 사용한다는 의미이다. 현장에서는 곡척을 사용하기 때문에 자격음 물매가 사용하기 편리하다. 지붕의 물매는 그 지역의 기후조건도 관련하지만, 건물의 위계와 주변환경, 그리고 관습에 따라 적용하게 된다.

기와지붕은 내려오는 경사면의 중간 부분이 좀 더 내려가 있게 되는데 이를 욱은곡이라고 한다. 이것은 기와를 좀 더 안정되게 고정하는 기능적인 측면과 용마루곡선 처마곡선과 더불어 한옥 지붕을 구성하는 중요한 미적인 요소가 되는데 빗물이 내려오는 것과도 연관이 있다. 용마루 쪽으로 갈수록 가파르고 처마 쪽으로 내려올수록 완만하게 구성되어 있는데,

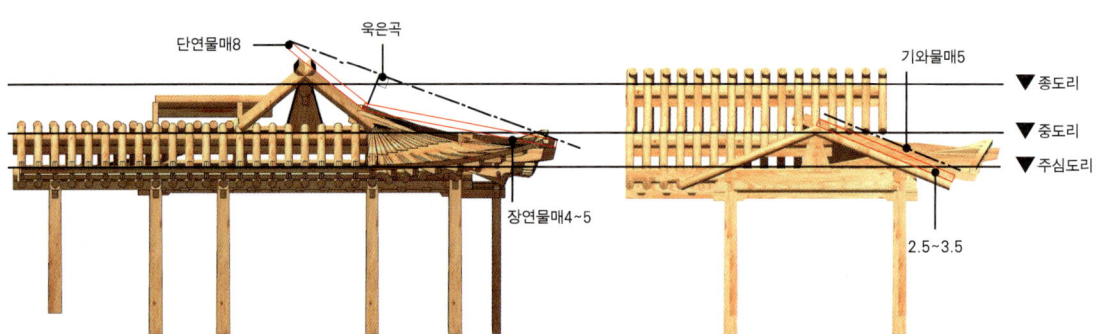

_물매

용마루 쪽은 비의 양이 많지 않아 급한 경사로 빨리 내려오게 하고 처마 쪽은 빗물의 양이 많아짐으로 완만하면서 집 밖으로 멀리 나갈 수 있도록 하고 있다. 3량 홑처마는 2.5~3.5치 정도의 장연 물매를 쓰고, 3량 겹처마와 5량 홑처마는 3~4치, 5량 겹처마는 4~5치 정도의 장연 물매를 쓰게 된다. 기와 통물매는 3량가는 5치 정도이며, 5량가 이상은 6치 물매 정도 쓰는 것이 보기가 좋다

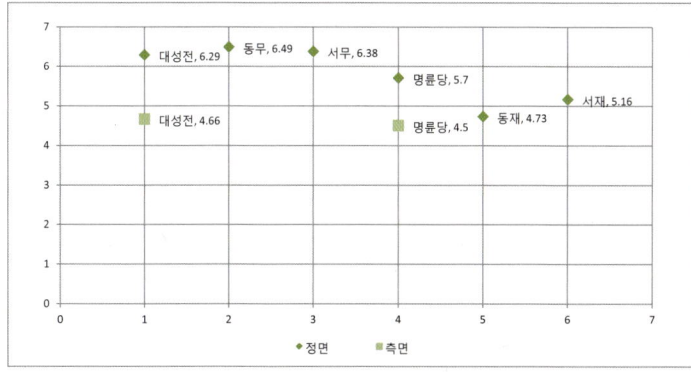

_ 지붕물매의 정면과 측면

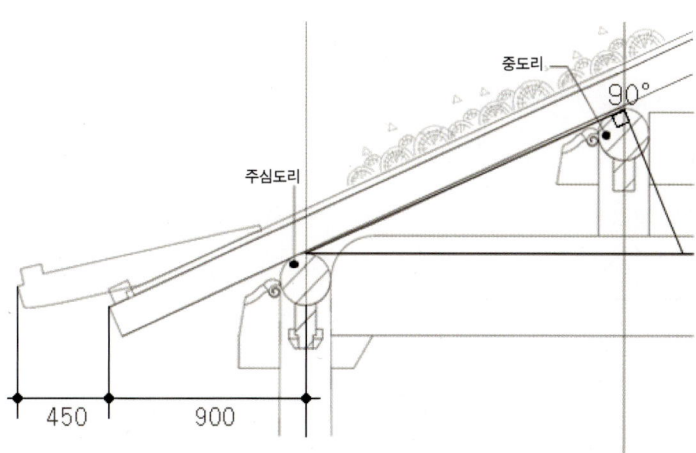

_ 주심도리와 종도리 물매 4.5

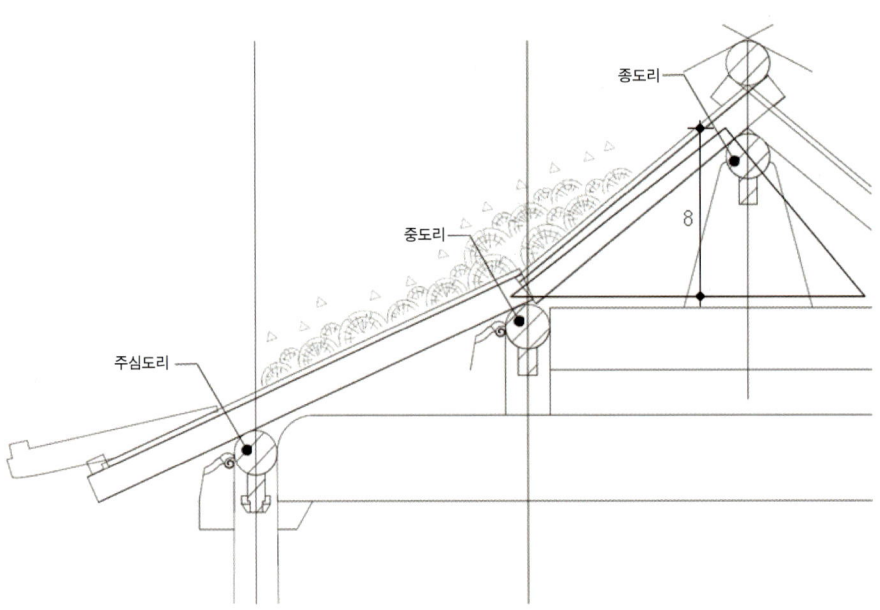

_ 주심도리와 종도리 물매 8

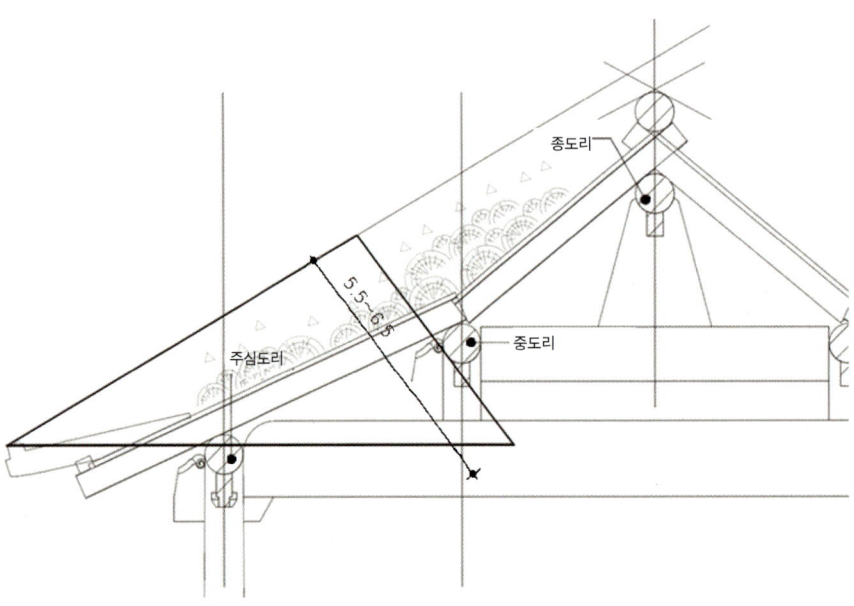

_ 주심도리와 종도리 물매 5.5

4.2 한옥의 지붕

한옥 지붕을 구분할 때는 크게 재료와 형태로 구분한다. 지붕에 사용된 재료는 크게 기와, 초가, 너와, 굴피로 구분하는데 기와집은 흙으로 빚어 구운 기와를 지붕에 올린 집으로 과거 신분사회에서는 상류계층에서 주로 기와를 올렸다. 보통 검은색 기와를 사용했으며, 간혹 푸른 유약을 발라 만든 청기와로 지붕을 잇기도 하였다. 초가집은 볏짚, 밀짚, 갈대 등으로 지붕을 이은 집으로 거래에 의한 재료구매가 아닌 주변에서 쉽게 구할 수 있는 재료를 사용하였다. 하지만 가공재료가 아닌 천연재료를 사용했기 때문에 썩기 쉬워 한두 해마다 주기적으로 교체해야 하는 번거로움이 따른다. 굴피집은 굴참나무, 상수리나무, 삼나무 등의 두꺼운 나무껍질로 지붕을 얹은 집이며, 너와집은 산간에서 구하기 쉬운 소나무나 전나무, 점판암을 판재로 쪼개 차곡차곡 지붕에 깔아놓은 집으로, 나무나 점판암을 구하기 쉬운 산간지방에서 볼 수 있다.

    나무 너와집의 특징은 맑은 날은 지붕재료가 수축하여 통풍이 잘되고, 비가 오는 날은 나무가 습기를 먹어 차분히 퍼지고 가라앉아 빗물이 새는 것을 막는다.

_ 지붕의 재료

초가지붕

기와지붕

너와지붕

한옥에서 사용되는 지붕형태는 박공맞배, 우진각, 팔작, 육모, 모임지붕 등의 형태가 있다. 그중 모임과 육모는 정자, 누각과 같은 곳에 많이 사용되었으며, 박공, 우진각, 팔작지붕은 일반건물궁궐, 관공서, 종교, 민가에서 주로 사용하였다. 맞배지붕은 지붕구조가 제일 간단한 형태로, 마주 보는 두 개의 지붕면이 하나의 용마루를 사이에 두고 있고 측면에는 지붕이 없는 대신, 풍판이라는 삼각형 목재 벽이 있다. 보통 행랑, 곳간 등의 간단한 건물 혹은 사당건물에서 찾아볼 수 있다. 우진각지붕은 마주 보는 지붕 전후와 좌우, 네면 모두가 경사지붕으로 이루어져 있으며, 지붕 앞뒤에서 보면 사다리꼴 형태이고, 측면에서는 삼각형 형태이다. 격식을 크게 중요하게 생각하지 않는 민가나 초가에서 많이 사용하였고 합각이 없이 건물의 사면에 추녀마루가 처마 끝에서부터 경사지게 오르면서 용마루 또는 지붕의 중앙점에서 합쳐지는 형태이다. 팔작지붕이 중국 중원中原지방의 한식漢式이라고 한다면 우진각지붕은 북방성의 요식遼式구조라고 할 수 있다. 고구려 지붕은 맞배지붕과 우진각지붕이 보편적이었고, 당나라와의 교류 이후로 팔작지붕이 크게 보급되었다고 학계에서 추측하고 있다. 팔작지붕은 우진각지붕의 양쪽 측면 지붕 중간 부분을 수직으로 잘라낸 모양처럼 보이는 지붕을 말하는데, 수직처리 된 부분의 사람인자人의 삼각형 모양을 합각이라고 한다. 맞배지붕이 엄숙

하고 경건한 느낌이라면 팔작지붕은 화려한 느낌이 들며, 가장 화려하고 장식적이기 때문에 궁궐과 불교건축에서는 정전 正殿에서 사용하였고, 민가에서는 안채와 사랑채 등에서 많이 볼 수 있다.

_지붕의 형태

팔작지붕

우진각지붕

박공(맞배)지붕

육모지붕

한옥은 구조양식에 따라 다양한 결구 방식으로 구성되는데, 그중에 홑처마 민도리집, 겹처마 민도리집, 초익공집, 이익공집의 기본적인 구조와 명칭을 살펴보자.

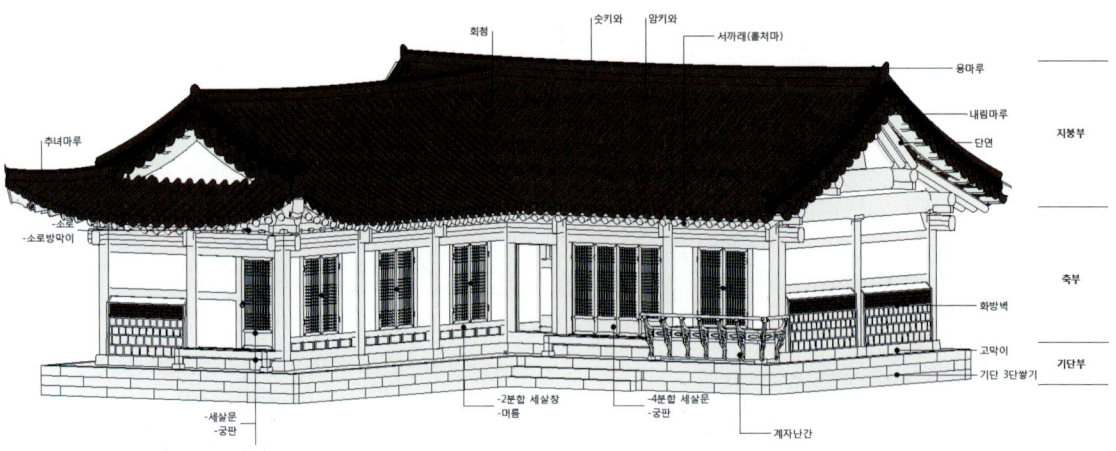

_ 민도리집 홑처마 구조

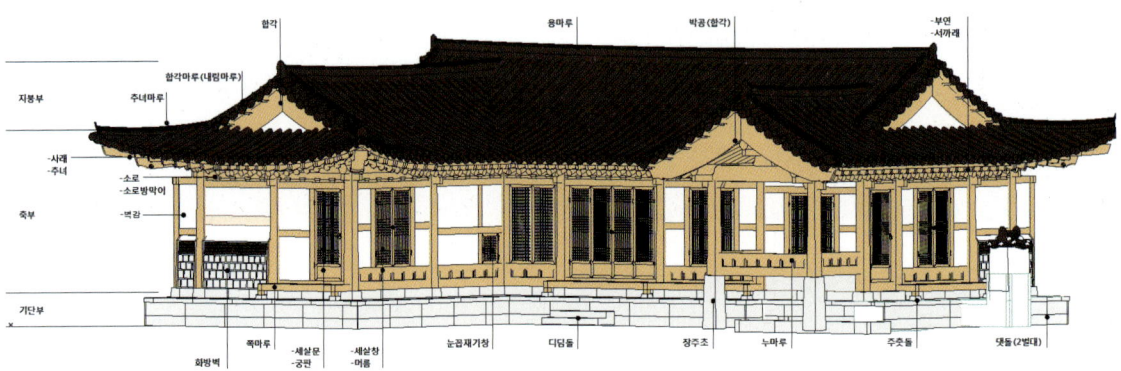

_ 민도리집 겹처마 구조

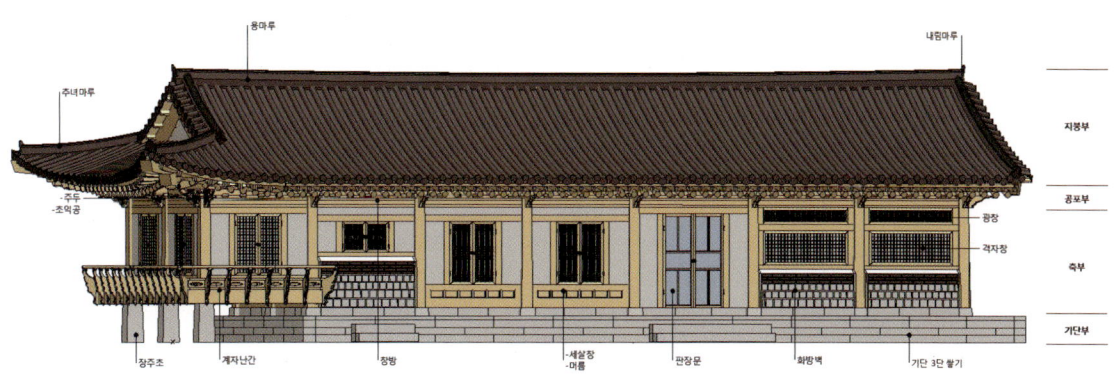

_ 초익공집 구조

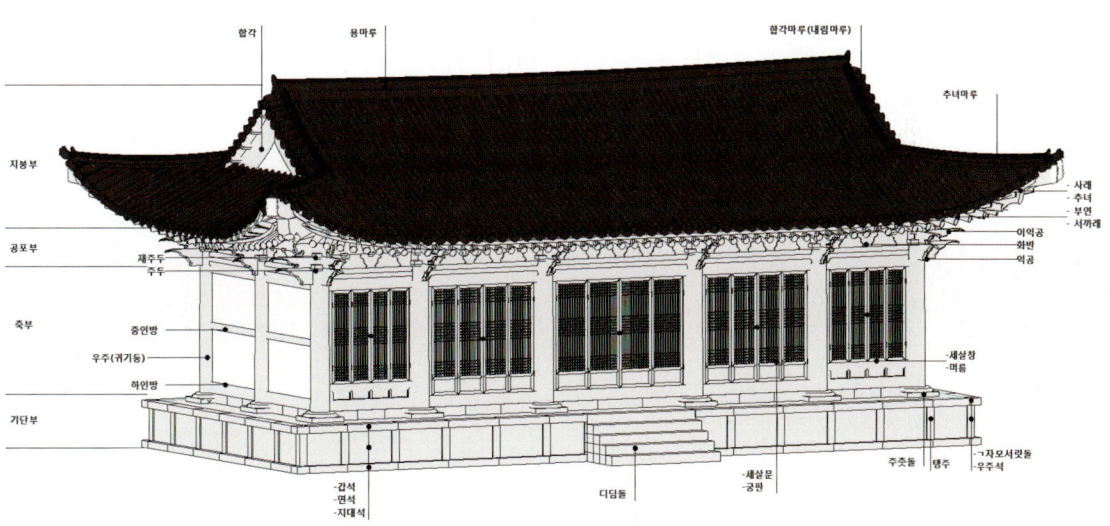

_ 이익공집 구조

4.3 흙의 물성과 함수율

일반적으로 한옥은 자연에서 생성되는 천연재료를 사용하며, 주변에서 쉽게 채취採取할 수 있는 돌, 나무, 흙이 일반적인 건축재료이다. 돌로 기초와 기단을 쌓고 그 위에 나무로 구조를 형성한 다음 마지막으로 흙으로 마감하는데 흙의 성질은 지역에 따라 조금씩 다르다고 알려졌다. 흙을 사용할 때에는 물성, 성격, 함수율을 알아야 양질의 흙을 채취하거나 재료로 사용할 수 있다. 첫 번째인 흙의 물성은 흙의 위치에 따른 특성인데 땅의 표면 흙을 표토라 하고 표토를 걷어내고 나온 흙을 심토라 한다. 한옥에서는 심토를 사용한다. 표토와 심토를 구별하는 방법은 간단하다. 표토는 많은 유기물질과 퀴퀴한 냄새가 나고 심토는 붉은빛이 보인다. 둘째로 흙의 성격인데 흙은 입자 크기에 따라 분류되는데 자갈, 모래, 마사토, 점토로 나뉘며, 자갈과 모래는 사토질로 구조재 역할을 하고 점토가 사이사이에 들어가 접착제 역할을 하게 된다. 점토성분이 약하면 부스러지고 많으면 마르는 과정에서 수축하면서 많이 갈라지게 된다. 그래서 흙의 비율이 중요한데, 문화재청이 발간한 문화재수리 표준시방서에는 보토, 강회다짐, 알매 흙, 홍두깨 흙, 와구토에 대한 1m²당 진흙, 생석회, 마사토의 혼합비율에 대하여 자세하게 나와 있다. 하지만 현장에서는 흙을 다루는 와공기와를 굽는 사람이나 미장공도벽사, 이공, 이장, 토공, 토수라고도 함, 벽이나 천장, 바닥에 흙, 회, 시멘트 따위를 바르는 작업자들이 재료를 혼합할 때는 손의 감각과 오래된 경험으로 점성을 판단하는데 인절미와 같다고 표현한다. 마지막 셋째는 흙 속에 있는 수분량 함수율이다. 흙이 질다는 것은 함수율이 높다는 것으로 흙 속에 물이 들어있어 공극이 많아 날씨가 건조하면 갈라지거나 터지는 자연현상이 생기고, 함수율이 낮다는 것은 흙의 입자들이 접착되지 못할 확률이 높다는 것을 말한다.

_ 보토 만들기

_ 보토 깔기

단위_ m²

명칭	단위	수량
진흙	m²	550
생석회	kg	110
마사(풍화토)	m²	0.59

_ 보토: 진흙, 생석회, 마사토를 위 표의 배합비율에 따라 물을 혼합한다.

지붕 공사에 목재를 메우거나 기와를 붙이는 용도에 따라 사용되는 혼합재료의 명칭이 각각 다른데 혼합재료에는 생석회, 심토, 백시멘트, 마사토가 있고 용도별 명칭에는 보토, 강회다짐, 알매 흙, 와구토, 홍두깨 흙이 있다. 보토는 지붕물매를 잡기 위하여 적심목 또는 산자 위에 채워 넣는 혼합재이고, 강회다짐은 누수방지와 기와의 침하를 방지하기 위하여 보토 위에 시공하는 혼합재이고, 알매 흙은 강회다짐 위에 암키와를 고정하기 위해 까는 혼합재인데 새우흙이라고도 한다. 마지막으로 와구토는 처마 끝 수키와 마구리에 둥글게 바르는 혼합재이다.

혼합재료를 설명하기 전에 모든 과정에 공통으로 들어가는 생석회 피우기에 대하여 간단하게 이야기하고자 한다. 생석회는 일반석회처럼 분말이 아닌 고체이므로 혼합하기 위해 일차적으로 가공해야 하는데 이것을 생석회 피우기라 하고 사용하기 최소한 3~4일 전에는 피워 놓았다가 사용해야 열이 식어서 강도가 좋아진다. 과정을 살펴보면 구덩이를 파거나 진흙의 가운데를 깊고 넓게 파고, 사용할 생석회의 양보다 최소 두 배 이상의 자리를 마련하여 생석회를 넣는다. 그런 다음 생석회를 한번에 피울 수 있도록 많은 양의 물을 한 번에 부어 주고 화학반응이 끝나면 다른 재료와 혼합하여 사용하면 된다.

_ 홍두깨흙 채우기

단위_ m²

명칭	단위	수량
진흙	m²	550
생석회	kg	110
마사(풍화토)	m²	0.59

_홍두깨 흙: 진흙, 생석회, 마사토를 위 표의 배합비율에 따라 물로 혼합한다.

단위_ m²

명칭	단위	수량
생석회	kg	550
백시멘트	kg	110
마사(풍화토)	m²	0.59

_강회다짐: 생석회, 백시멘트, 마사토를 위 표의 배합비율에 따라 물로 혼합한다.

_회마감 하기

단위_ m²

명칭	단위	수량
생석회	kg	128
마사(풍화토)	m³	1.1

_강회다짐: 생석회, 백시멘트, 마사토를 위 표의 배합비율에 따라 물로 혼합한다.

단위_ m²

명칭	단위	수량
진흙	m³	0.9
생석회	kg	7.8
마사(풍화토)	m³	0.3

_알매 흙: 진흙, 생석회, 마사토를 위 표의 배합비율에 따라 물을 혼합한다.

4.4 기와와 추녀마루, 잡상 雜像

우리나라의 기와가 처음으로 사용되기 시작한 때가 언제 부터인지는 정확하게 밝혀져 있지는 않지만, 삼국시대의 여러 건물터에서 수없이 많은 기왓조각이 출토되고 있는 것과 훈몽자회 訓蒙字會나 물명고 物名考 등에 디새라고 적혀 있는 것으로 보아 삼국시대 이전부터 사용해서 조선 말엽까지 통용되었음을 알 수 있고 기와의 옛 명칭은 "디새"라고 불렀다. 기와는 주변에서 쉽게 구할 수 있는 점토에 석비레 등을 섞어 모골模骨과 와범瓦汎등을 이용하여 일정한 모양으로 만든 다음에 가마 속에서 높은 온도에서 구워냈다. 사용배경은 초기 목조구조물에는 가공이 아닌 천연재료에서 지붕재료를 찾았을 것이라 보고 있는데 짚으로 엮은 이엉이나 나무껍질 같은 식물성 부재를 사용했을 것으로 추정하는데, 내구력耐久力이 약하여 자주 교체해야 하므로 방수 효과나 강도가 높은 반영구적인 점토 소성품燒成品으로서 기와가 출현하게 되었다고 생각된다.

기와는 형태와 규격에 따라 구분되는데 형태별 종류에는 평바닥기와, 막새기와, 장식기와, 이형기와가 있다. 평바닥기와는 암키와, 수키와가 있고 막새기와는 암막새, 수막새, 귀막새, 초가리기와면막기용, 서까래초가리, 부연초가리, 추녀초가리, 사래초가리가 있고, 장식기와는 용두, 취두, 치미, 귀면, 잡상, 망와곱새기와, 절병통 등이 있으며, 이형기와는 모서리기와, 어새, 보습장, 착고기와가 있다. 규격별 종류에는 특대와, 대와, 중와, 소와, 특소와, 특수기와가 있으며 규격은 아래 표와 같다.

단위_ mm

종류	암키와				수키와		
	길이	나비	중앙부	단부	길이	나비	두께
특소와	180	175	11	9	190	108	15
소와	330	270	18	15	270	140	18
중와	360	300	21	18	300	150	21
대와	390	330	24	21	330	170	24
특대와	390이상	330이상	30	24	330이상	170이상	24이상
특수기와	표준기와의 규격이 아닌 기와						

암키와

수키와

왕지기와   보습장

토수기와   망와(망새)

착고

바래기기와

무량갓기와

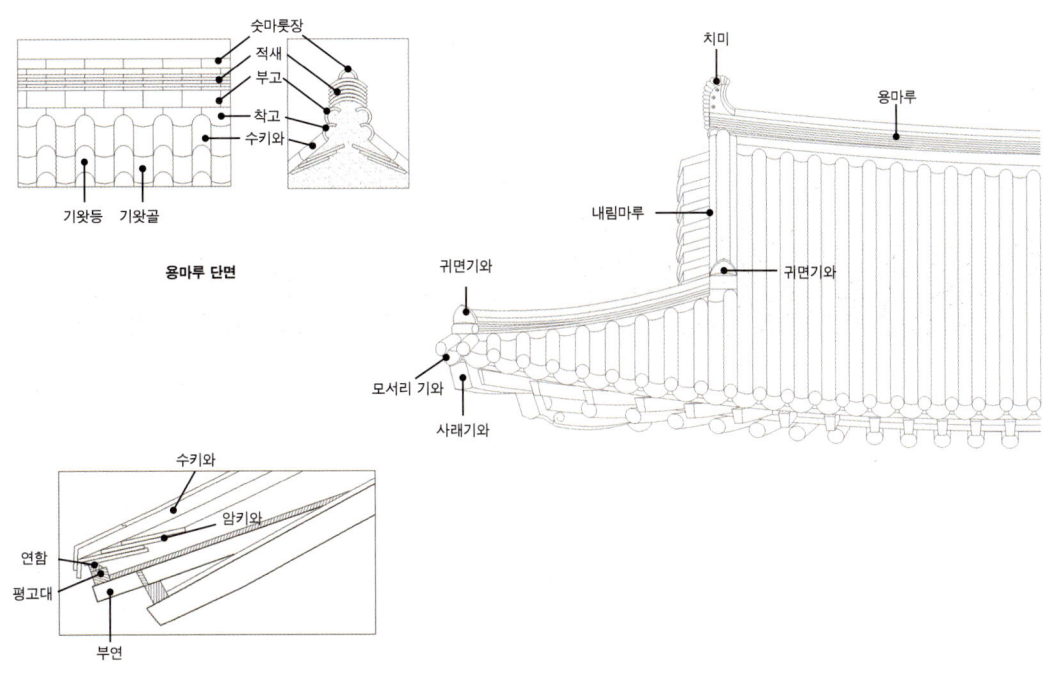

_ 기와 종류 및 명칭

지붕에 올리는 기와에는 형태별 종류와 규격별 종류에 대해 앞서 설명하였다. 또한, 기와는 빗물을 목구조에 안 닿도록 하는 기능도 있지만, 외관상으로 신분과 건물의 성격을 짐작게 하는데 주로 적새와 잡상을 보면 알 수 있다. 예를 들자면 적새의 단수와 잡상의 수량과 유무有無을 가지고 판단할 수 있는데 적새는 3, 5, 7로 올라가며 높을수록 집의 품격과 신분이 높음을 상징하고 잡상은 궁궐과 관련이 있는 건축물에만 사용했는데 잡상의 수량이 3, 5, 7, 9, 11의 홀수로 성격에 따라 올리는 수가 달랐다. 맨 앞부터 삼장법사대당사부, 손오공손행자, 저팔계, 사오정사화상, 마화상, 삼살보살, 이구룡, 천산갑, 이귀박, 나토두 순으로 새워졌으며 마지막에는 새워진 것은 잡상이 아닌 용두이다.

수원화성 행궁　　　　　　　　강령전 잡상

　　한옥의 지붕은 목구조로 구성되어 있어 목재를 풍우風雨로부터 보호하는 중요한 역할을 하며, 보통 우기장마철와 공사기간이 겹칠 때에는 우기雨期가 오는 6월부터는 지붕에 천막을 설치하여 목구조를 보호한다. 지붕 공정을 살펴보면 기와를 이기 위한 지붕 바탕 꾸미기와 기와이기가 있는데 기와를 이기 위한 지붕 바탕 꾸미기에는 장연, 단연, 추녀, 초매기, 부연, 사래, 이매기, 개판, 합각, 집부사, 연함 설치 등의 공정을 말하고, 보토을 얹고 기와를 놓는 것을 기와이기라 한다.

　　하지만, 지붕공정에는 법식이 없어 반드시 이 공정을 지켜야 하는 것은 아니다. 한옥에 대한 현대화 작업 중에 지붕에 관련된 몇 가지 방법들이 검토되고 있는데 첫째는 지붕하중을 줄이는 것과 둘째는 지붕에서 새는 에너지를 잡는 것이다. 첫째는 많은 양의 보토 대신 덧서까래를 설치하고 덧개판을 추가하여 보토를 줄여 지붕하중을 줄이는 방법이고, 둘째는 단열재압축, 일반 천연재료압축 볏짚 방수시트 등을 사용하여 지붕에서 새는 에너지를 줄이는 방법들을 검토하고 있다. 하지만 필자는 지붕의 하중은 기둥, 도리, 보의 결구 맞춤를 단단하게 하고 수평축에서 작용하는 횡력을 받아주는 역할을 한다고 판단하여 개판 위에 적심과 보토를 올리고 기와를 놓는다.

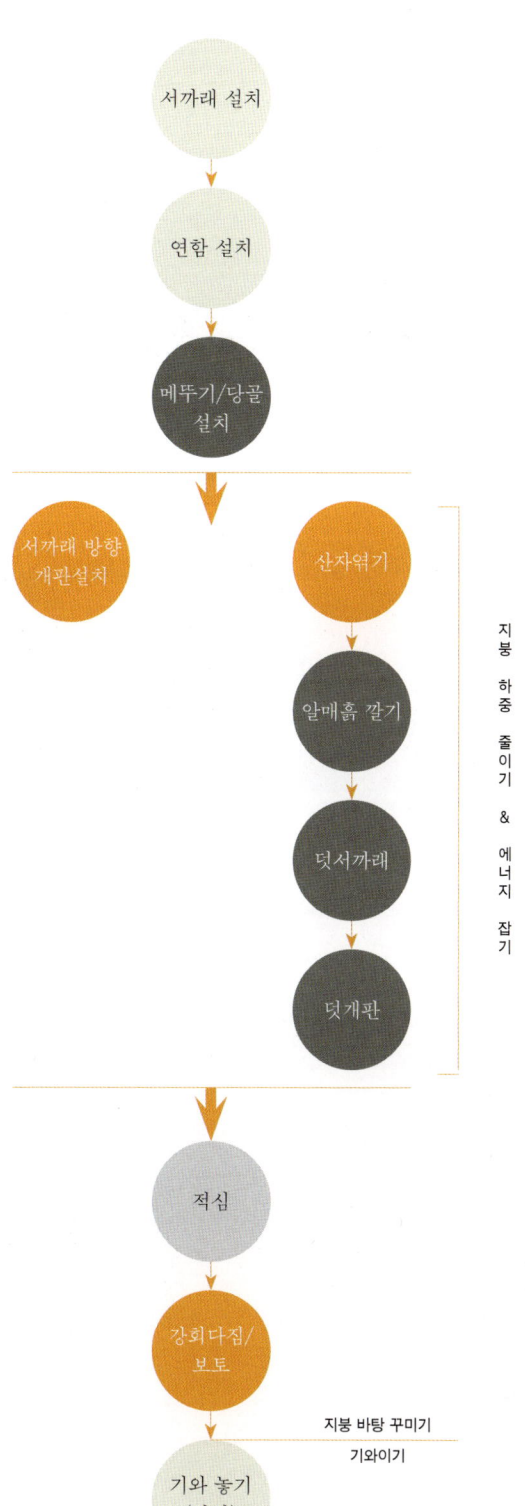

_지붕공사 순서도

지붕공사 1/

서까래

서까래와 평고대

추녀와 평고대

지붕공사 초반기

우기(雨期)가 오는 6월을 대비하여 천막치기

| 설계와 시공 | 물매와 지붕올리기 |

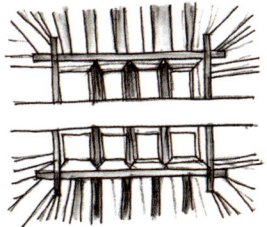
우물천장

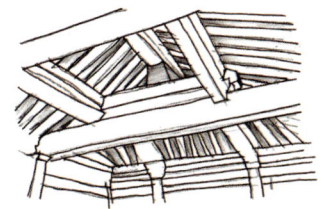
연등천장

메뚜기

당골막이

산자엮기

지붕공사 초반기

지붕공사 2/

개판

지붕 하중 줄이기와 에너지 잡기

한옥 설계에서 시공까지

지붕 바탕 꾸미기

연함 만들기

적심 채우기

보토

지붕공사 중반기

지붕공사 과정 이후 동일함

신재생 에너지와 자연채광 해외 사례

기와 BIPV

유리기와

지붕 누수를 방지하기 위해 최근 들어 방수 시트를 덮는 경우도 있다.

덧서까래 → 덧개판 → 알매흙

지붕공사 후반기 (지붕단열)

지붕 하중 줄이기와 에너지 잡기 시공사례

1, 적심 위에 보토 올리기
2, 덧서까래 사이에 알매흙
3, 덧서까래 사이에 압축볏짚
4, 덧서까래 사이에 단열섬유
5, 덧서까래 사이에 일반 압축 단열재

먹줄 놓기　　　　　　대패질　　　다림질 보기　　기와 올리기　　완료

풍속도로 본 한옥 공사

기와 이기

기와잇기　　　　완료

지붕공사 완료

완공된 한옥

5/ 수장들이기와 단열

수장이란 기둥 사이의 상인방, 중인방, 하인방과 문지방, 주柱선, 문선, 머름대와 문얼굴 등 벽면을 구성하는 모든 것을 말하며, 수장을 시공하는 과정을 수장들이기라 한다. '들인다' 는 말은 기둥과 기둥 사이를 건너질러 고정한다는 뜻으로 벽체, 문, 창, 마루 놓는 골격을 형성한다.

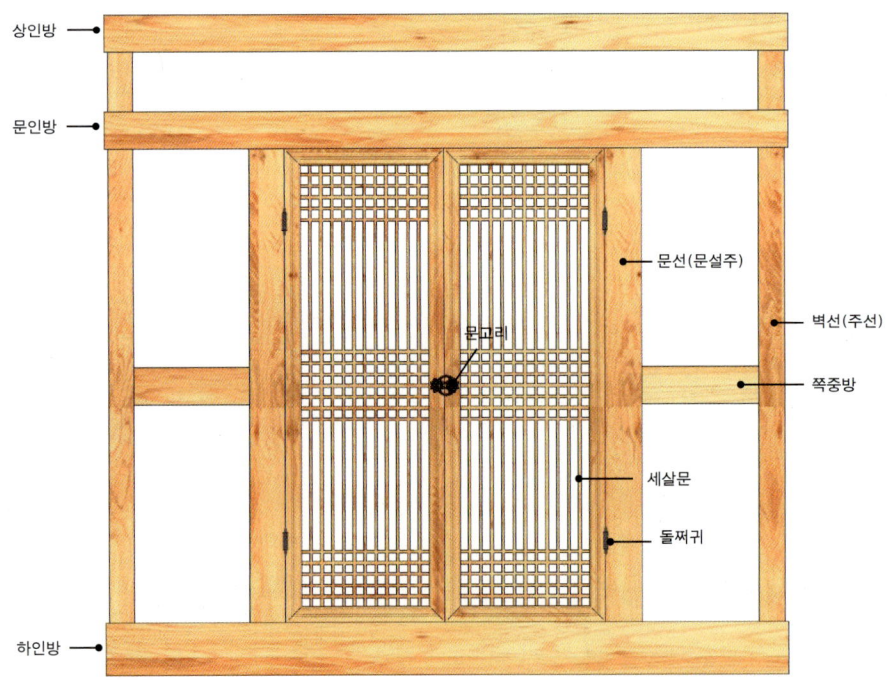

_ 문 수장재 명칭

문화재수리보고서와 남산골 한옥마을 해체실측 및 이전복원 공사보고서를 참고하여 수장재의 치수를 정리한 결과는 상, 중, 하인방의 폭은 75~85mm이며, 춤은 상인방과 중인방은 150mm, 하인방은 180~240mm로 상인방과 중인방보다 조금 크게 계획되었다.

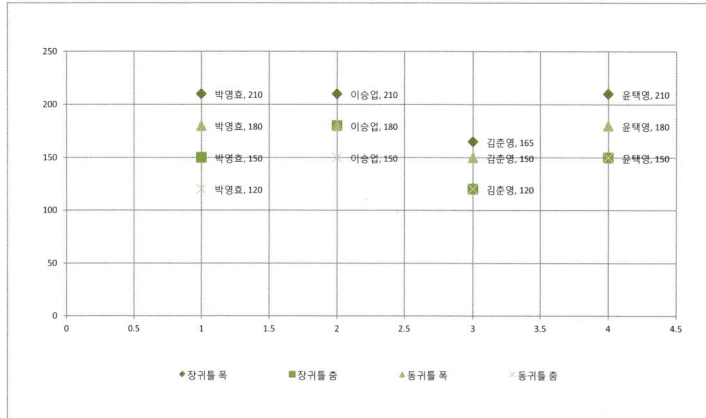

_ 인방 위치별 폭과 춤

5.1 문얼굴 = 창호窓戶 + 벽壁

창, 문, 벽을 달거나 끼울 수 있도록 문의 양옆과 위아래에 이어 댄 테두리를 일반적으로 문얼굴이라 한다. 문얼굴에는 개폐 및 탈착을 자유롭게 할 수 있게 가동성可動性을 살린 창호로 외부공간과의 소통과 차단이 이뤄지고, 벽에 의해 소음, 빛, 출입 등 외부의 침입에 대한 모든 것에 대하여 완전한 차단을 하게 된다. 창호는 개폐방식, 살 모양, 창호지의 위치, 창호의 구성방식에 따라 구분되는데 최근 들어 재료나 창호의 구성방식이 다양해지고 있으며, 벽 또한 재료가 다양해지고 있다.

문얼굴을 계획하기 위해서는 문얼굴의 성격, 위치, 구분, 형태, 개폐방식, 재료에 대한 6가지를 차례로 결정해야 한다.

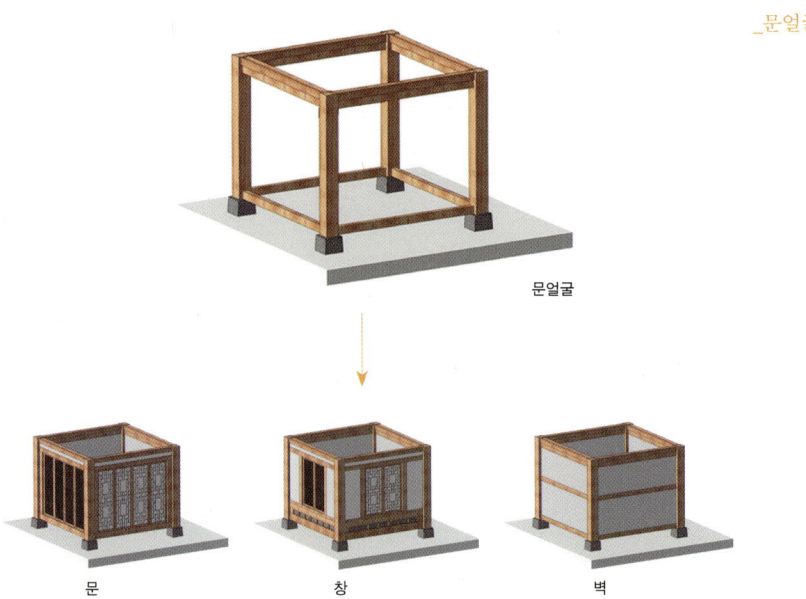

_문얼굴과 창호, 벽

그러면 문얼굴 6단계 과정에 대하여 하나하나 설명하기로 한다. 첫째로 성격은 문, 창, 벽에 대한 분류이고, 둘째로 위치는 문얼굴 중앙을 기준으로 통문(창), 분합, 좌·우·중앙·양쪽에 있는 창호를 말하며, 셋째로 구분은 외문(창), 2분합, 3분합, 4분합, 6분합, 벽으로 나누는 것이다. 위 3가지가 결정되면, 넷째 단계인 창호와 벽에 대한 형태가 결정되는데 세살, 격자, 아자, 완자, 교살, 가로세살, 용자, 판자판장, 머름, 만살, 궁판, 불발기, 화방벽에 대한 세부 디테일을 결정한다. 나머지 두 단계는 개폐방식과 재료에 대한 것인데 공간의 활용성과 재료의 다양화로 전통방식과 비교하면 다양한 아이디어가 나오고 있다. 다섯째 개폐방식은 여닫이, 미닫이, 미서기, 들어걸개, 안고지기, 고정창호 등이 있고, 여섯째 재료는 목재, PVC, STEELE, ALUMINIUM, 흙 등이 있다.

미장공사는 건축공사에서 벽이나 천장, 바닥에 흙이나 회,

시멘트 등으로 표면을 마감하는 것이다. 한옥의 마감은 전통방식과 현대방식이 많은 차이를 보이고 있다. 전통방식은 문얼굴에 힘살, 중깃, 가시새수수깡이나 싸리나무 등를 설치하고 갈대와 짚으로 외엮기를 한 다음 치받이를 하여 속을 채우고 모래가 많이 섞인 흙으로 벽을 하고 진흙으로 초벌과 재벌을 하면 마무리가 된다.

　전통방식의 단점은 기둥과 흙벽 사이의 틈이 많아 벌어지고 풍화작용으로 내구성이 떨어진다는 것인데 이것을 보완하기 위해 최근 들어 진흙으로 벽면을 채우는 방식 외에도 최근에 지어지는 한옥은 합판, 석고보드, OSB 등을 사용하여 내부 벽면을 만들고 벽면과 벽면 사이에는 단열재, 벽돌, ALC 등으로 채우고 외벽을 마무리하기도 하는데 이러한 방식은 시공의 용이성과 자재의 규격화를 높여 전통방식의 부족한 점을 극복할 수 있다.

_창호의 여러가지 형태

_문

북촌 청원산방

경주 양동마을 향단

경주 양동마을 서백당

대전 송용억가옥

경주 양동마을 무첨당

보성 강골마을 문형식가옥

경주 양동마을 향단

북촌 청원산방

_창

봉화 만산고택

강릉 허난설헌 생가터

대전 동춘당

영주 무섬마을 만죽재

괴산 김기응가옥

보성 예동마을 이용우가옥

성주 한개마을 진사댁

안동 하회마을 심원정사

_벽체구성

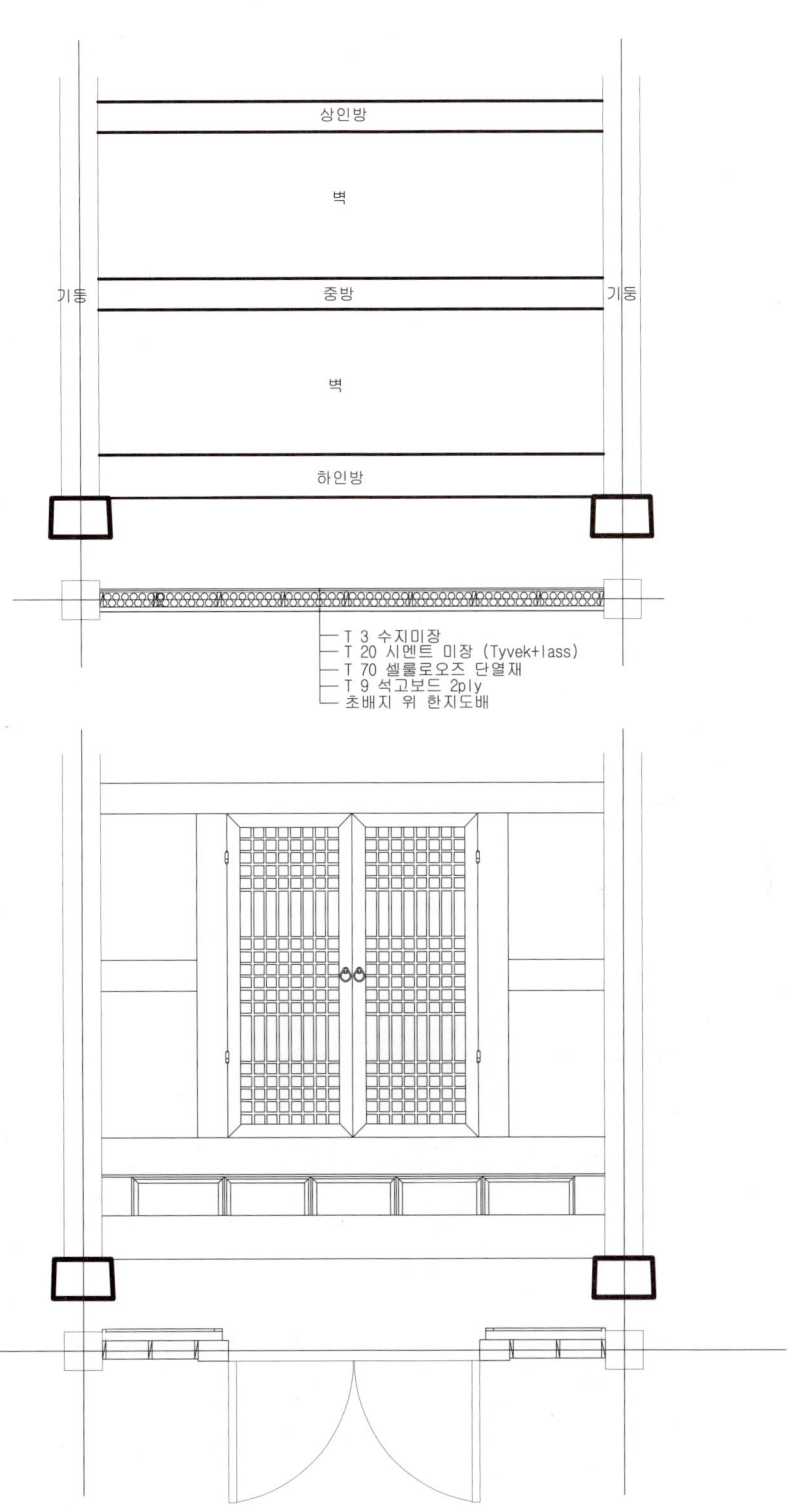

- T 3 수지미장
- T 20 시멘트 미장 (Tyvek+lass)
- T 70 셀룰로오즈 단열재
- T 9 석고보드 2ply
- 초배지 위 한지도배

한옥 단열 기준 (2010. 11. 5 개정)
법기준 시행(인가 2011. 2): 수장 100 기준

주단열 기준: 거실의 외벽~외기에 직접면하는 경우
0.36w/m²k 이하(과거기준: 0.47w/m²k)
-> 기존 ALC 75m/m 적용시 1.02w/m²k

단면(Main): 마감전체 125m/m
-> 전체벽체 중 40%

시공성을 위해서 13m/m는 밀착가능(外)
석고보드 고정 : 보강목 (필요시) - 장SPAN(코아합판)
· 1.0m/m · 도배 (초배+한지)
· 19m/m   · T 9.5 석고보드 2ply
· 93m/m   · (단열재 공간) VER
            (T80 셀룰로오즈단열재)
· 12m/m   · 외장전용미장(플라스터)
플라스터 마감 기준설정 / 단열재 끝선 기준 설계木
(필요시) - 장SPAN

※ 단열재 (셀룰로이스 단열재 0.033 w/mk) → 80m/m
  - 단열재 (셀룰로이스 단열재 0.034 w/mk) → 85m/m
※ 시공 검토
  - 외벽전용마감 sample 시공후 시공성/박리현상
※ 단열시공 / 법적기준
  - 현위 디테일은 문제가 없음.

단면(Sub)

5 m/m 합판
12m/m 외벽전용미장(플라스터)

※ 단열재 (경질우레탄폼보드) 0.025 w/mk 이상 60m/m
  셀/단열재 시공 80m/m (0.33w/mk)
  → 셀/단열재 60m/m 시공

한옥 단열 기준 (2010. 11. 5 개정)
법기준 시행(인가 2011. 2): 수장 100 기준

주단열 기준: 거실의 외벽~외기에 직접면하는 경우
0.36w/m²k 이하(과거기준: 0.47w/m²k)
-> 기존 ALC 75m/m 적용시 1.02w/m²k

단면(Main): 마감전체 125m/m
-> 전체벽체 중 40%

시공성을 위해서 13m/m는 밀착가능(外)
석고보드 고정 : 보강목 (필요시) - 장SPAN(코아합판)
· 1.0m/m · 도배 (초배+한지)
· 19m/m   · T 9.5 석고보드 2ply
· 93m/m   · (단열재 공간) VER
            (T80 셀룰로오즈단열재)
· 12m/m   · 외장전용미장(플라스터)
플라스터 마감 기준설정 / 단열재 끝선 기준 설계木
(필요시) - 장SPAN

※ 단열재 (셀룰로이스 단열재 0.033 w/mk) → 80m/m
  - 단열재 (셀룰로이스 단열재 0.034 w/mk) → 85m/m
※ 시공 검토
  - 외벽전용마감 sample 시공후 시공성/박리현상
※ 단열시공 / 법적기준
  - 현위 디테일은 문제가 없음.

단면(Sub)

5 m/m 합판
12m/m 외벽전용미장(플라스터)

※ 단열재 (경질우레탄폼보드) 0.025 w/mk 이상 60m/m
  셀/단열재 시공 80m/m (0.33w/mk)
  → 셀/단열재 60m/m 시공

한옥 단열 기준 (2010. 11. 5 개정)
법기준 시행(인가 2011. 2): 수장 100 기준

주단열 기준: 거실의 외벽~외기에 직접면하는 경우
0.36w/m²k 이하(과거기준: 0.47w/m²k)
-> 기존 ALC 75m/m 적용시 1.02w/m²k

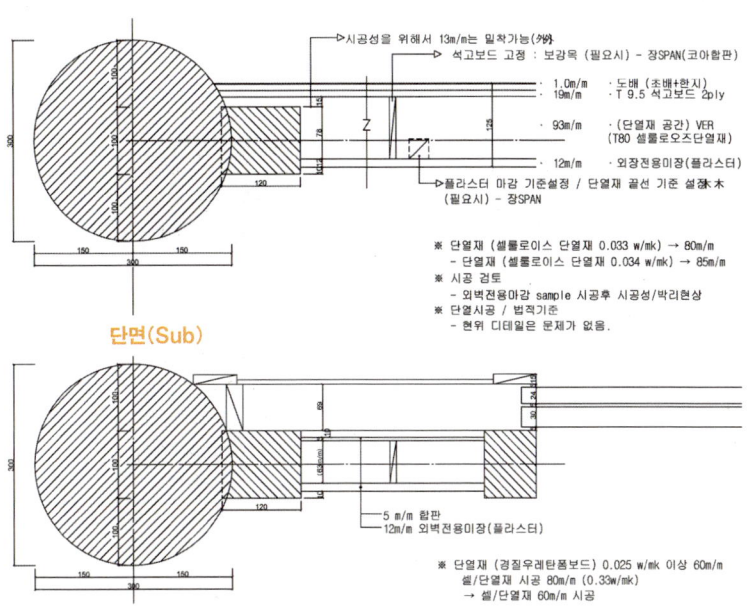

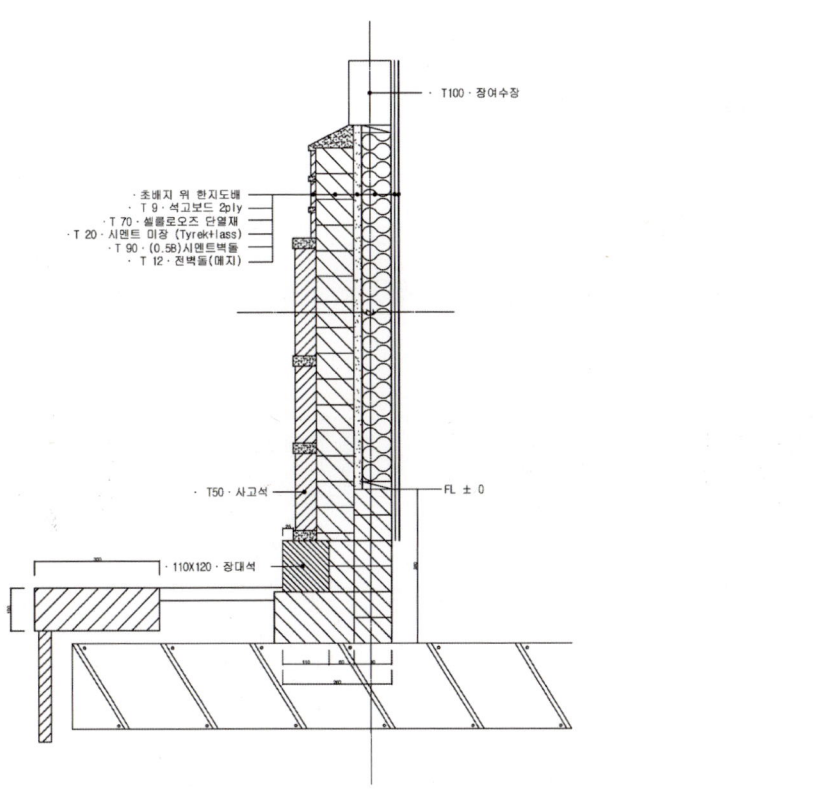

_ 문얼굴 계획 및 시공 (HIM을 이용하여 다양한 문얼굴 표현이 가능하다.)

계획

벽체시공

| 설계와 시공 | 수장들이기와 단열 | 145 |

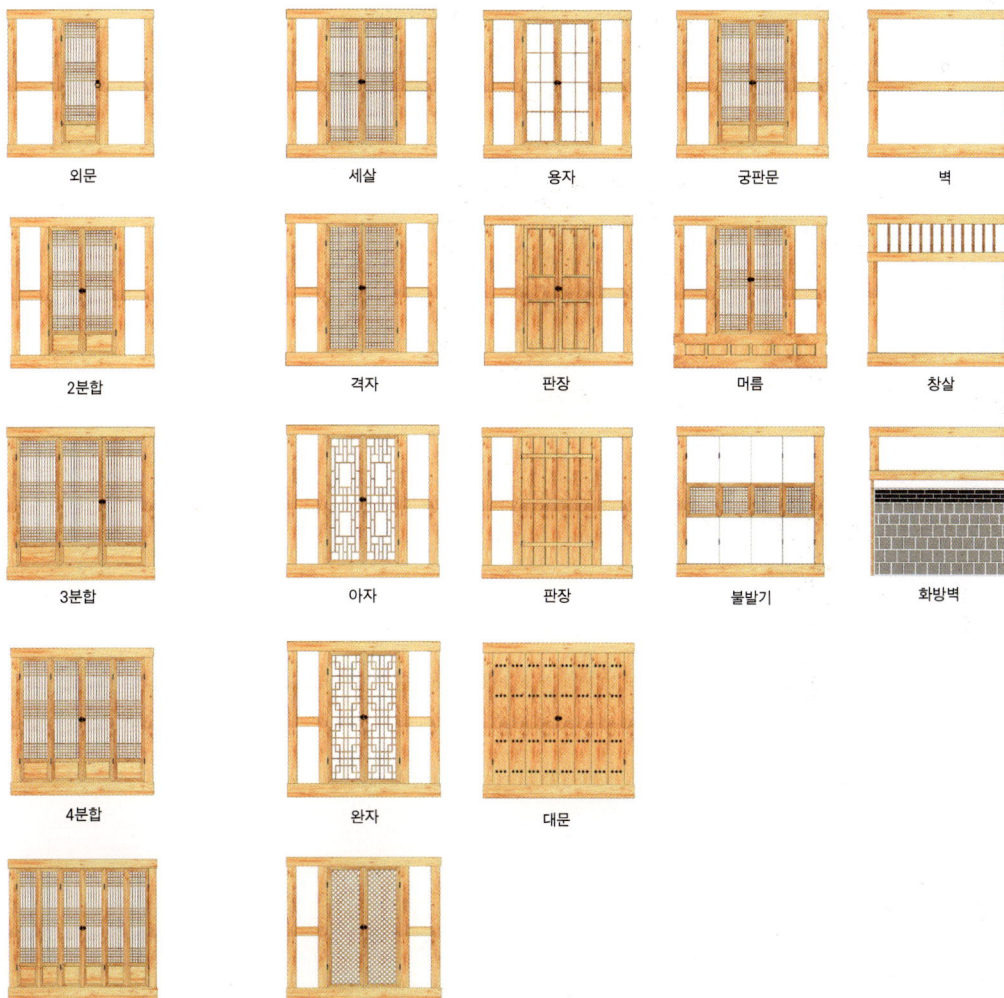

_ 벽체 구성

가시새 설치

내부 마감

단열재 설치

회벽 미장

벽체 완성

5.2 한옥의 단열 기법

최근 유행하는 단어 중에 그린에너지, 친환경, 자연주의, 녹색, 패시브, 액티브 등 사용자의 편의와 이로움에 대한 단어들이 많이 사용되고 있다. 한옥은 이 모든 단어를 담는 그릇처럼 보는게 필자의 시각이다. 한옥은 풍수지리와 자연지형을 훼손하지 않는 범위에서 배치하고, 건축자재의 90% 이상을 자연에서 받아서 사용했다 해도 과언이 아닐 것이다. 석유파동과 환경오염에 의한 지구 온난화, 신문과 각종 미디어 심지어 전 세계적으로 지구를 살리자는 운동과 정책이 나오고 있는 시점에서 한옥에 종사하고 있는 한 사람으로서 우리가 해야 할 일이 무엇일까에 대한 생각을 하게 된다. 한옥을 처음 접하거나 과거 한옥에서 살아본 경험이 있는 사람들은 이구동성異口同聲으로 "춥다."라고 말한다. 과연 '그랬다' 라고 필자도 인정한다. 한겨울 아랫목은 너무 뜨거웠고 윗목은 너무 차가왔으며 벽 사이로 들어오는 바람은 한지를 밀어내고 있었다. 여러가지 이유가 있겠으나 한옥이 가진 자재와 구조의 특성, 단열시스템의 부재, 노후화 등이 그 원인일 것이다. 치솟고 있는 화석연료에 대한 위기감에 전산업에 걸쳐 에너지절약과 대체에너지 개발에 민감해 있는 것이 사실이다. 어떻게 하면 안 추울까? 에 대한 논의에 앞서 몇 가지 용어와 우리나라 건물부문 제로에너지 정책에 대하여 잠깐 언급하고자 한다. 에너지의 중요한 요소는 단열, 열전달, 열관류율 세 가지인데, 단열은 열을 막는 것이고, 열전달은 열온도, 에너지의 차이에 의해 옮겨가는 것이며, 열관류율은 물체가 열온도, 에너지을 전달하는 저항값이다. 우리나라 건물부문 제로에너지 정책은 현시점을 기준으로 2025년까지 단계별로 건물의 에너지 소비를 ZERO화 시키는 것을 목표로 하는데 2012년까지를 냉난방에너지 40% 절감, 2017년까지는 패시브하우스 개념의 냉난방에너지 70% 절감, 마지막으로 2025년에는 건물에너지 소비 ZERO를 목표로 많은 노력을 하고 있다. 이에 한옥도 재료, 사용에너지, 설계방식의 다양화를 통해 다각적으로 계승 발전할 필요가 있다고 생각한다. 이제 본격적으로 어떻게 하면 춥지 않게 할 수 있을까에 대하여 이야기해 보자. 단열에서 전통한옥과 신한옥은 재료의 차이가 있다. 일반적으로 단열에서 열손실을 이야기할 때 천장, 벽, 창호, 바닥 등을 예를 들어 설명하는데, 일반

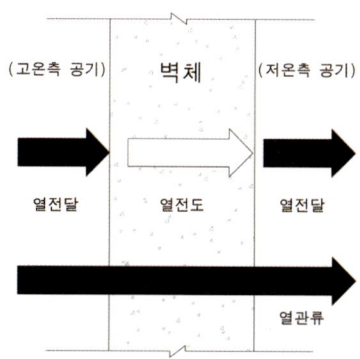

$(R) = \dfrac{d}{k}(m^2 \cdot h^\circ c/kcal)$

d:물체의 무게, k:재료의 열 전도율

Rt : 열관류저항($m^2 \cdot h^\circ c/kcal$)
Rsi : 고온측 공기에서 벽면으로의 열전달 저항
R : 벽의 열전도저항
Rso : 저온측 공기로의 열전달 저항

열관류율(K) = $\dfrac{1}{Rt}$

$Rt = \dfrac{1}{\alpha_0} + \Sigma\dfrac{d}{k} + \dfrac{1}{C} + \dfrac{1}{\alpha_2}$

α_0 : 벽체의 외표면 열전달 저항
α_0 : 벽체의 내표면 열전달 저항
$\dfrac{1}{C}$: 공기층의 열전달 저항
k : 열전도율

_ 열의 전달과 저항

주택을 기준으로 천장 16%, 벽 44.2%, 창 12%, 문 0.9%, 바닥 13%, 환기 13.4% 정도 열손실이 발생한다고 한다.

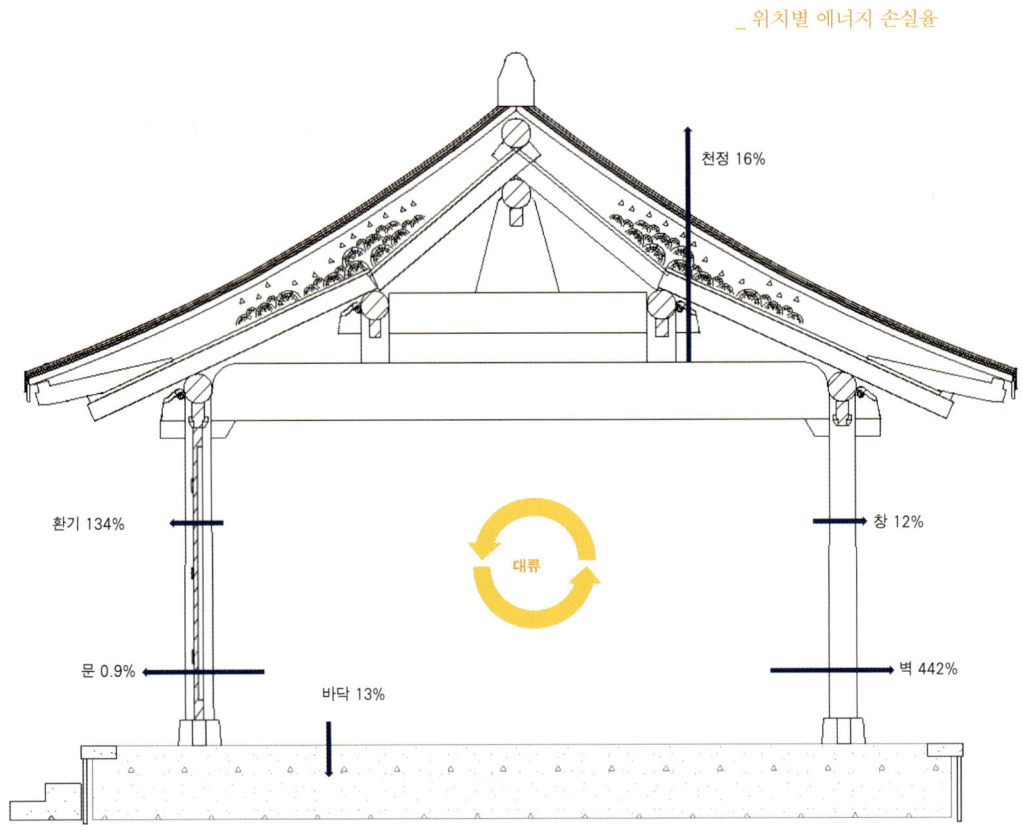

_위치별 에너지 손실율

그렇다면 신한옥을 설계할 때 그 기준과 설계방식에 관하여 이야기해 보자. 수장의 단열설계기준은 국토해양부에서 고시한 제2010-371호 건축물의 에너지절약 설계기준을 보면 지역별 건축물의 부위 열전도율과 단열재의 등급별 열전도율, 창틀과 문틀의 종류별 열관류율이 자세하게 나와 있는데 이 항목들을 참고하여 설계 시 반영하면 많은 도움이 될 것으로 생각한다.

최근 들어 한옥에 관한 관심이 높아지면서 많은 연구가 진행되고 있는데 전통한옥의 단열성능에 관해 한화건설에서 분석한 것이 있어 잠시 살펴볼까 한다. 전통한옥의 U-value_{단열성능}를 알기 위해 열화상 카메라를 사용하여 측정해본 결과 창호, 바닥, 벽체, 지붕 순으로 일반건물기준치를 웃도는 결과를 보이고 있다. 이것으로 볼 때 신한옥의 단열이 매우 중요한 과제가 될 것이고 현재 사용되는 계량된 공법 이외에도 많은 노력이 필요할 것으로 생각한다.

지역			중부지역				남부지역				제주도			
건축물의 부위 열전도율 구분 주1.			가	나	다	라	가	나	다	라	가	나	다	라
거실의 외벽	외기에 직접 면하는 경우		85	100	115	130	70	80	90	100	45	50	60	70
	외기에 간접 면하는 경우		60	70	80	90	45	50	60	65	30	35	40	45
최하층에 있는 거실의 바닥	외기에 직접 면하는 경우	바닥난방인 경우	105	125	140	160	90	105	120	135	90	105	120	135
		바닥난방이 아닌 경우	75	90	100	115	75	90	100	115	75	90	100	115
	외기에 간접 면하는 경우	바닥난방인 경우	70	80	90	105	60	65	75	85	60	65	75	85
		바닥난방이 아닌 경우	50	55	65	70	50	55	65	70	50	55	65	70
최하층에 있는 거실의 반자 또는 지붕	외기에 직접 면하는 경우		160	190	215	245	135	155	180	200	110	125	145	165
	외기에 간접 면하는 경우		105	125	145	160	90	105	120	135	75	85	95	110
공동주택의 측벽			120	140	160	175	85	100	115	130	70	80	90	100
공동주택 층간 바닥	바닥난방인 경우		30	35	45	50	30	35	45	50	30	35	45	50
	기타		20	25	25	30	20	25	25	30	20	25	25	30

주1. 가/ 열전도율 0.034W/mk 이하 (20℃)의 제품, 나/ 열전도율 0.035~0.040 W/mk (20℃)의 제품

_ 지역별 건출물 각 부위 열전도율

등급 분류	열전도율의 범위 (KS L 9106 또는 KS F 2277에 의한 20±5℃ 시험 조건에 의한 열전도율)		KS M 3808, 3809 및 KSL 9102에 의한 해당 단열재 및 기타 단열재
	W / mk	kcal/mh℃	
가	0.034 이하	0.029 이하	압출법보온판 특호, 1호, 2호, 3호 경질우레탄폼보온판 1종 1호,2호,3호 및 2종 1호,2호,3호 기타단열재로서 열전도율이 0.034W/mk (0.029kcal/mh℃) 이하인 경우
나	0.035 이하	0.035 이하	비드법 보온판 1호,2호,3호 미네랄울보온판 1호,2호,3호 그라스울보온판 2호 기타단열재로서 열전도율이 0.035 ~ 0.040 W/mk (0.030~0.034kcal/mh℃) 이하인 경우
다	0.035 이하	0.035 이하	비드법 보온판 4호 기타단열재로서 열전도율이 0.041 ~ 0.046 W/mk 0.035~0.039kcal/mh℃) 이하인 경우
라	0.035 이하	0.035 이하	기타단열재로서 열전도율이 0.047 ~ 0.051 W/mk (0.040~0.044kcal/mh℃) 이하인 경우

2011년 국토해양부 고시 제 2010-371 참조

_ 단열재의 등급별 열전도율

단위_ W/m²·K (괄호안은: kcal/m²·h·℃)

창 및 문의 종류			철물 및 문틀의 종류별 열관류율							
			금속재				목재		플라스틱	
			열교차단재 미적용		열교차단재 적용					
유리의 공기층 두께 [mm]			6	12	6	12	6	12	6	12
창	복중유리		4.19 (3.60)	3.80 (3.27)	3.60 (3.10)	3.30 (2.84)	3.30 (2.84)	3.00 (3.30)	3.30 (2.84)	3.00 (2.58)
	복중유리 (low-E)		3.70 (3.10)	3.20 (2.75)	3.10 (2.67)	2.60 (2.24)	2.90 (2.49)	2.40 (2.06)	2.90 (2.49)	2.40 (2.06)
	복중유리 (아르곤 주입)		4.00 (3.44)	3.70 (3.10)	3.37 (2.90)	3.20 (2.75)	3.10 (2.67)	2.90 (2.49)	3.10 (2.67)	2.90 (2.49)
	복중유리 (low-E, 아르곤 주입)		3.37 (2.90)	2.90 (2.49)	2.80 (2.41)	2.40 (2.06)	2.60 (2.24)	2.20 (1.89)	2.60 (2.24)	2.20 (1.89)
	삼중창 (복중+단창)		3.37 (2.90)	3.20 (2.75)	2.90 (2.49)	2.60 (2.24)	2.60 (2.24)	2.40 (2.06)	2.60 (2.24)	2.40 (2.06)
	단창		6.6 (5.68)		6.10 (5.25)		5.30 (4.56)		5.30 (4.56)	
문	일반문	단열 두께 20mm 미만	2.70 (2.32)		2.60 (2.24)		2.40 (2.06)		2.40 (2.06)	
		단열 두께 20mm 이상	1.80 (1.55)		1.70 (1.46)		1.60 (1.38)		1.60 (1.38)	
	유리문	단창문 유리비율 50%미만	4.20 (3.60)		4.00 (3.44)		3.70 (3.18)		3.70 (3.38)	
		단창문 유리비율 50%이상	5.50 (4.73)		5.20 (4.47)		4.70 (4.04)		4.70 (4.04)	
		복중창문 유리비율 50%미만	3.20 (2.75)	3.10 (2.67)	3.00 (2.58)	2.90 (2.49)	2.70 (3.32)	2.60 (2.24)	2.70 (2.32)	2.60 (2.24)
		복중창문 유리비율 50%이상	3.80 (3.27)	3.50 (3.01)	3.30 (2.84)	3.10 (2.67)	3.00 (2.58)	2.80 (2.41)	3.00 (2.58)	2.80 (2.41)
	방풍구조문		3.80 (3.27)							

2011년 국토해양부 고시 제 2010-371 참조

_ 창틀과 문틀의 종류별 열관류율

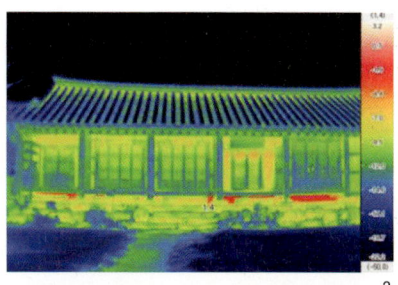
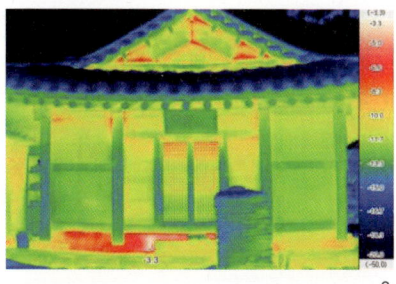
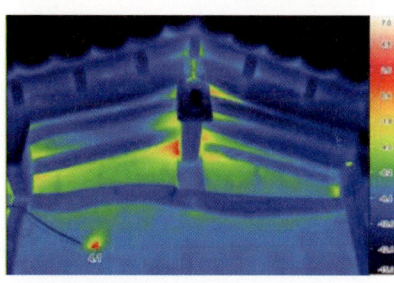
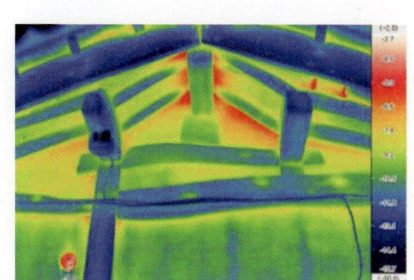

1/ 전통한옥
2/ 상층부 측정
: 붉은 빛이 하부에 많이 보이고 있음
(바닥의 열손실이 많음)
3/ 상층부 측정
: 합각부분과 바닥부분에 붉은 빛이 측정됨
4/ 3량가 박공 측정
5/ 5량가 박공 측정
: 결구에서 붉은 빛이 측정됨

_ 상층부 열손실 측정
출처_ 한화 건설

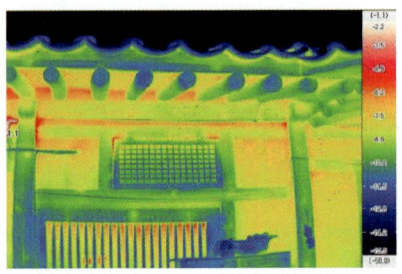
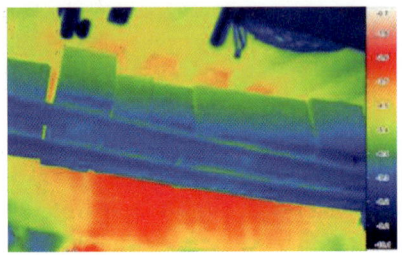
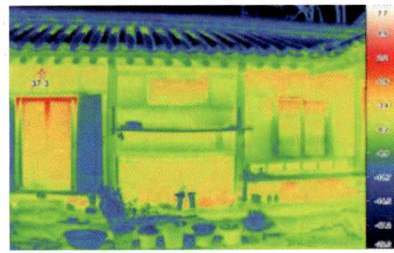
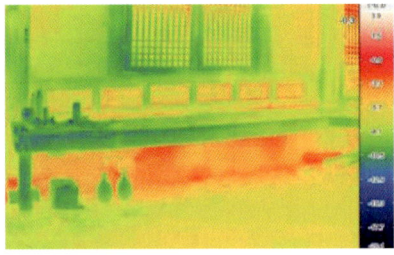

1, 전통한옥
2, 3, 중층부 측정
: 흑벽으로 되어 있는 당골 부분과 인방 주변으로 붉은 빛이 보이고 있음
4, 중층부 측정
: 창호와 벽체에서 전반적인 열손실이 보임
5, 하층부 측정
: 대류에 의한 열손실과 구들에서 열전달에 의한 열손실이 바로 이어지는 것으로 사료됨

_ 중·하층부 열손실 측정
출처_ 한화 건설

| 설계와 시공 | | 수장들이기와 단열 | | 153 |

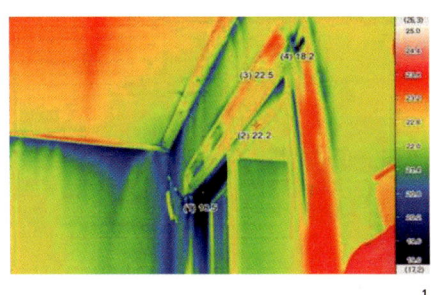 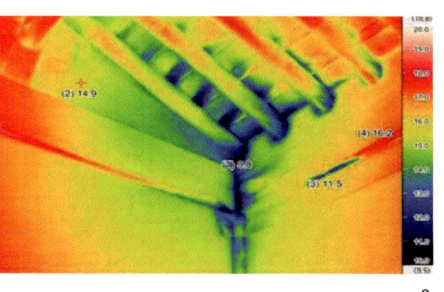

_ 신한옥 열손실 측정
출처_ 한화 건설

1, 2/ 지붕, 벽면, 창호, 바닥을 현대공법을 적용한 후 열화상카메라로 촬영한 결과
(전통한옥에 대한 열손실이 눈에 보이게 줄어듬)

친환경 건축외피시스템 구축방법과 신구술동창 발표자료 인용

_ 전통한옥의 단열성능과 현대건축의 단열법규

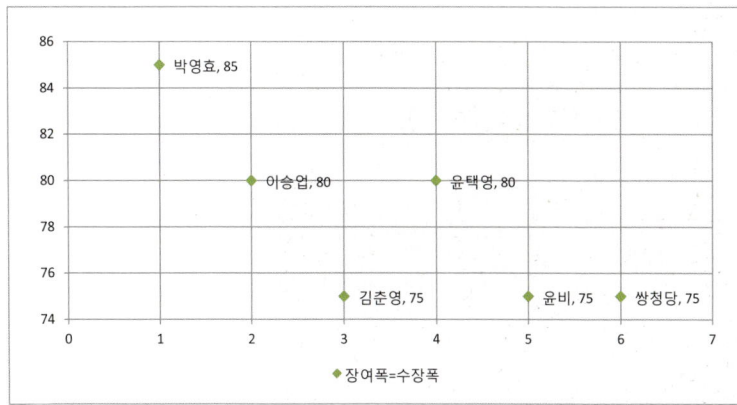

_ 수장폭

그럼 앞에서 이야기한 어떻게 하면 안 추울까? 에 대한 원인은 사용된 재료의 특성과 두께 그리고 시공할 때 디테일한 부분의 어쩔 수 없는 당시의 기술이 원인이었는지는 실험을 통해 확인할 수 있다고 생각한다. 결론을 현재 시점에서 논할 수는 없으나 재료와 기술에 대한 많은 노력이 진행되고 있다고 생각하며, 전통(傳統)이라는 것은 부분적으로 오래되고 낡은 것이어서 버려야 하는지 아니면 이어져 내려가는 것을 받아들여야 하는지는 한번 생각해 봐야 할 것이다.

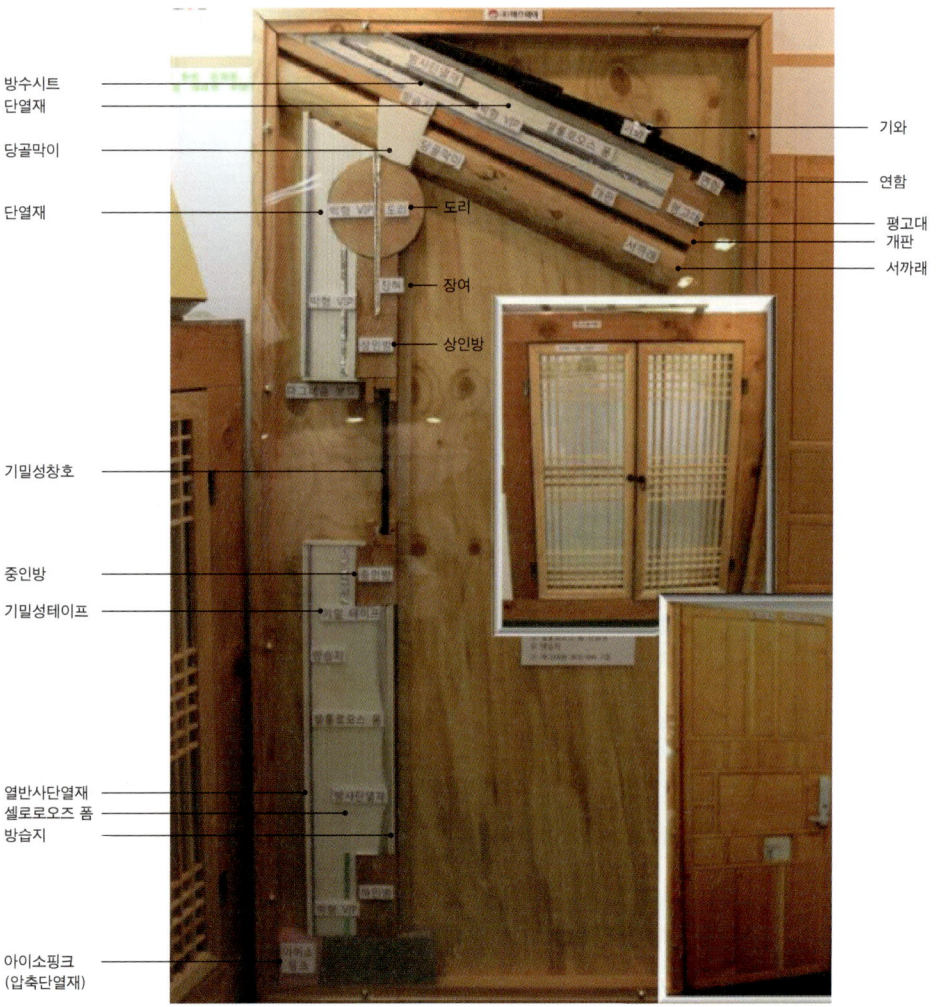

_ 그린한옥 단열 예시

_ 창호 상세도

출처_〈한국전통건축 4집〉

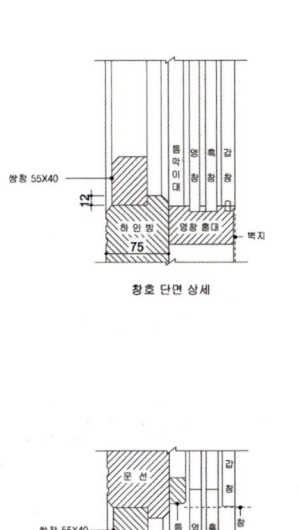
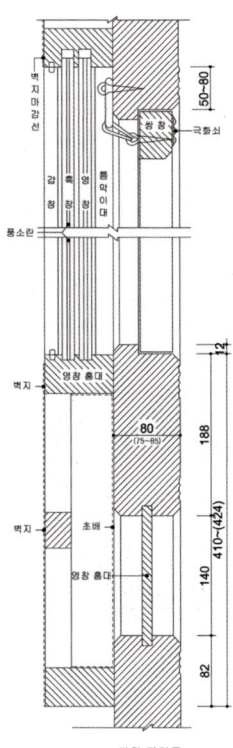

_ 벽체 상세도

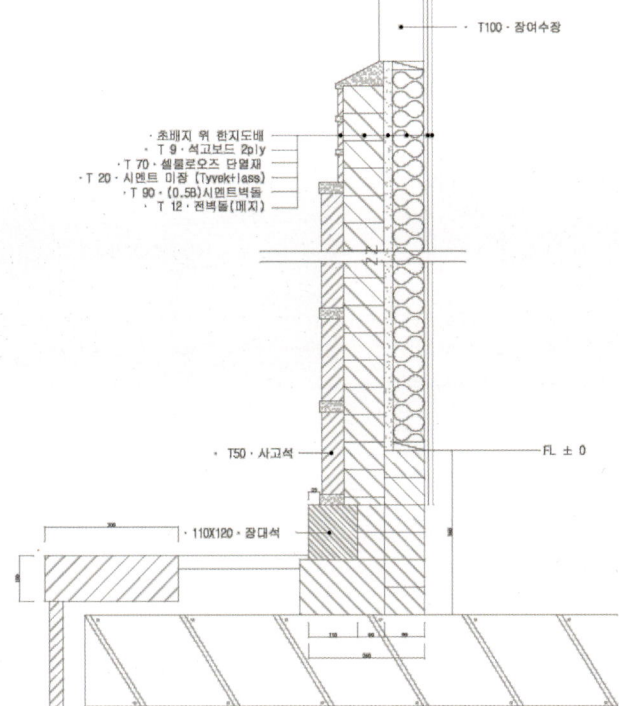

_ 창호 달기

머름위 창문 설치 위치

창호 들이기

머름위 창문 설치 위치

창호 달기 완성

벽면 마감

완료

_ 화방벽 구성

초반부_ 용지판 설치 후 시멘트 벽돌 0.5B 쌓기

후반부_ 사고석 전돌치장

완료

_ 벽체 종류

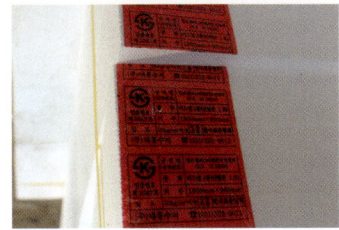

5.3 미장과 마감표

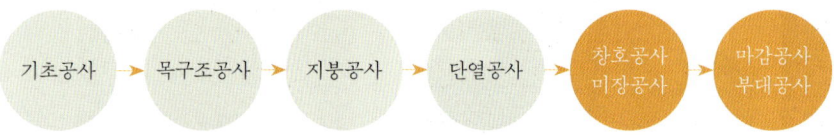

_ 공사진행 순서

단열공사를 마치면 공정단계로 보았을 때 후반기에 접어든다. 창호 달기, 벽체에 들어가는 배선과 배관공사, 미장공사, 바닥·단열공사가 거의 같은 시기에 진행되는데 이런 공정을 원활하게 진행하기 위해서는 설계도서에 있는 마감표를 반드시 확인하고 검토한 다음 공사를 진행해야 아무런 문제가 발생하지 않는다.

_ 마감표

실명	구분	마감내용	도면
공통	바닥	이벌 바르기(회벽) 일벌 바르기(흙) 석고보드 of OSB(1P) 석고보드 or OSB(2~3P) 초벌(한지 바르기) 재벌(한지 바르기)	
	벽	흙 or 잡석다짐 THK 100-250 필름지 or 비닐 2겹 무근콘크리트 THK 100 와이어매쉬(XL파이프) ø 12~15 단열재 THK 50~100 몰탈(황토미장) THK 20~40 한지 마감(선택)	

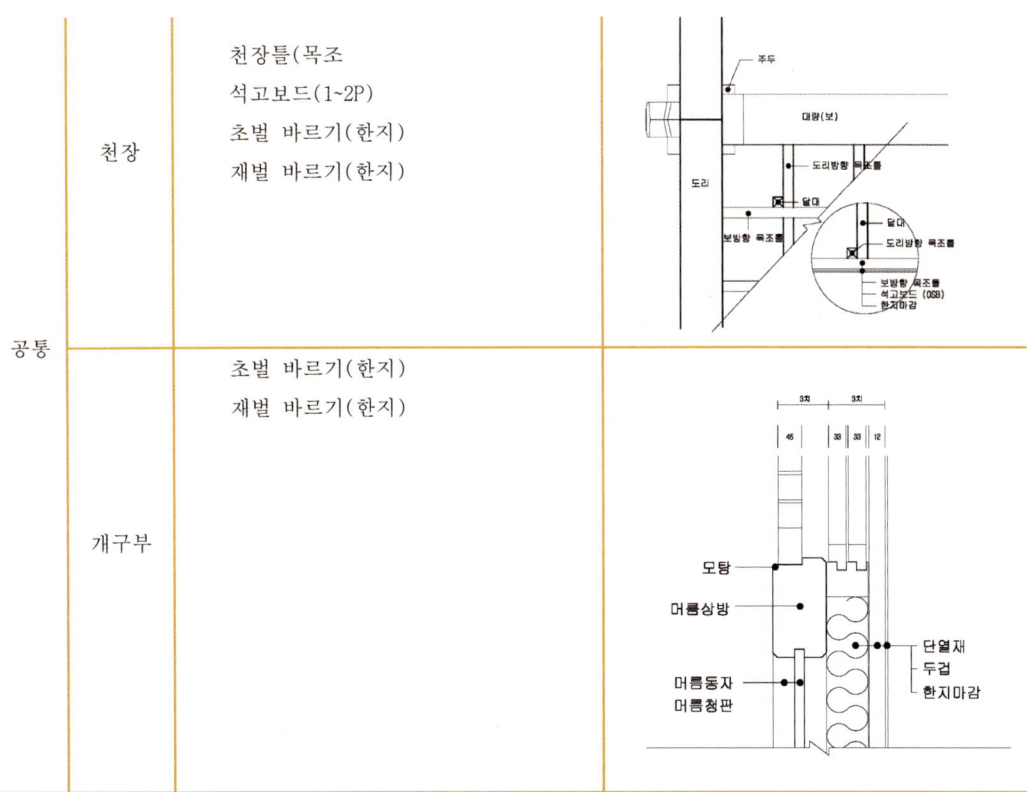

　　실내재료마감표를 검토한 후 벽, 바닥, 천장 마감에 들어가는데, 벽 마감에는 일벌초벌, 일차, 이벌재벌, 이차, 삼벌일차 미장이 있는데 일벌미장은 구조체힘살, 중깃, 가시새, 외, 벽돌, 단열재의 흙이나 볏짚 사이사이에 잘 고정되도록 하는 기초를 다지는 과정이고 이벌미장은 흙을 두껍게 4~5cm 정도 미장하여 벽의 구조를 만드는 과정으로 뼈대 흙은 마사토, 점성이 좋은 고령토, 백광석 중 대·중·소 크기를 잘 배합하여 시공한다. 이때 점성이 크면 마감에 균열이 생기므로 해초 풀이나 삼여물을 물에 끓여 사용한다. 마지막으로 삼차미장은 이차미장의 균열을 보강하고 벽 색깔을 나타나게 하는 마감 미장으로 견고한 방수를 위해서는 아교를 끓여 최대한 묽은 농도로 만든 뒤, 빗

물의 영향을 가장 많이 받는 벽체 하단부에 2~3번 칠하여 무광 코팅해 준다. 이외에도 찹쌀을 풀처럼 쑤어 황토와 반죽하여 마감하거나 황토분, 향나무 톱밥, 무기바인더, 우뭇가사리, 찹쌀풀, 느릅나무로 끓인 물, 우유의 단백질을 걸어서 삭힌 것, 비눗물, 솔잎을 태운 재를 물에 넣은 것 등 혼합된 가공 흙을 사용하기도 한다.

　바닥마감을 하기 위해서는 우선 바닥면의 높이를 알아야 하는데, 보통 하인방의 윗면보다 약 50mm 내린 높이를 바닥면 높이로 보고 있다. 바닥마감을 하기 위한 시공하는 과정을 순서대로 설명하자면 기초매트 위에 흙이나 콩자갈을 선택하여 100~250mm 올린 후 필름지 혹은 비닐을 2겹을 놓은 다음 무근콘크리트 100mm를 다지고 단열 50~100mm로 덮고 그 위에 와이어매쉬를 깔 때 XL파이프 Ø12~15를 사용하여 바닥난방을 함께하고 와이어매쉬 안에 흙으로 채우는데 흙미장 두께는 약 7~10cm로 정하고 난방배관 시 파이프를 움직임 없이 고정한 후 세 번에 나누어 미장한다. 한번에 두껍게 미장을 하면 금이 생기므로 3cm 두께로 3번 나누어 미장하되 바람과 직사광선이 닿지 않는 실내에서 자연건조를 한 다음 덮고 그 위에 몰탈이나 황토미장 20~40mm로 미장을 끝낸 후 한지 장판이나 사용자의 선택에 따라 바닥 마감공사를 마친다.

바닥 흙채우기 → 단열재 준비 → 단열재 위 흙채우기

몰탈(황토미장) → 와이어매쉬 → 코일 깔기

바닥면 고르기 → 방바닥 흙미장 → 초배지 바르기

옻칠장판 깔기 → 건조중

_ 바닥 및 난방 마감

6/ 마루와 부대공사

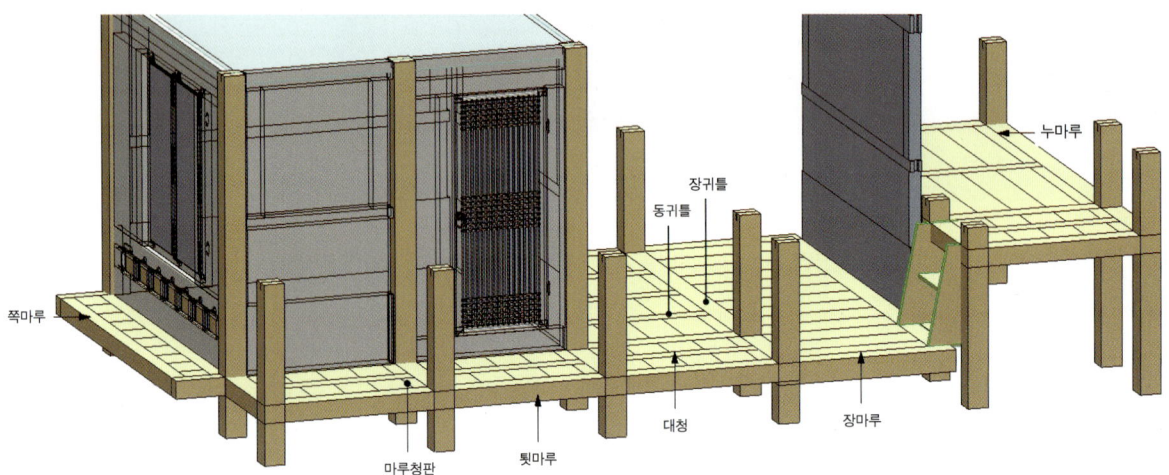

_ 마루의 명칭

마루는 여름철 더위를 피하는 공간으로 간편한 접객공간으로 이용하던 온돌과 반대되는 개념의 한옥의 특색 중 하나이다. 마루는 놓는 방식과 용도에 따라 분류하는데 놓는 방식을 살펴보면 장귀틀과 동귀틀의 쓰임에 따라 우물마루와 장마루로 나뉜다. 우물마루는 장귀틀, 동귀틀, 마루청판의 놓인 모습이 우물 정#자와 닮았다 하여 우물마루이고 장마루는 한쪽으로 걸린 귀틀 위에 폭이 좁고 긴 마룻장을 촘촘히 붙여 깐 마루형식이라 장마루라 부른다. 다음으로 용도에 따른 분류를 살펴보면, 대청, 툇마루, 쪽마루, 들마루, 누마루 등이 있는데 툇마루는 고주와 외진주 사이에 툇간에 만들어지는 마루이며 동선을 연결하는 기능도 있고 문을 출입하는 완충 공간 역할도 한다. 쪽마루는 외진주 밖으로 덧달아 낸 마루이며, 한쪽은 외진주에 의존하지만, 바깥쪽은 따로 기단에 짧은 동바리기둥을 받쳐 마루를 놓게 한다. 쪽마루는 건물의 측면이나 후면에 보조 출입문 쪽에 달아서 드나드는 데 사용했다. 들마루는 이동이 가능한 마루를 말한다. 겨울에는 보통 봉당에 들마루를 놓았다가 여름에는 밖으로 내놓아 평상처럼 사용한다. 누마루는 지면으로부터 높이 띄워 지면의 습기를 피하고 통풍이 잘되도록 한 누각형식의 마루 칸을 말한다. 원래는 원두막처럼 생긴 누각 건물이 따로 만들어졌었는데, 이것이 살림집의 사랑채에 붙기 시작한 것이 조선후기부터이다.

쪽마루_ 강릉허난설헌 생가터

일반적으로 마루를 시공하는 것을 마루 들이기라고 하는데 동귀틀이 하나일 때와 여러 개일 때로 구분한다. 마루 시공에 앞서 알아둬야 할 것이 있는데 동귀틀, 장귀틀, 마룻널이다. 장귀틀은 기둥과 기둥 사이 걸쳐지는 부재이고 동귀틀은 장귀틀 사이 결구되는 부재이다. 마지막으로 마룻널은 마루에 면을 만드는 부재인데 마룻널은 습기에 따라서 늘어나거나 줄어드는 데 나뭇결 방향으로는 변형이 작다. 하지만 직각 방향으로는 변형이 생기므로 필요에 따라서 수리해야 하는데 나무가 건조되는 시기를 2년 정도로 보고 이후부터 우물마루가 자리 잡기를 시작한다고 보면 된다.

누마루_ 성주한개마을 한주종택

그러면 시공과정에 대하여 살펴보자. 동귀틀이 하나일 때의 시공과정을 살펴보면, 첫째 장귀틀을 기둥과 기둥 간에 설치하며 길이가 길어질 때 휘는 것을 방지하기 위해 동바리작은 기둥을 세운다. 둘째로 장귀틀의 옆면은 동귀틀을 끼울 홈을 만든다. 셋째로 장귀틀과 장귀틀사이 마루청판의 두께와 길이를 고려하여 동귀틀을 끼운다. 셋째로 장귀틀의 옆면은 동귀틀을 끼울 홈을 만든다. 넷째로 동귀틀에는 장부를 만들어서 마룻널을 끼운다.

쪽마루짜기 　　동바리 자리잡기 　　동바리 설치 후 (완료)

_ 쪽마루 시공

　　동귀틀이 여러 개일 때의 시공과정은 하나일 때와 크게 차이는 없으나 현장 목수의 감각을 요구한다. 두 개의 동귀틀 사이의 마룻널을 끼우는 곳을 자세히 살펴보면 약간 사다리꼴 모양을 하고 있는데 자세히 보기 전에는 알 수가 없다. 마룻널은 양쪽으로 5푼 정도의 여유를 두고 반턱으로 만들어 동귀틀의 홈에 끼워서 맞춘다. 마룻널 막장은 위에서 결구 하는 방식과 아래로 결구 하는 방식으로 나뉘는데 최근에는 아래를 결구 하는 방식을 선호한다.

여모귀틀 　　귀틀짜기 　　마루널치목

마루짜기

_ 대청마루 시공

6.1 평난간, 계자난간, 돌난간

난간은 월대나 마루의 가장자리에서 일정한 높이로 막아 세우는 구조물로 사람이 떨어지는 것을 막거나 장식을 목적으로 설치하는데 전통 석조건축물을 살펴보면 격식 있는 월대나 다리 위에는 석조를 사용하여 돌난간을 사용하기도 한다. 목재를 사용한 난간을 살펴보면 평난간과 계자난간으로 구분하는데, 평난간은 계자다리가 없는 난간으로 풍혈이 있는 난간과 청판 대신에 창호에 사용하는 살대를 사용하는데 살대 모양에 따라 아자교란, 완자교란, 빗살교란 등으로 불린다.

_ 난간의 종류

아자난간   완자난간   계자난간

계자난간鷄子欄干은 닭의 볏 모양을 디자인에 응용한 것으로 일반적으로 평난간과 대치되는 말로써 누각이나 정자, 또는 양반집 사랑채에 있는 누마루의 가장자리에 많이 설치했다. 이는 건물을 아름답게 꾸미거나 좁은 내부의 공간을 좀 더 넓게 쓰기 위해 바깥으로 약간 튀어 나가도록 한 난간이다. 난간을 시공할 때는 귀틀 위에 난간하방을 대고 계자각을 세운

다음 띠장을 건너 댄다. 이때, 안상풍혈을 새긴 궁창널도 끼워지도록 한다. 계자각은 당초 문양 등을 새기고, 하엽은 연잎 모양을 조각한다. 계자각은 지방地枋에 내닫이 장부로 견고하게 설치하고 필요하면 옆에서 산지치기를 한다. 계자각 위에 무늬를 새긴 하엽을 놓고 그 위에 난간두겁대돌란대를 설치하는데, 이때 두겁대까지 장부맞춤을 하는경우도 있고 하엽까지 장부맞춤하고 두겁대는 그냥 올려 못국화정으로 고정시키는 방식도 사용한다. 지방地枋은 귀틀에 견고하게 못 박아 대고 띠장은 계자각에 통 물린 후 못으로 고정한다. 착고판은 4면을 널 홈에 끼운다. 계자난간의 각 부재는 필요에 따라 철물로 보강한다.

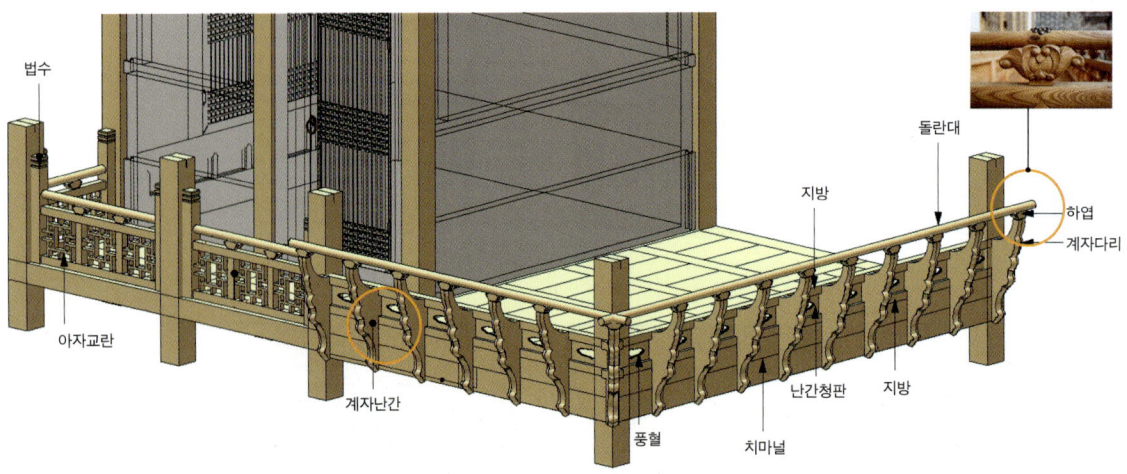

_ 난간의 명칭

6.2 연등천장, 우물천장, 종이반자 들이기

천장들이기 종류에는 연등천장, 우물천장, 종이반자가 있는데 연등천장은 대청과 부엌에 많이 사용되며, 서까래와 대들보가 노출된 천장을 말한다. 별도의 천정을 설치하지 않아서 천장이 높은데, 이것은 마루나 부엌에서는 서서 생활하므로 천장을 높게 하였던 것이다. 우물천장은 천장 구성 중에서 가장 고급스러운 구조이고 격식 있는 건물 궁궐, 관청, 사찰, 사대부가에서 주로 사용하였고 전면이 격자모양으로 되어 있다. 우물천장의 높이와 시공은 대들보와 도리에 의지하고 수평이 되도록 각재인 동다리와 장다리를 일정한 간격을 두어 울거미를 이루면 정井자형이 연속되는 반자틀이 완성된다. 이 틀에 널빤지를 일정한 간격에 맞도록 청판을 덮게 되는데, 청판만 그냥 덮는 방식과 소란대를 설치하고 덮는 방식이 있다. 종이반자는 반자틀에 합판을 박고 한지로 도배한 천장이며, 합판을 고정할 때는 녹물이 나오는 것을 막기 위해 구리못를 사용한다. 이외에도 연등천장에 우물천장을 들인 것 등 다양한 형태가 있다.

연등천장

우물천장

종이반자

국민대 명원민속관

우물천장

눈썹천장 강릉해운정

종이반자

_ 천장의 종류

달대 달기

석고보드나 합판시공

한지 바름 (완료)

_ 종이반자 천장 시공 과정

6.3 부대공사와 신재생에너지

부대공사에는 설비, 전기·통신, 가스, 정화조, 담장공사 등이 있는데 부대공사는 국토해양부령이 정하는 건축법시행령 중 주택건설기준 등에 관한 규정을 따라 계획하고 시공한다. 설비는 건축물의 설비기준 등에 관한 규칙을 따르며, 여기에는 위생배관공사, 급수배관공사, 오·배수배관공사 보온공사 등에 대하여 기준이 자세하게 나와 있다. 내용을 간략하게 설명하자면, 위생배관공사는 급배수 등의 배관 위생설비 전반을 포함한 공사를 말하는데 사용되는 관 및 부속은 현대건축에서 사용하는 것과 같다.

_ 배관용 관

급수관	옥외 : PE 수도관	동관 : KSD-531
	옥내 : PE수도관	
오, 배수통기관	옥외 : P.V.C관	VG2
	옥내 : P.V.C관	VG1

_ 관 부속

급수관	PE 수도관 연결부속	- 용접이음
	동관이음부속	
오, 배수통기관	P.V.C관 이음부속	-접착제접합

　급배수공사는 몇 가지 원칙이 있는데 표준구배는 1/50, 트랩의 봉수 깊이는 50mm 이상으로 하고, 배수평지관이 합류한 곳은 45도 이내의 예각으로 수평에 가까운 상태에서 합류해야 하고, 급수관과 배수관의 수평, 매설, 배관 시는 양 배관의 수평간격을 500mm 이상 유지하고 급수관이 위쪽에 매설되게 해야 한다. 마지막으로 보온공사는 위생관, 매립관에 대한 보온두께를 설치하는 것인데 보온테이프를 보온덮개 위로 겹친 부분이 2cm 이상 되게 연속적으로 감아야 하는 것이 일반적이지만 반드시 지켜야 할 사항이며 보온테이프는 0.2mm 이상의 불접착성 테이프를 사용하는 게 좋다.

_ 위생관 보온두께

관경 (mm)	15	20	25	32	40	50	이상
보온두께 (mm)	25	25	25	25	25	25	이상
보온재	가교발포폴리에틸렌 보온재						

관경 (mm)	15	20	25	이상
보온두께 (mm)	5	5	5	이상
보온재	가교발포폴리에틸렌 보온재			

_ 위생설비공사

바닥에 PVC 오배수급수관 설치 / 바닥판 설치 / 벽면에 위생관 및 보온재 설치 / 완료

_ 기타설비공사

냉방 설비

난방 설비

환기 설비

전기·통신공사는 공사하기 전 2가지를 검토하고 진행해야 한다. 첫째는 재료 기기의 선정이고 둘째는 애자 사용, 케이블공사와 이동용 전선, 충전 부분 및 접지에 대한 검토이다. 재료 기기의 선정은 먼지나 이물질에 민감한 제품은 피해야 하며, 방전해야 하는 기기는 불연재 함 속에 보관한 후 사용해야 한다. 애자공사는 천장이나 벽면 등에 핀을 사용하여 전선을 지지하는 공사를 말하는데 벽면은 배선이 벽 안으로 매설되어 단선되는 것만 조심하면 되지만, 한옥은 기본적으로 목구조이기 때문에 배관과 배선이 노출되는 경우가 많다. 그래서 애자공사를 할 때 지붕 위로 넘나드는 경우가 많은데 이때 될 수 있으면 보이지 않는 범위에서 공사를 진행해야 한다. 또한, 전기공사를 진행하기 전에 전기인입공사가 있는데 일반적으로 한전주를 기준으로 200M 이내는 한전에서 공사비를 부담하고 이상이 되면 한전과 협의한 후 공사를 진행해야 한다.

공사구분		내부	외부
통신공사	배선/점검구 (위치 : 바닥)		
조명공사	배선/점검구 (위치 : 바닥)		

공사구분		내 부	외 부
전기공사	배선 및 배선 (위치 : 벽)		
	배선 (위치 : 목재)		
	점검구/분전함 (위치 : 목재)		

한옥공사에서 토공사는 석축 쌓기, 상하수도, 정화조공사를 들 수 있는데, 그중 정화조공사는 상하수도공사와 오·하수 배출공사를 연결해 정화조공사와 함께 진행한다. 보통 정화조공사는 오수합병정화조를 많이 사용하기 때문인데 공사를 진행하기 전에 공사지역 주변이 수변구역, 자연환경보전지역, 수질보전 특별대책지역인가를 먼저 확인하고 정화조의 용량은 20ppm 이상, 10인용 2톤을 선택하여 사용한다.

주택에서 나오는 오수

실외 우수 집수

정화조까지 배관공사

완료

_ 정화조공사

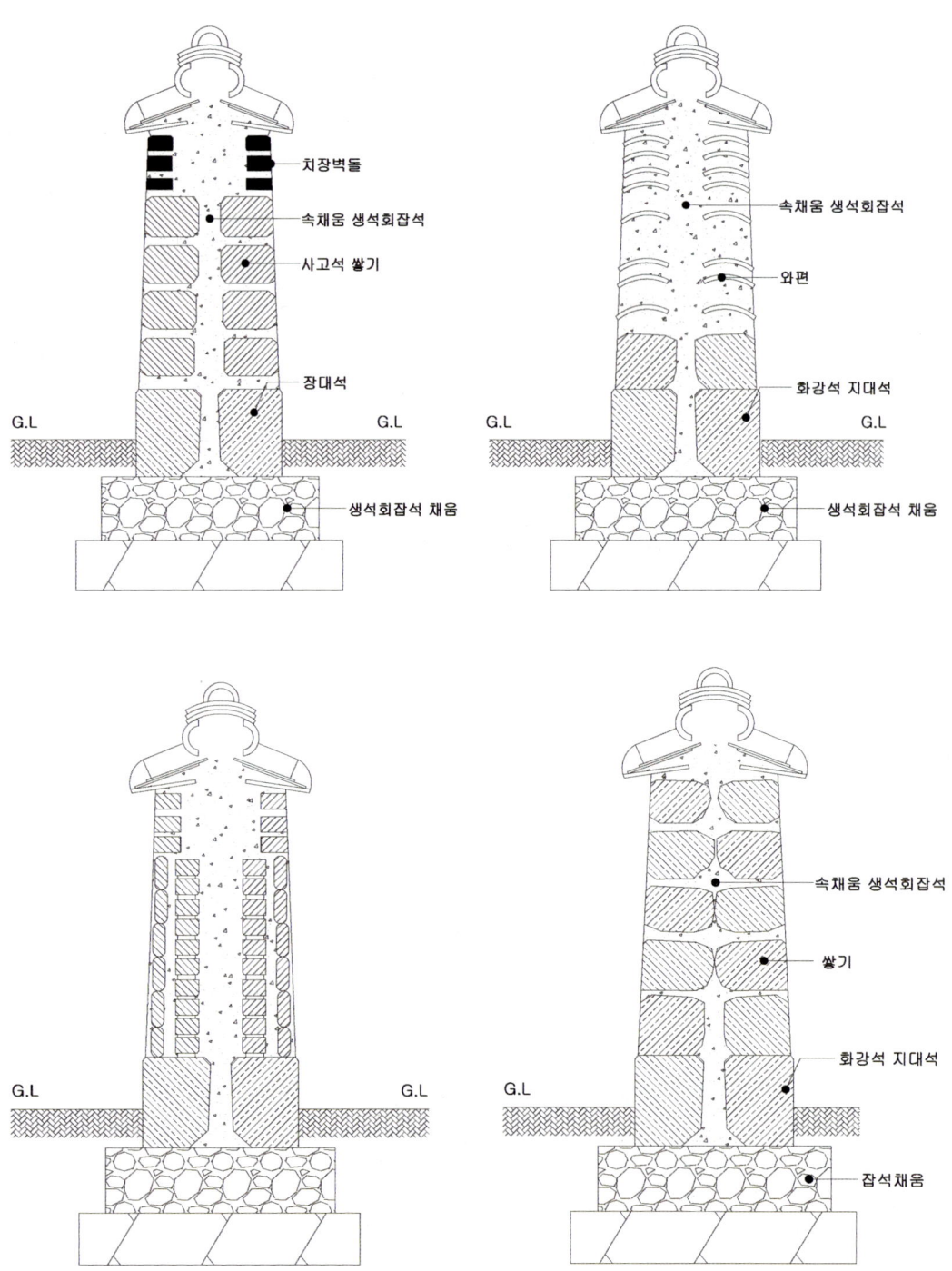

_ 담장 계획

담장은 외부공간을 규정 짓는 기준이며, 공정 중 담장과 대문공사가 진행되면 모든 공정의 마무리단계라고 보면 된다. 과거에 담장은 건축주의 사회적 신분과 취향에 따라 의장, 높이, 종류 또한 신분과 취향에 맞게 계획되었다. 담장의 종류에는 생울, 울타리, 대나무 울타리(죽책), 통나무 울타리(목책), 판장, 돌담(석담), 흙담(토담), 벽돌담(벽장), 복합형 등이 있다. 현대에 우리가 일반적으로 알고 있는 담의 종류에는 흙담과 벽돌담이 있는데 흙담은 흙과 지푸라기, 석회를 혼합해서 담장을 만든 다음 기와나 초가를 사용하여 지붕을 올리는 것이고 벽돌담은 전통방식으로 구운 전돌이나 현대식 오지벽돌 등으로 담장을 쌓고 치장벽돌 등으로 모양을 낸 담장으로 다양한 형태가 개발되어 담장이 경계를 정하고, 방범의 목적으로 사용하는 것 말고도 환경도예로서의 예술적 역할도 한다.

와편담장_ 해인사

화방벽_ 해인사

화방벽_ 낙선재

내외담_ 양동마을 서백당

꽃담_ 어서각

전돌 꽃담_ 자경전

전축담장_ 창덕궁 연경당

와편담장_ 북촌 락고재

　최근 들어 한옥을 지으려는 소비자가 늘고 있는데, 건축주들과의 상담 중에 단열과 신재생에너지의 한옥 적용에 대한 문의가 많다. 한옥을 현대화하려는 여러 가지 노력 중에서 가장 핵심적이면서 어려운 부분이 한옥의 에너지 효율에 관련된 것들이다. 건축지가 도심이면 에너지 수급에 크게 문제가 없지만, 기타지역이면 에너지 소비가 원활하지 않고 도심이라 해도 에너지에 관한 관심이 높아 여러 면에서 공부를 하고 오는 건축주들이 많아 미팅하는 과정에서 어려움을 겪었던 기억이 있다. 신재생에너지를 계획하고 설치하는 데 있어 어떤 에너지를 사용하느냐에 따라 다르게 적용되는 기준을 간단히 설명하자면, 우선 신재생에너지는 국가가 인정하는 공인 전문기업에서 계획 및 시공하며 신재생에너지센터에서 인증서를 발급한다. 신재생에너지 국가지원사업으로는 일반보급 보조사업이란 것이 있는데 신재생에너지 설비에 대한 설치비의 일정 부분을 정부에서 무상보조 지원하는 제도로 상용화된 설비에 대하여 자가용으로 사용하는 경우 설치비의 일정부문을 지원하는 제도이다. 예를 들어 2012년 에너지원별 지원기준을 보면 태양광은 기준단가의 40%, 태양열과 지열은 기준단가의 50%를 지원하는 사업이다. 다음은 신재생에너지가 무엇인지에 대하여 알아보자. 신재생에너지는 신에너지와 재생에너지의 합성어인데 우리가 보편적으로 한옥에서 적용하는 에너지는 신에너지 중에 태양광, 태양열, 지열에너지이다. 물론 사용한 에너지를 재생하여 사용하는 방식도 도입되고 있으나 이번에는 태양광에너지와 지열에너지에 대하여 설명하겠다.

태양광에너지는 태양 빛을 전기에너지로 변환하는 장치인데 태양 빛이 있는 일출과 일몰 전까지의 에너지를 태양광집열판에서 에너지를 받아 가정에서 사용하는 전기제품에 보내 사용하는 에너지를 말한다. 주택용 3kwp는 햇볕이 쨍쨍 내리쬘 때 시간당 3kw의 전력을 말하며 태양광발전은 일사량 및 기후요건의 변화에 따라 다르므로 우리나라는 하루 평균 햇빛양을 3.5~4시간으로 보고 고정식은 하루 평균 전력 10kw~12kw, 한 달에 300kw~360kw 정도의 전력을 생산하고, 추적식이면 태양광발전 3kwp일때 한 달에 400kw~450kw 정도의 전력을 생산한다.

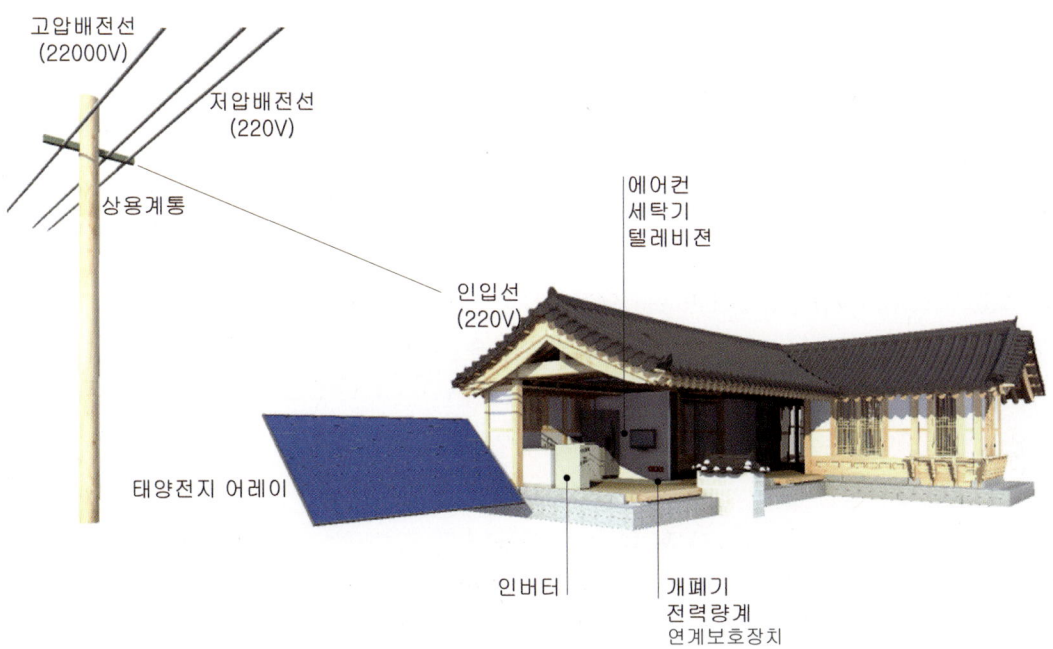

_ 태양광발전 개념도 및 응용

_ 경북 상주 태양열발전 설치 사례

　　지열에너지는 땅속에 있는 물과 지하수 열의 온도 차를 이용하여 냉·난방에 활용하는 기술을 말하는데 태양열의 약 47%가 지표면을 통해 지하에 저장되며, 이렇게 태양열을 흡수한 땅속 온도는 지형에 따라 다르지만, 지표면 가까운 땅속 온도는 개략 10℃~20℃ 정도 유지해 열펌프를 이용하는 냉난방시스템에 이용하는 것을 말하는데, 우리나라 일부 지역에서는 지중1~2km의 심부에서 지중온도는 80℃ 정도로서 직접 냉난방에 이용 가능한 예도 있다. 일반가정용으로 사용하는 지열기술로는 히트펌프 타입이 있으며 지역에 따라 물과 공기형, 물과 물형이 일반적이다. 최근에는 물과 냉매 코일을 사용한 지중열매체회로(물, 부동액)와 연결되어 있어 냉방모드에서는 응축기로 난방모드에서는 증발기로 가능하다. 설비방법은 수평형 집열기면 호를 파서 파이프를 호의 바닥에 모래를 깔고 그 위치에 수평으로 위치시킨 후 15cm 정도를 모래로 다시 채운 다음 되메움 한 후 그 위에 물을 뿌리고 다진다. 또한, 집열기를 복수의 층으로 매설한 경우에는 위의 과정을 반복하면 된다. 수직형에서 지하공의 상태가 나쁘면 지질상태에 적합한 타 지하공을 이용하며, 지하공에 플라스틱 U-Tube

를 삽입한 후에 되채움을 실시한다. 50M 이내의 얕은 지하공인 경우에는 타공 중 나온 흙으로 되채울 수 있으나 50M 이상이면 지하공의 표면과 U-Tube, 열교환기 부분을 채우기 위한 되채움 물질을 지하공 바닥으로 펌프를 이용해 주입하여 그라우트Grout를 형성해야 한다. 주입할 그라우팅 물질로는 지표면의 조건, 작동예상온도, 그라우팅 물질의 물적 성능을 고려하여 시멘트 또는 벤토나이트류 등의 열적 성능을 향상하기 위해 열전달 성능이 우수한 물질로 사용한다. 필자가 가정용 지열히트펌프 설치 사용사례를 소개하면 난방, 냉방 및 급탕 목적의 지열이용 히트펌프는 단열성능이 보강된 저에너지형을 신한옥 위주로 설치했다는 것을 다시 강조하며, 강제온풍식 공기난방이면 송풍 되는 공기온도는 30~50도 수준이었고, 팬도일 난방은 공급온도가 45~55도 수준이며, 바닥난방방식이면 공급온도는 30~45도이다. 대부분 제품이 냉·난방 전환이 가능하였는데 통상 냉방부하가 난방부하보다 크기 때문에 용량은 냉방 최대부하에 맞추어 계획하였다.

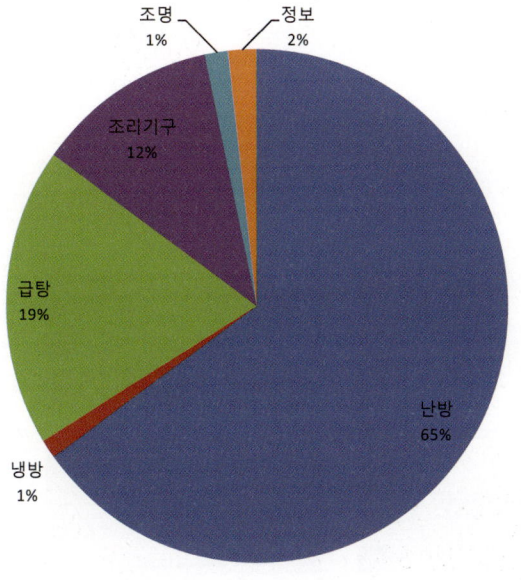

_ 일반가정의 에너지 소비형태

이외에도 급탕에서도 사용할 수 있는데 급탕은 연중 필요하므로 전체 히트펌프의 활용성은 높다고 본다.

_ 지열발전 개념도

기계실

지열펌프 및 급탕탱크

열교환 유니트

실내공간

거실 1way CST 실내기

방+주방 1way CST 실내기

_ 지열히트펌프 설치

마지막으로 최근 들어 한옥마을단지이 각 지역에서 많이 계획되고 시행되고 있는데 (주)이연에서 계획하고 있는 한옥마을 중 에너지계획 부문 사례를 소개하고자 한다.

에너지에 전반적인 개념은 3가지이다. 일차적으로 신한옥의 단열, 이차적으로 신재생에너지의 활용, 삼차는 BEMSBuilding Energy Management System을 도입한 관리시스템 구축을 통한 에너지절감량과 이산화탄소 절감 효과는 40평형대를 기준으로 35% 에너지절감과 2.22t CO2의 이산화탄소발생량을 절감할 수 있는 효과를 기대할 수 있겠다.

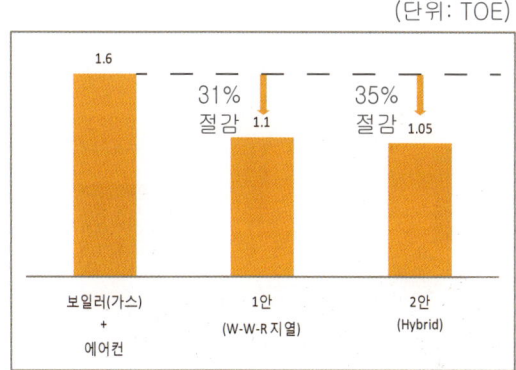

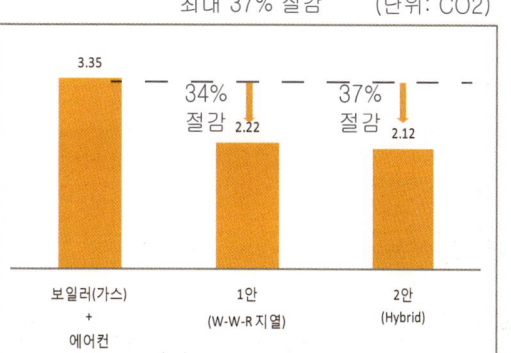

_ 에너지 절감량 및 이산화탄소 감축

구체적으로 설명하자면, 우선 1차적인 방법인 단열에 대한 것은 위에서 언급하였으므로 2차적인 방법과 3차적인 방법을 소개하고자 한다. 2차적인 방법으로 신재생에너지의 활용에 관해서 단열, 창호, 환기제어, 냉난방, 급탕에너지를 1차적인 방법으로 절감하였다면 고효율 냉난방기기, 지열히트펌프, 태양열시스템, 태양광시스템 등을 환경 분석과 에너지 분석을 통해 적절하게 계획하는 것이다. 물론 이때 함께 고민해야 하는 것은 EMS Energy Management System IT기술을 응용하여 필요한 에너지를 관리하는 방식을 말하는데, 예를 들면 스마트폰을 통해서 집안의 냉난방이나 환기 등을 제어할 수 있는 방식을 들 수 있다. 이러한 방식에서 한 단계 더 나가게 되면 단지차원에서 에너지 관리를 할 수 있는 BEMS를 실현할 수 있다. 한옥 단지를 계획하는 단계에서부터 전문관리업체가 참여하여 계획, 시공, 시험운전, 유지보수까지 책임지고 운영할 수 있도록 한다면 에너지 절감에 많은 효과를 볼 수 있으리라 생각한다.

_ 그린한옥 개념도

환경문제는 개별적인 가족단위에서 해결하기에는 어렵기 때문에 마을공동체로부터 더 큰 단위의 공동체에서 함께 고민해야 하는 문제이다. 한옥이 오랜시간동안 자연과 공존하는 지혜를 포함하고 있으므로 이것을 현대적인 기술과 융복합한다면 좀 더 나은 생활환경을 만들어 나갈 수 있다고 본다.

원격관리지원시스템

- RTMS(Remote Total Management System) 원격관리시스템 구축
- 유지관리 전문업체을 통한 고장 진단 및 실시간 서비스 대응

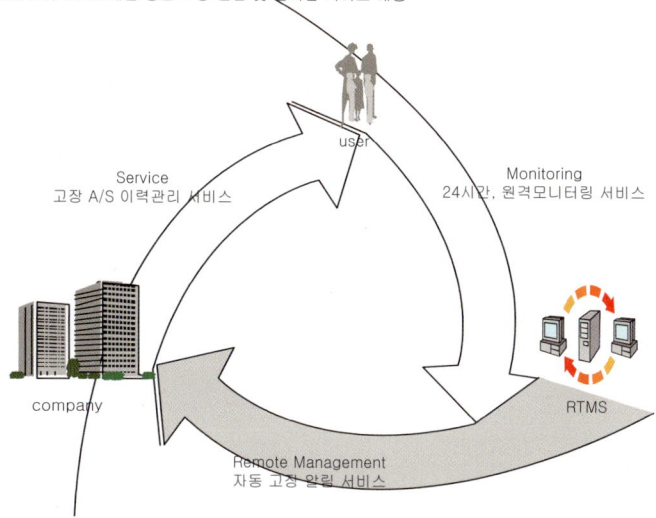

_ 2011년 한옥마을 계획안

 홈컨트롤
- 집안의 홈넷 가전, HA기기등의 상태를 확인하고 제어할 수 있다.
- 생활 패턴에 따라 홈넷 가전과 HA기기들을 간편하게 설정, 예약할 수 있다.

 모니터링
- 단지시설(놀이터, 주차장, 에너지관련등) 실시간 동영상으로 모니터링 할 수 있다.
- 부재중 홈서비스를 통한 저장된 기록을 확인할 수 있다.

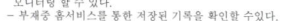
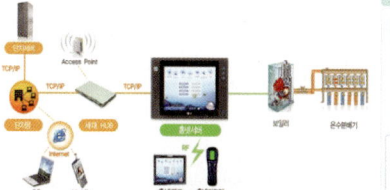
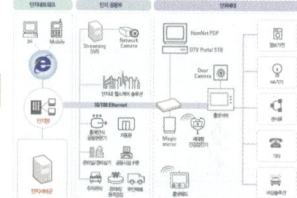
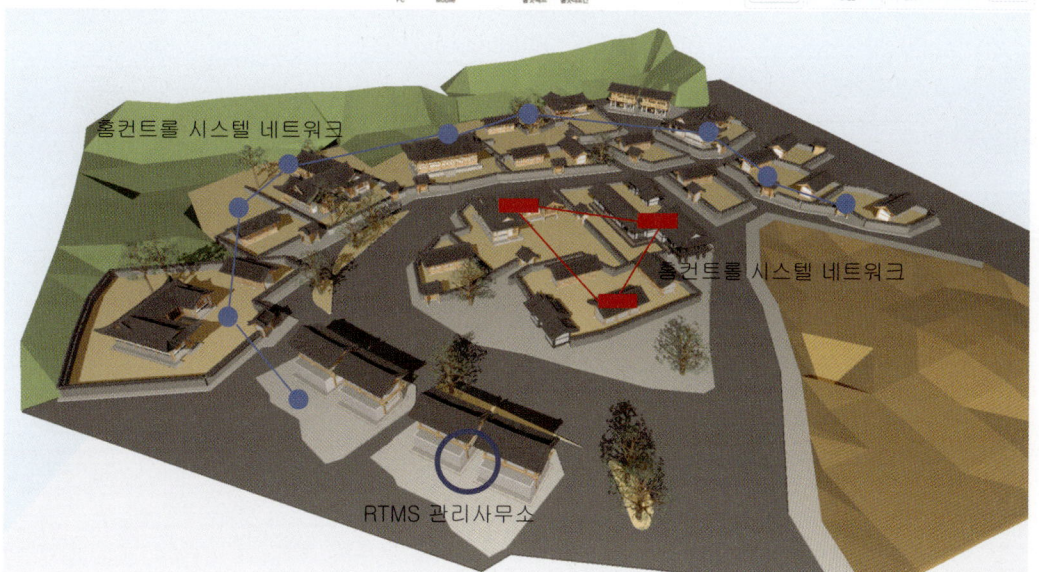

한옥의 대중화

오방색 서西
금金을 의미함

희뿌연 기운,
결백과 순결

1
HIM
Han-ok Information Modeling

2
부재의
CNC가공

3
GDL
Geometric Description Language

4
프리젠테이션

1, HIM
Han-ok Information Modeling

한옥건축방법이 정리되지 못한 채 구전되고 수공업생산방식을 따라 시공비용이 높아 한옥대중확산에 걸림돌로 작용해왔다. 그러므로 현대적인 공장생산방식으로 생산비용을 낮추고 공정관리의 표준화를 통하여 시공비용을 절감하는 등 특수건축의 범주에 속한 한옥건축을 일반건축의 범주에 포함시켜 건축주가 한옥건축을 손쉽게 접근할 수 있게 하는 것이 한옥의 대중화를 위한 과제라 할 것이다. 그래서 필자는 표현방식에서 2D기반의 도면을 통해서는 표현하기 어려운 부분을 3D기반의 BIM을 통하여 적극적인 표현이 가능할 수 있도록 연구하

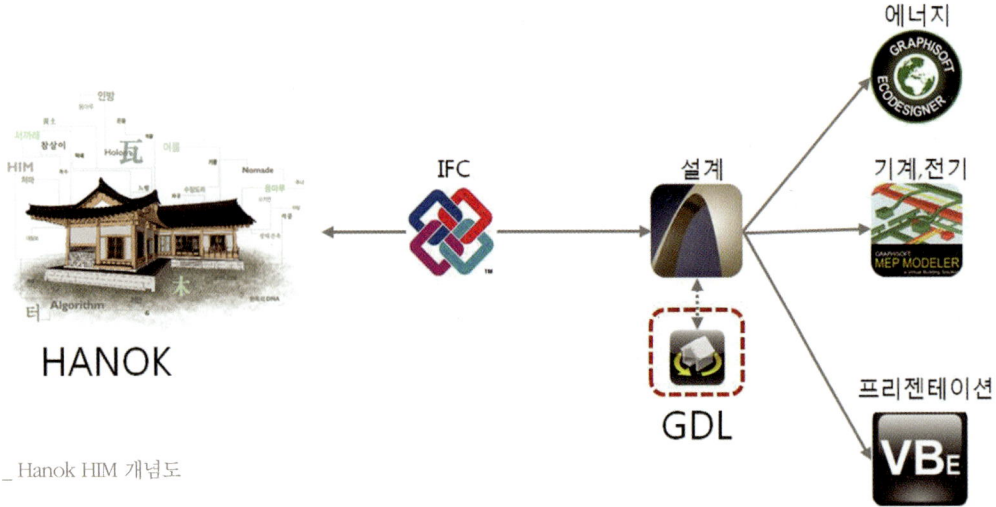

_ Hanok HIM 개념도

였고, 파라메트릭을 기반으로 하는 BIM체계에서 활용 가능한 형태로 번역하여 한옥의 고유한 구성 원리에 기반을 둔 한옥정보화모델링(HIM Han-ok Information Modeling) 설계시스템을 구성

하기 시작하였다. HIM은 주요 구조부가 전통방식의 목구조로 이루어진 한옥을 대상으로 이루어지며 목구조를 중심에 두고 주춧돌 등의 석재와 와전, 장석 등 한옥을 구성하는 모든 요소의 형상과 특성을 디지털 정보로 구성하고 각 요소 상호간의 구축적인 연관성을 파악하여 필요에 따라 연관 지을 수 있도록 연관자를 설정하는 방식으로 진행 구성되어 있다.

한옥 대중화의 시작은 2006년 경주한옥호텔 라궁을 시작으로 크게 3단계로 진행하였다. 제1단계는 2006년 7월~2008년 12월까지 스케치업을 이용하여 한옥호텔 라궁의 숙박동 목구조를 시작으로 1000여평 되는 골프장의 클럽하우스를 한옥으로 기획하면서 중심건물은 이익공 7량 집으로, 주변건물은 초익공으로 모델링 하였고, 주심포인 강릉 객사문과 다포인 근정전의 공포를 스케치업으로 모델링 하였다.

호텔 라궁   골프장 클럽하우스   골프장 클럽하우스

_ HIM 1단계

제2단계는 2009년 1월 ~ 2009년 12월 파라메트릭 모델링을 모색하는 시기로 기둥의 사개나 머름 등에 함수를 사용하여 조건에 맞게 변환할 수 있도록 장치를 하였으며, 건물 전체가 연동될 수 있게 하려고 BIM툴인 레빗에 적용하기 위한 시도를 하였고, 제3단계는 2009년 12월에서 현재까지 아

키캐드의 GDL을 사용하여 민도리, 초익공구조의 부재들을 파라미터에 의해 제어될 수 있도록 구성하였으며, 철근 콘크리트구조의 지하1층과 한식목구조인 지상 2층의 건물을 짓는데 실험적으로 적용하여 공장에서 부재를 생산하여 현장에서 조립하는 대량생산 시공 시스템에 의한 일정한 성과를 거두게 되었다. 이것에 대하여 세부적으로 살펴보면 크게 3가지로 나눌 수 있는데 첫째로 부재분석, 둘째로 3D 스크립트 작성, 셋째로 파라메트릭 라이브러리를 활용한 한옥설계이다.

첫 번째 과정인 부재분석은 한옥 부재의 라이브러리를 제작하기 위해 부재의 형상정보와 위치정보를 분석하는 과정을 말한다. 한옥의 부재는 자유곡선에서 비롯된 비례적 절단방향, 일정한 법칙성을 가지는 곡선들의 연결 구조이기 때문에 선과 선의 꼭짓점 좌표 값, 곡선의 반지름 그리고 곡률 등을 분석하여 수식으로 만들어지는 과정으로 변수가 적용되며 전역변수와 지역변수로써 타부재와 연동되어 부재와 부재가 이음과 맞춤을 통해 한옥을 구성하고 있어 이에 대한 수치적 부재분석이 필요하다.

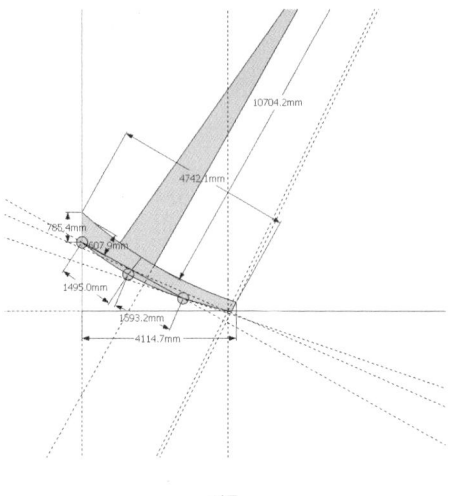

박공

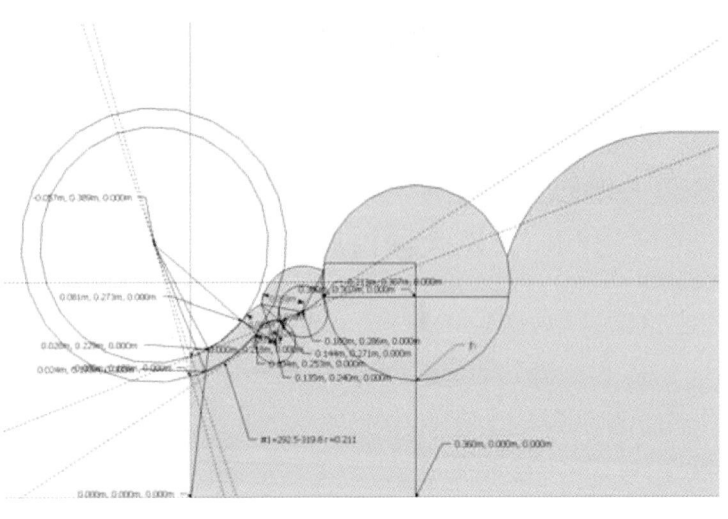

보

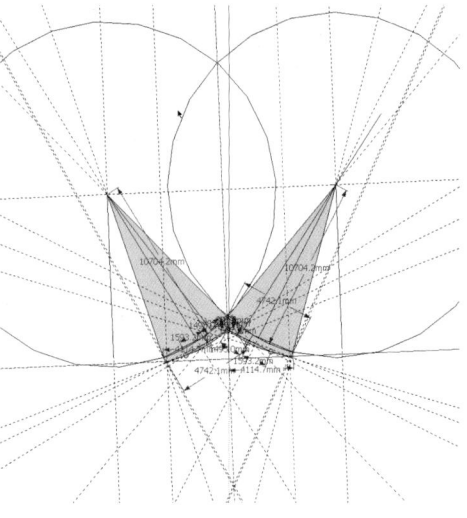

추녀, 선자, 평고대

_ HIM 부재분석

두 번째 과정인 3D스크립트작성 단계는 많은 시행착오를 거쳐만든 HIM의 핵심기술이라 말할 수 있다. 부재의 수치 분석을 통해 얻은 정보를 바탕으로 3D스크립트로 변환하는 작업이다. 일차적으로 모델링의 위치정보를 전역변수와 지역변수로 구분하여 부재를 형상화하고, 이차적으로 형상화된 부재를 타부재와 연동성을 고려해 정보들을 파라미터에서 제어할 수 있게하여 형상변형을 도출하는 작업이다.

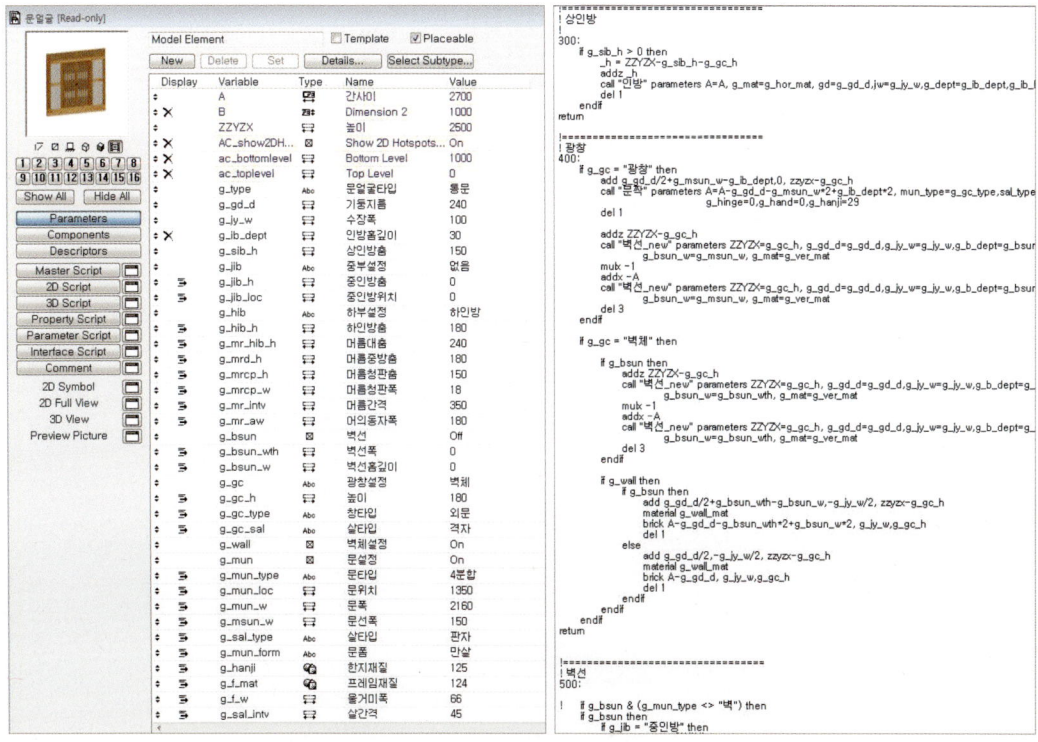

_ GDL-3D 스크립트 작성

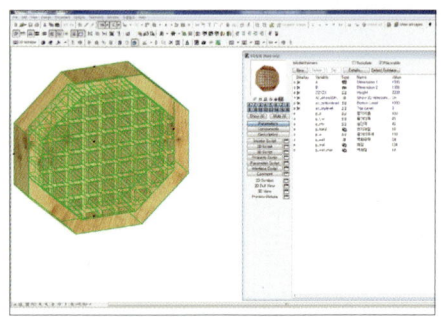
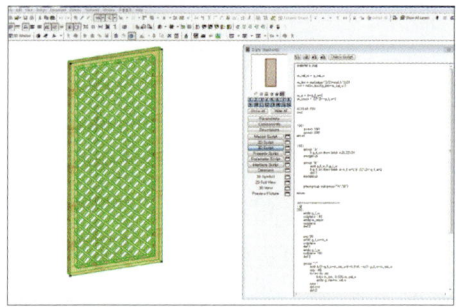
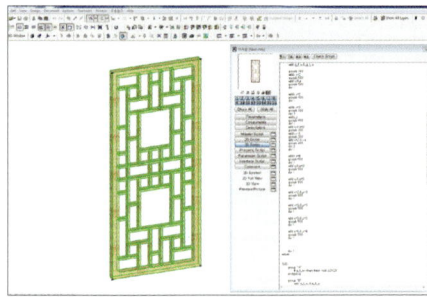
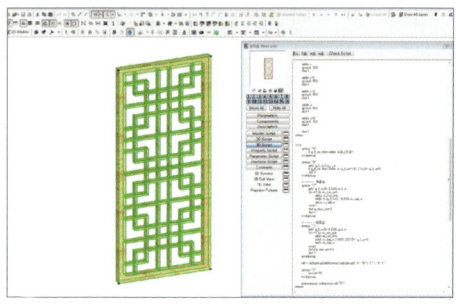
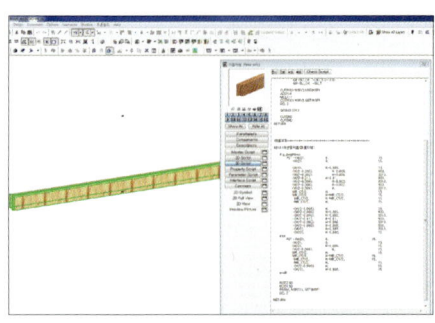
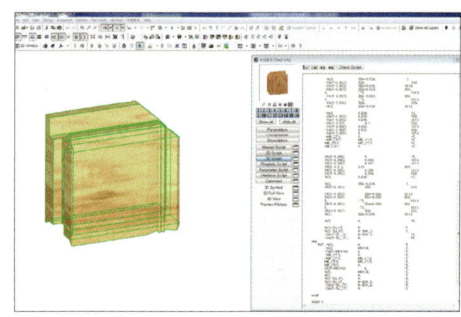
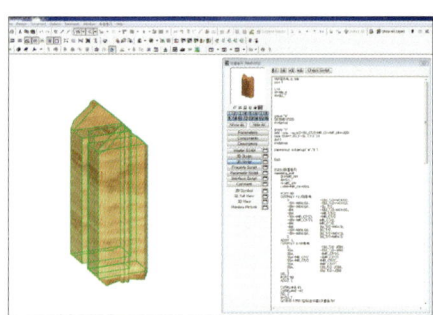
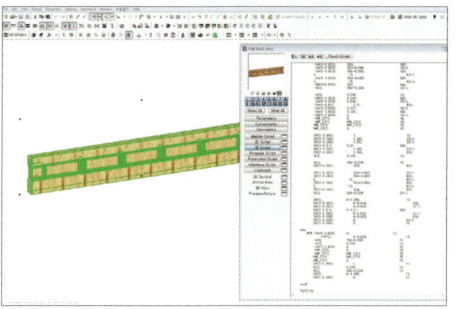

_ GDL-3D 스크립트 활용

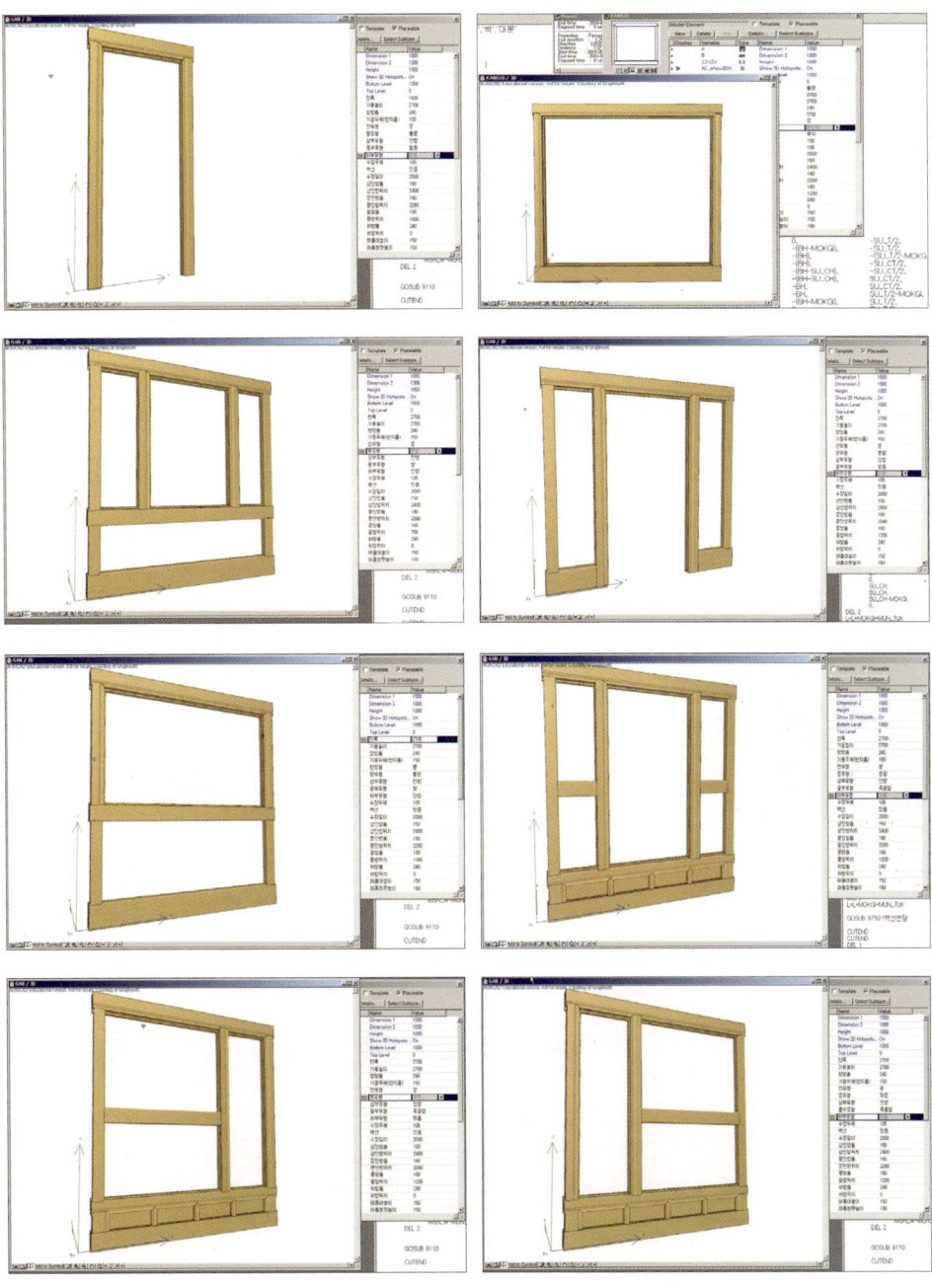

_ GDL-3D 스크립트 활용

_ GDL-3D 스크립 활용 결과물

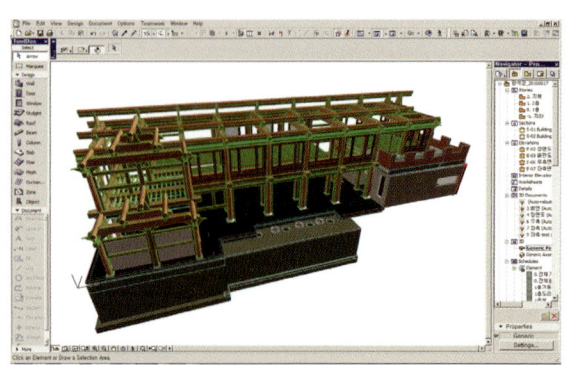 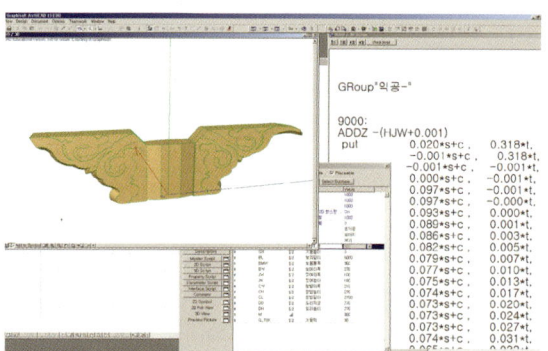

_ 파라미터 변수값 조정을 통한 배치와 조정

　　세 번째로 파라메트릭 라이브러리를 활용한 한옥설계는 HIM 라이브러리를 활용하여 정보화 모델링을 하고 2D도면, 물량산출, 공정관리, 부재가공 데이터를 추출하여 가공하는 3D한옥설계 과정을 말한다.

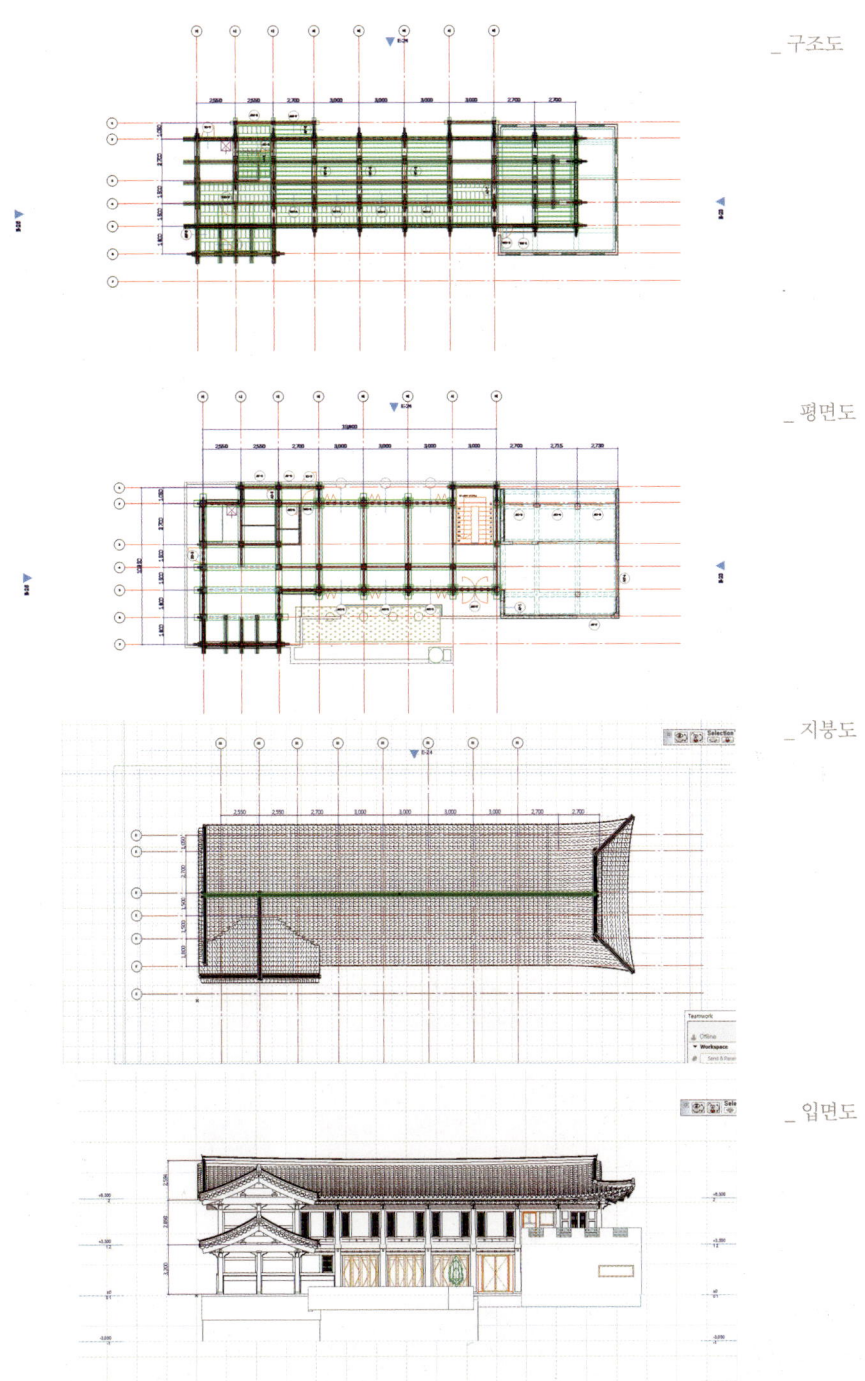

_ 구조도

_ 평면도

_ 지붕도

_ 입면도

_ HIM Pilot Project - 2D도면화

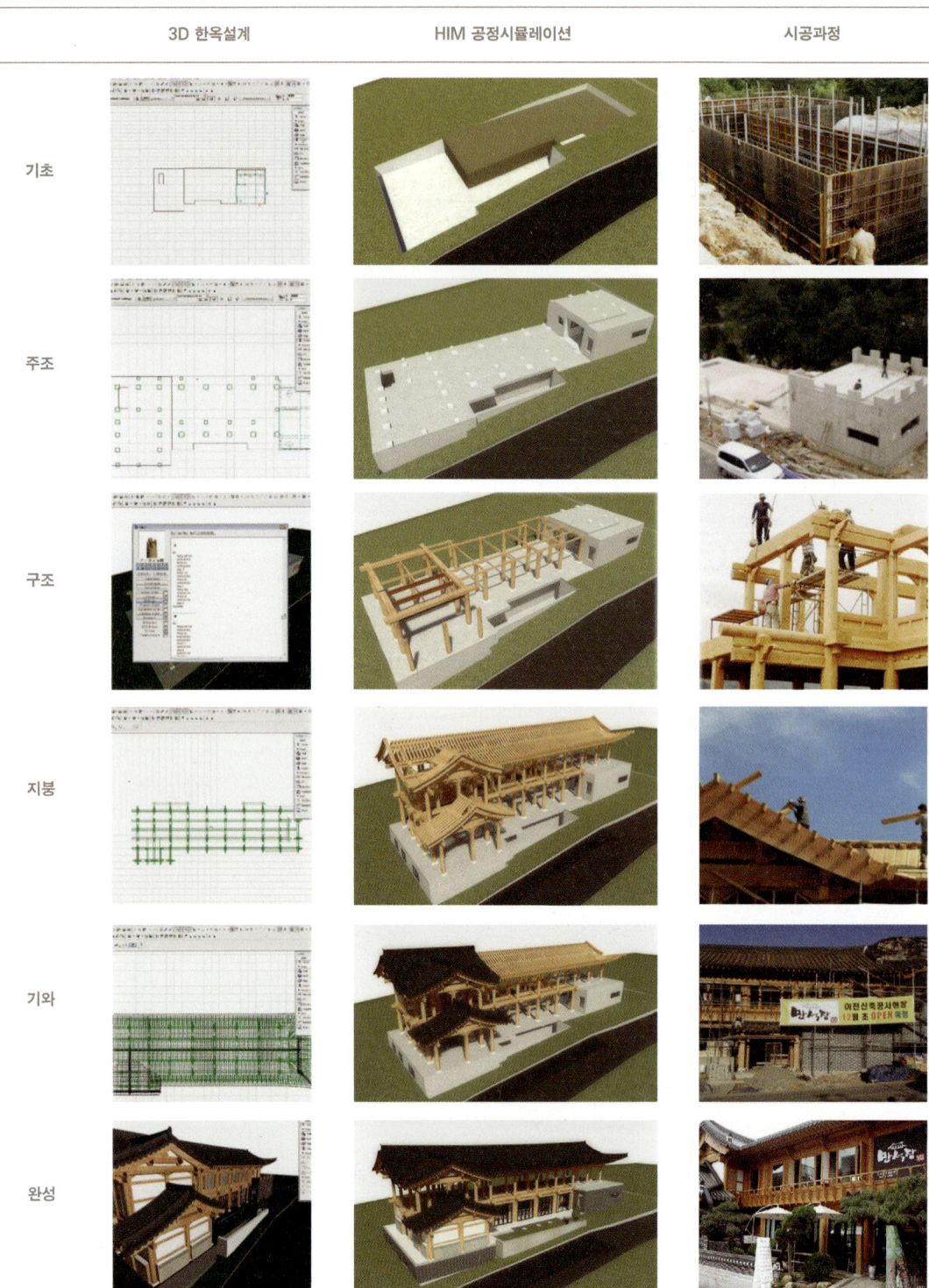

_ HIM Pilot Project-3D 한옥설계 및 공정관리 시뮬레이션

한옥이 현 시대의 주요건축방식의 하나로 자리매김 하기 위해서는 현대건축을 전공한 설계자가 손쉽게 한옥건축술에 접근할 수 있어야 한다고 생각한다. 한옥 대중화에 대한 명제에서 시작된 HIM은 수년간의 개발을 통하여 실무에 적용되는 단계에 이르게 되었다.

2, 부재의 CNC 가공

조선시대의 영조의궤를 살펴보면 규모가 큰 궁궐의 전각들도 공사기간이 6개월을 넘지 않은 경우가 많다. 사계절이 분명한 탓에 날이 풀리면 일을 시작해서 장마 전에 기와를 올려야 하고, 장마가 끝나고 시작하여도 얼기 전에 끝내야 한다.

집중적으로 일할 수 있는 기간은 120일 정도이다. 이는 일정한 규칙성을 가진다. 부재의 규격, 평면의 구성, 입면의 구성 등에서 비례체계를 발견할 수 있으며, 이러한 조직적인 건축 경험은 현재의 공장제 생산방식과 결합하는 데 아무런 문제가 없다고 본다.

과거에서 현재까지 여전히 경제의 축을 이루고 있는 건설 산업 또한 조직적인 건축 경험에서 기인한다고 해도 과언은 아닐 듯싶다. 하나하나 수공에 의존하던 전통적인 건축 생산방식에서 벗어나 공장제 생산방식에 편입하는 것이 이 시대 한옥의 과제인데, 다행히도 한옥은 태생적으로 MC modular coordination 방식을 취하고 있다.

모듈화된 건축 부재와 조직적인 공사 조직을 통한 한옥 건축은 전 과정의 수학적 해석이 가능하고, 이것은 부재의 형상을 만드는 것부터 각 공정을 시뮬레이션하여 공사의 효율성을 높이는 일까지의 구축과정을 포함한다.

구분	보가공	기둥가공	연목가공	조각재가공	범용가공
내용	주축을 위치 제어하는 컴퓨터 수치 제어 목재가공 기계	주축을 위치 제어하는 컴퓨터 수치 제어 목재가공 기계	서까래의 굽이를 조정할 수 있는 목재가공기계	컴퓨터 수치제어 목재 조각기	
적용	대들보, 중보, 종보, 퇴량, 우미량, 충량 등	평주, 고주, 우주, 배흘림, 민흘림, 굴도리 등	장연, 단연	초익공, 이익공, 첨차, 화반, 보받이, 화반대, 계자각 등	

_ CNC 가공 RFID 부재별 기계가공

기둥 가공 도리 가공 장여 가공

화반 가공 서까래 가공 사개가공

_ 부재별 기계가공

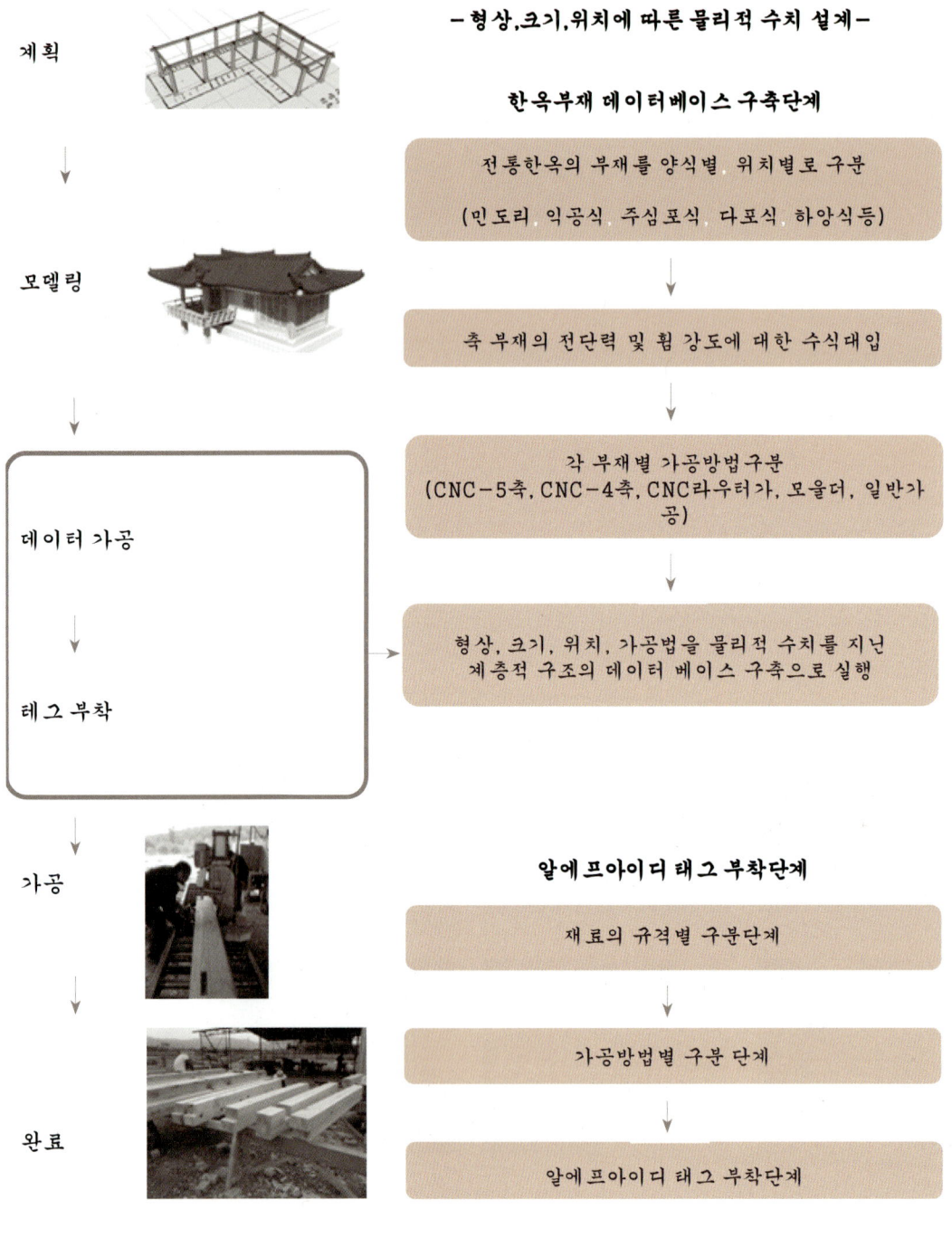

3/ GDL
Geometric Description Language

아키캐드ARCHICAD의 GDL 스크립트를 이용하여 한옥의 각 부재를 파라메트릭 모델링 기법으로 만들었다. 독립변수와 종속변수를 통해서 부재 하나하나가 다양체를 형성한다. 한옥이 가지고 있는 DNA는 한옥 건축 모든 과정의 내용을 포함하여 구성되는 HIM은 다양체와 접속할 수 있는 게이트웨어로서 적용할 수 있다.

    한옥에서 나타나는 일정한 패턴에 대한 정보는 인접한 문화예술 장르에 사용할 수 있도록 가공할 수 있으며. 각 부재를 HIM에서 적용하기 위해서는 먼저 형상에 대한 기하학적인 데이터를 분석하여 파라미터를 정해야 한다. 한옥에 대한 수치분석 작업은 많은 과제를 안고 있는데, 목수들을 통해서 경험적으로 전해지고 있는 구조방식이라든가 처마곡선의 휨 정도, 공포의 체감이 전해지고 있는 체감비율 등과 같은 구체적이고 세밀한 접근이 필요하다. 필자는 그간의 현장 경험을 바탕으로 한옥의 모든 부재에 대한 분석작업과 그 정보를 바탕으로 BIM툴인 아키케드ARCHICAD의 GDLgeometric description language을 통해서 3D 모델링을 하고 있다.

GDL을 통한 한옥 부재를 만드는 것은 단순한 형태를 형상화하는 것이 아니다. 각 부재의 연결과 변형을 어떻게 설계에 적용할 것인가에 대한 충분한 고민이 있어야 한다.

예를 들자면, 인방이나 장여, 도리 등의 단면을 가진 직선부재는 단면의 형상과 길이, 다른 부재와의 연결을 위한 결합 부분의 장부맞춤 정보들을 조합하여 구성하기 때문에 크게 어렵지는 않으나, 흘림을 가진 기둥이나 곡선을 가진 보, 추녀 등은 수식을 구성하기가 쉽지 않다.

우선은 2차원의 좌표값을 해석해서 그 값들의 증감을 통한 일차적인 규칙성을 도출해 내고 다시 그것을 함수화하여 파라메트릭 모델링이 가능한 변수지정의 방법을 사용한다.

단일부재 간의 연관성을 분석하여 조립하는 순서에 따라 모델링을 나가는데 머름이나 문짝 등은 2차원 공간에서 결합할 수 있지만 귀솟음을 가진 추녀 부분은 3차원 공간의 미적분적인 변위를 수식화해야 하는 어려움이 있다.

한옥을 구성하는데 가장 어려운 선자연의 구성과정을 살펴보면, 평장연의 물매로부터 추녀로 이어지는 허리 곡선의 위치별 증분을 수식화하고, 다시 장연의 처마 내밀기로부터 추녀 끝까지 이어지는 안허리곡선의 증분을 수식화한다. 이것은 실제 한옥을 지을 때 평고대를 걸고 나가는 것과 같은 역할을 한다.

그런 뒤에 각 서까래의 위치값을 산출하는 과정을 진행하는데, 그것은 허리 곡선과 안허리곡선의 수식에 서까래의 X값을 대입함으로써 얻어지게 된다.

선자연 부분으로 넘어가면 좀 더 복잡한 수식이 필요하게 된다. 장연의 내목길이와 굵기를 변수로 해서 선자연의 개수가 결정되면 추녀의 뒤 초리를 받는 중도리의 왕찌 중심점에서 추녀 두께의 절반 지점과 주심도리의 왕찌 부분, 주심도리 위의 내목길이 지점을 꼭짓점으로 하는 삼각형이 만들어지는데, 그 삼각형은 선자연의 각 장의 펼친 각도로 나누어지게 되며 그 각도를 변수로 해서 각각 선자연이 결합하여 전체가 결정된다. 각각의 선자연은 갈모산방 위에 놓이게 되며, 갈모산방의 각도에 따라 각각의 선자연 밑변 각도가 결정된다.

한옥설계는 이처럼 매우 복잡한 연산과정을 거치면서 전통적인 방법인 곡척과 장척, 그리고 목수의 경험으로 진행되어 왔다.

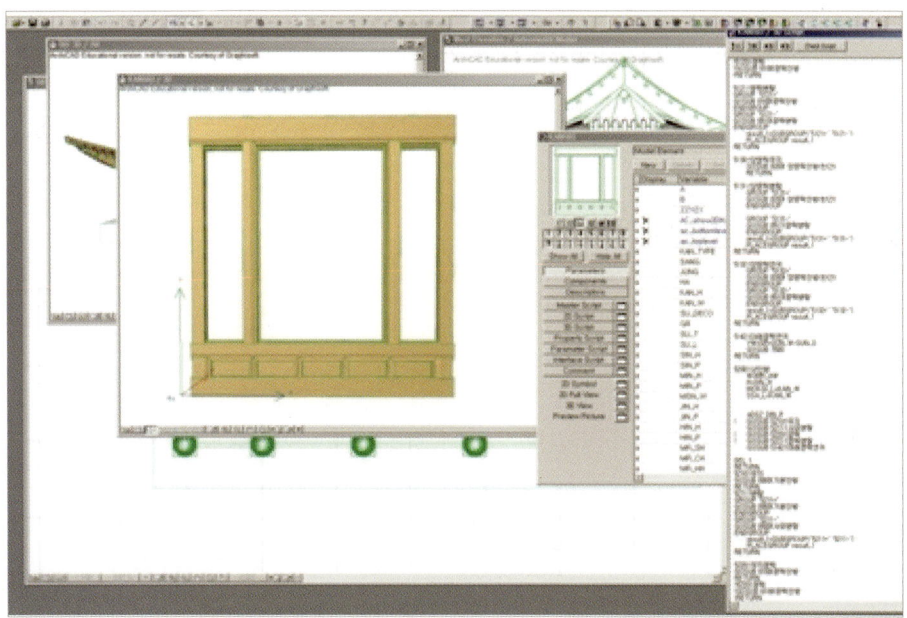

GDL을 활용한 한옥부재 만들기

/ Script 영역: 객체의 2D, 3D SYMBOL 등을 제작하기 위한 Script 작성

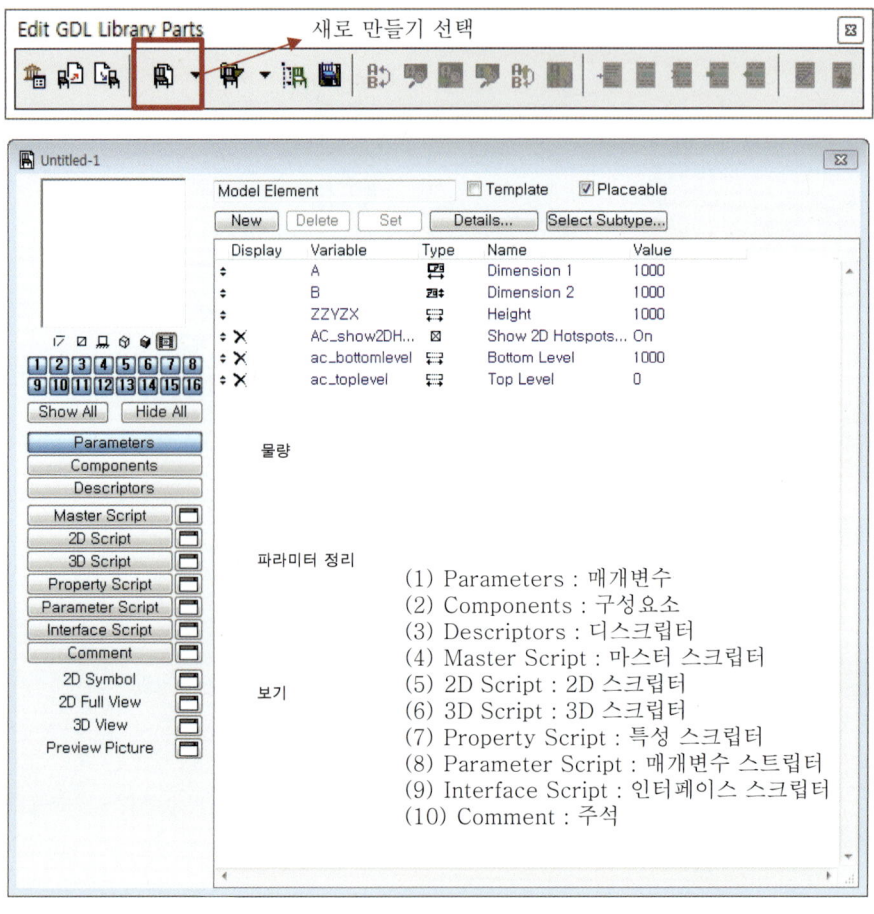

(1) Parameters : 매개변수
(2) Components : 구성요소
(3) Descriptors : 디스크립터
(4) Master Script : 마스터 스크립터
(5) 2D Script : 2D 스크립터
(6) 3D Script : 3D 스크립터
(7) Property Script : 특성 스크립터
(8) Parameter Script : 매개변수 스트립터
(9) Interface Script : 인터페이스 스크립터
(10) Comment : 주석

- View 영역 : 제작된 객체의 2D, 3D SYMBOL 모양과 형태를 확인

(1) 2D Symbol : 2D 심볼
(2) 2D Full View : 2D 보기
(3) 3D View : 3D 보기
(4) Preview Picture : 이미지 미리보기

GDL 연산자와 Object 만들기 기본 명령어

구 분	명령서	내 용
산술 연산자	^ or **	제곱 (운선순위 2)
	*, /, MOD(%)	곱하기, 나누기, 나머지 (우선순위 3)
	▶ +, −	: 더하기, 빼기 (우선순위 4)
관련 연산자	=	동일
	<	미만
	>	초과
	<=	이상
	>=	이하
	<> (#)	같지 않음
논리 연산자	AND or &	(우선순위 6)
	OR or l	(우선순위 7)
	EXOR 또는 @	(우선순위 8)
2D	HOTSPOT2	객체의 꼭지점을 만들경우에 사용하는 명령어
	LINE2	선을 그릴 때 사용하는 명령어
	RECT2	사각형 도형을 그릴 때 사용하는 명령어
	POLY2	다각형 도형을 그릴 때 사용하는 명령어
	ARC2	호를 그릴 때 사용하는 명령어
	CIRCLE2	원을 그릴 때 사용하는 명령어
	SPLINE2	자유곡선을 그릴 때 사용하는 명령어
3D	BLOCK	육면체를 만들 경우 사용하는 명령어
	CYLIND	원통을 만들 경우 사용하는 명령어
	SPHERE	구형을 만들 경우 사용하는 명령어

GDL 연산자와 Object 만들기 기본 명령어

구분	명령서	내용
3D	ELLIPS	타원형을 만들 경우 사용하는 명령어
	CONE	원뿔형을 만들 경우 사용하는 명령어
	PRISM	다면체를 만들 경우 사용하는 명령어
	BPRISM	휨이 있는 다면체를 만들 경우 사용하는 명령어
	FPRISM	모접기 다면체를 만들 경우 사용하는 명령어
	SPRISM	경사진 다면체를 만들 경우 사용하는 명령어
	ARMC	경사진 원통형 자동 접선을 만들 경우 사용하는 명령어
	ELBOW	굴곡진 원통형을 만들 경우 사용하는 명령어
	REVOLVE	단면을 회전시켜 만들 경우 사용하는 명령어

- GRAPHISOFT에서 제공하는 기본 가이드북

www.nottingham.ac.uk/sbe/cookbook/CB4_Web
Archicad-talk.graphisoft.com
www.gdl-centru.com
www.teacherschoice.com.au/mathematics_how_to_library.htm
http://archicad-talk.graphisoft.com/object_depository.php

연습문제: 갈모산방 GDL 만들어보기

Parameters	Display	Variable	Type	Name	Value
	↕	A		Dimension 1	1000
	↕	B		Dimension 2	1000
	↕	ZZYZX		Height	1000
	↕ ✗	AC_show2DH...	☒	Show 2D Hotspots...	On
	↕ ✗	ac_bottomlevel		Bottom Level	1000
	↕ ✗	ac_toplevel		Top Level	0

Master Script

```
HJW=JW/2
DR=DD/2
GALMO_SP=(CHUN_H-SK_D)/ID
```

2D Script

```
project2 3,270,2
```

3D Script

```
MATERIAL g_mat
pen 1

    ROTY 90
    ADDX DR-SQR(DR^2-HJW^2)
    CUTPOLYA 5, 1, 0,
        .1,      -HJW,      15,
        0,       -HJW,      15,
        DR,        0,      900,
        0,        HJW,     3015,
        .1,       HJW,       15
    DEL 2


    ADD 0,HJW ,CHUN_H-SK_D
    ROTX -ATN(SP/10)
    ROTZ -90
    CUTPLANE ATN(GALMO_SP)
    DEL 3

    ADDZ SQR(DR^2-HJW^2)-DR


    PRISM_ 4,CHUN_H-SK_D*,8,
        HJW,       HJW,    15,
       -(ID),      HJW,    15,
       -(ID),     -HJW,    15,
       -HJW,      -HJW,    15
    DEL 1
    CUTEND
    CUTEND
```

갈모산방

4 프리젠테이션

기본계획, 기본도면, 모델링이 완료되면 건축주에게 한옥의 공간구성, 내부공간과 외부공간의 연계에 대한 기본설명을 마친 후 현대한옥 공사의 진행단계를 기초-목구조-지붕-기와-수장-기계·전기설비-마감공사 순으로 공정관리에 대한 2차 설명을 하고 기타공간에 필요한 설치기구를 검토하게 된다. 최근 들어 에너지에 관한 관심이 높아지고 있어 GDL로 부재를 만들어 시각화된 삼차원 방식으로 건축주와 미팅하고 있으며, 신기술 단열공법과 신재생에너지를 사용한 1차 에너지절감과 2차 에너지절감률이 얼마나 되는지를 검토하고 추가사항에 대해서도 상담하게 된다.

/ 프리젠테이션 사례: 가상현실 프리젠테이션

DVD에 있는 VBe을 참조하세요

안채

사랑채

_ 공간구분

| 한옥의 대중화 | 프리젠테이션 | 205 |

대문진입

사랑채

사랑마당

사당

중문

안마당

안채

_ VBe을 통한 입체 가상현실

_ 안채대청에서 마당을 바라본 이미지

_ 사랑채누마루에서 밖을 내다본 이미지

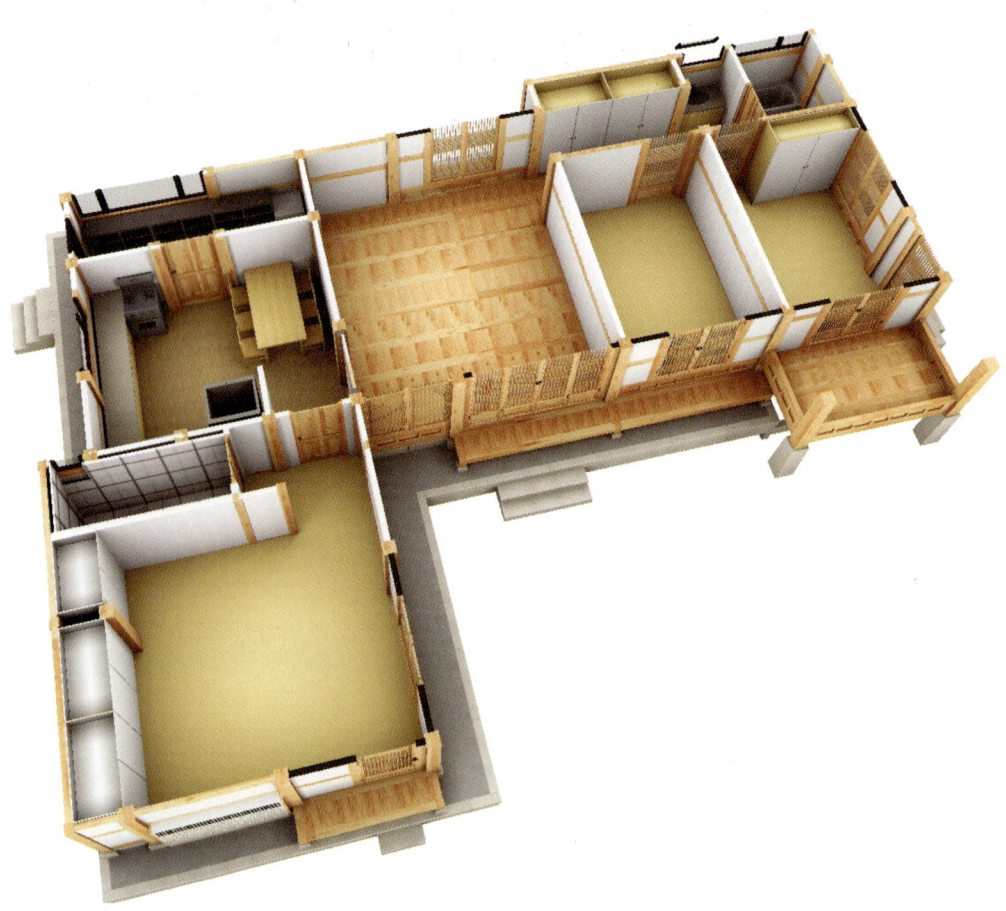
_ 내부공간 이미지

- 프리젠테이션 사례 : 에너지절감율 프리젠테이션

Energy Balance Evaluation

Key Values

Project Name:
Project Location: Seoul
Activity Type: Residential
Evaluation Date: 2009-08-25 □□ 6:05

Tempered floor area: 57.37 m2
Ventilated volume: 167.16 m3
Outer heat capacity: 101.33 J/m2K

Calculated heat transfer coefficients:
U values [W/m2K]
Building shell average: 1.55
Roofs: 1.60 - 1.60
External walls: 1.78 - 1.78
Basement walls: -
Openings: 1.30 - 1.30

Energy Consumption

Source	Yearly total kWh/year	GBP/year	Yearly specific kWh/m2,year	GBP/m2,year
68 % Natural gas	11217	0	194.18	0.00
32 % Electricity	5271	0	91.25	0.00
Total:	16488	0	285.43	0.00

16488 kWh
285.43 kWh/m2

총연간 에너지 소비량 : 16,488kWh
단위면적당 에너지 소비량 : 285.45kWh/㎡
탄소배출량 : 5,163Kg Co2

Carbon Footprint

CO2 emission as a result of operating this building is 5163 kg CO2/year

This amount of CO2 is absorbed in one year by 0.0 hectares (roughly equivalent to 1.0 tennis-courts) of tropical forest.

5163

Monthly Energy Balance

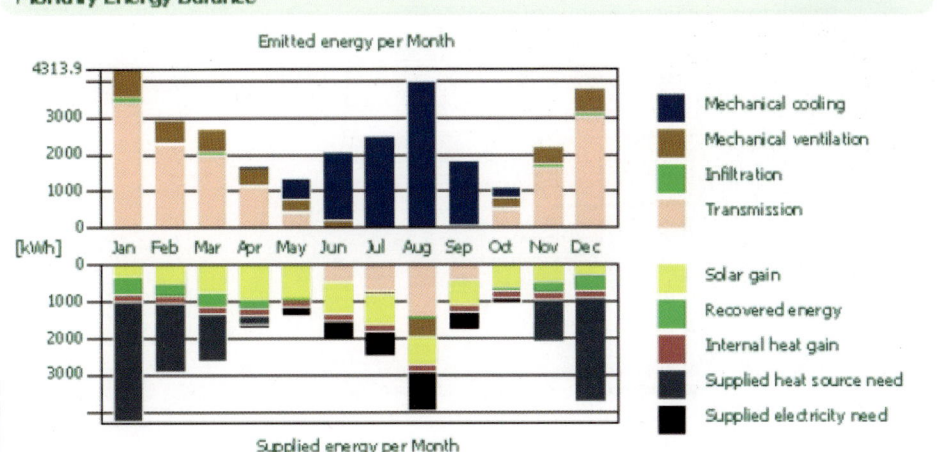

_ HIM 건물에너지 분석 사례

위와 같은 내용을 가지고 4D방식으로 건축주와 시각적 체험을 하면서 최종 상담을 마친 후 입체 가상현실인 입체영상을 통한 한옥의 미와 공간구성을 자세하게 설명하고 있다. BIM Building Information Modeling 개념이 현대건축에 먼저 도입되어 건축시장에 많은 변화를 주고 있지만, 필자는 한옥에 BIM의 개념을 도입한 HIM Hanok Information Modeling을 구현함으로써 현대화된 기법으로 한옥설계와 시공의 새로운 패러다임을 제시하고 보다 완성도 있게 프로젝트를 진행하기 위해서 노력하고 있다.

/ VBe 사용법: DVD에 담겨있는 VBe을 경험하세요.

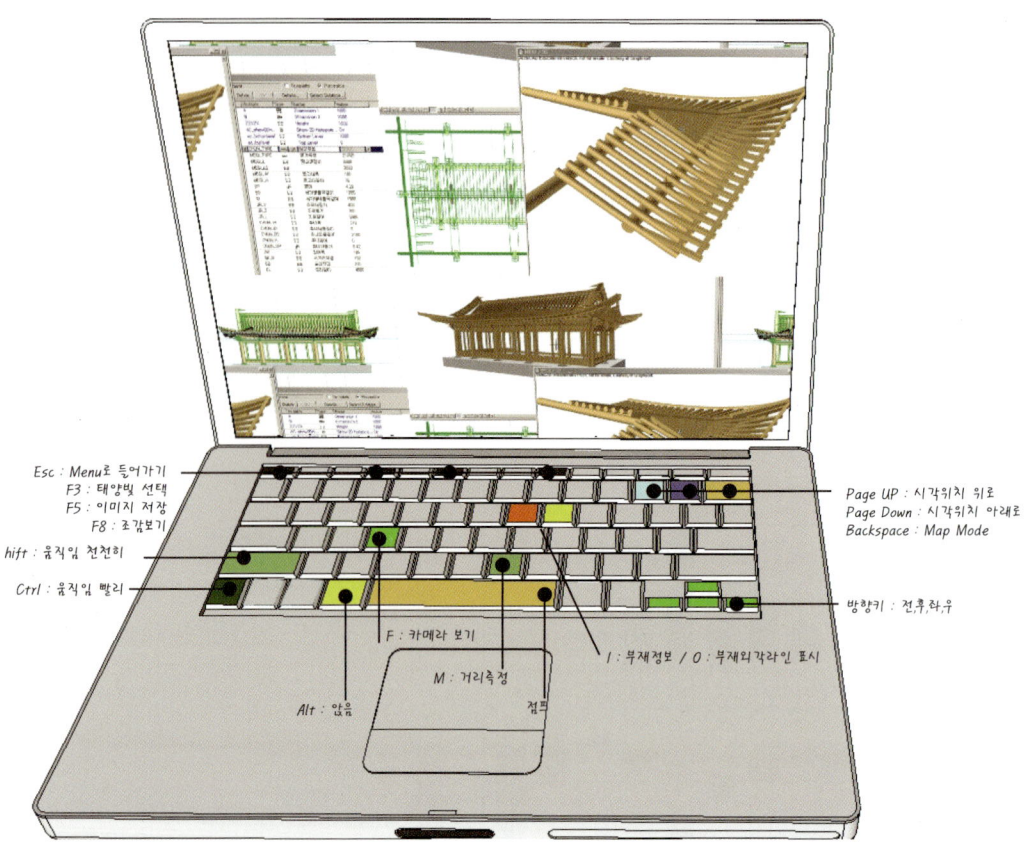

_ VB explorer 사용요령

주택

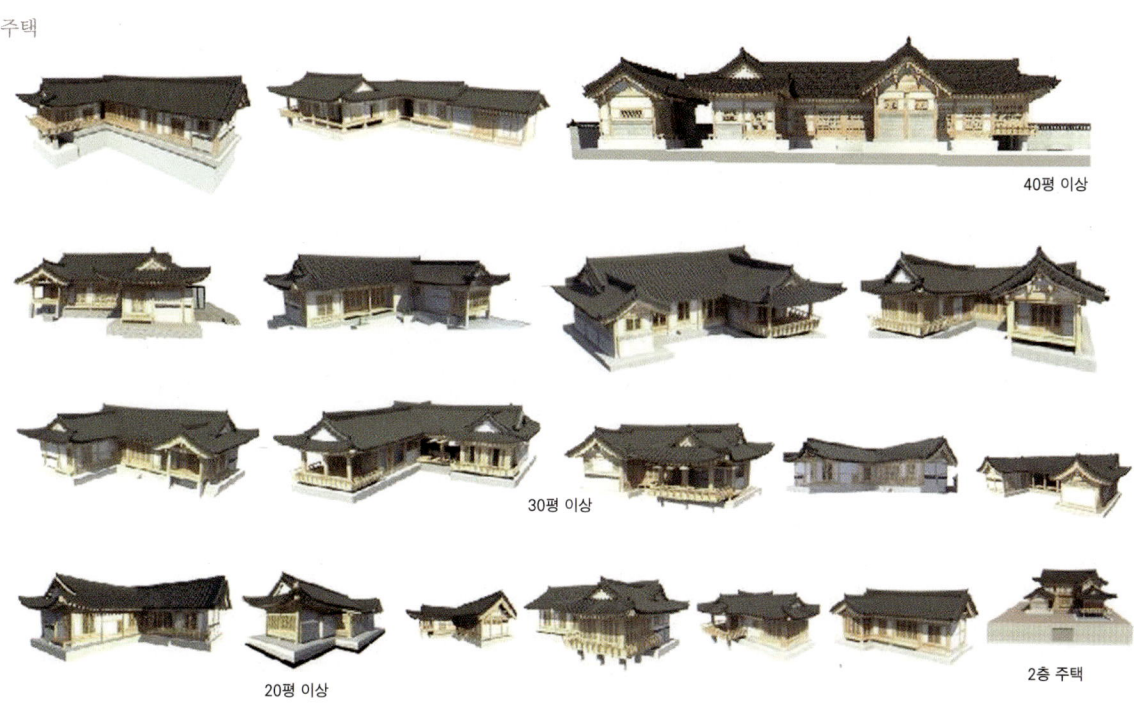

문화

상업

_ 사례모음

건축 도면

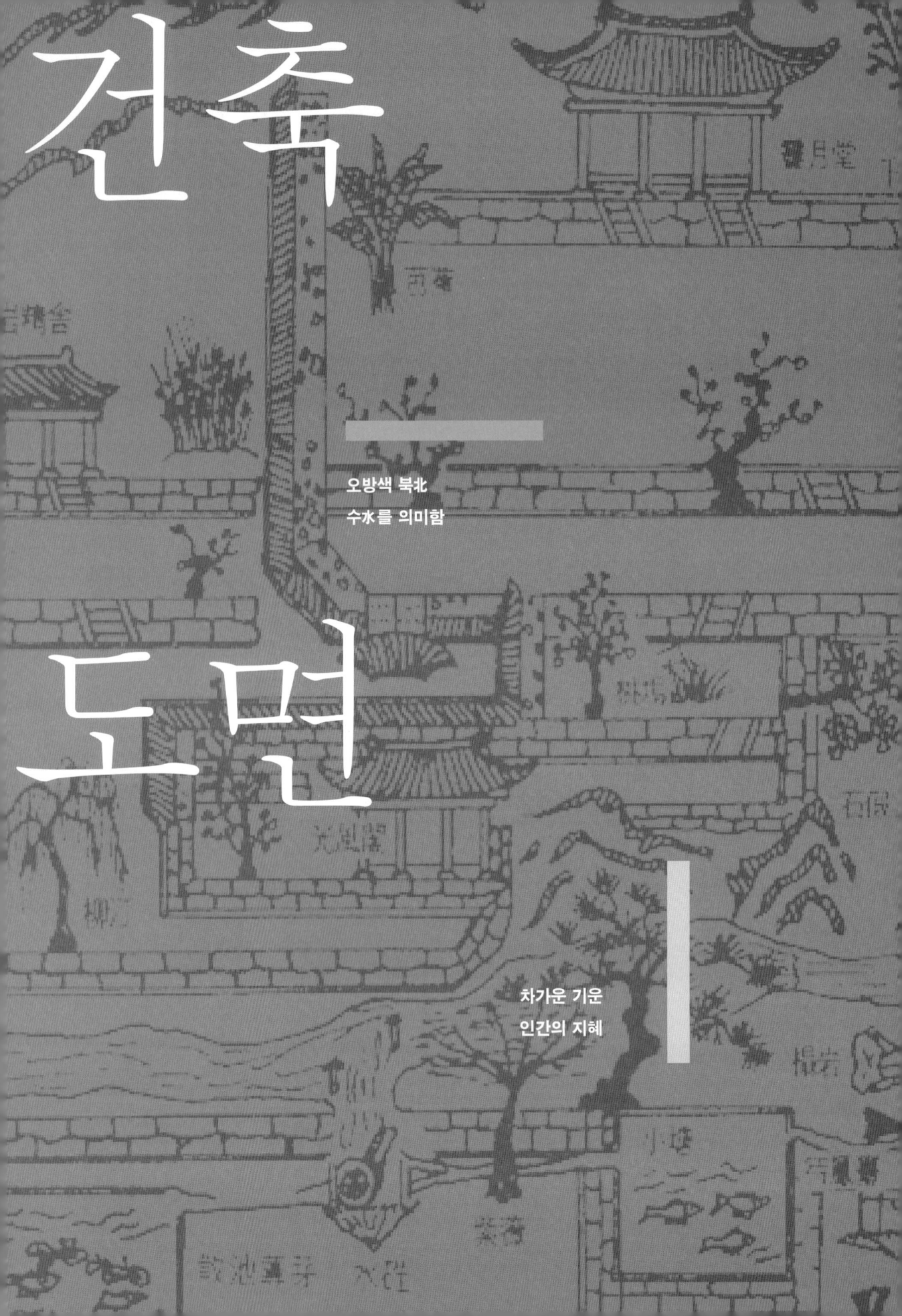

오방색 북北
수水를 의미함

차가운 기운
인간의 지혜

1
건축도면
사례1

2
건축도면
사례2

3
설비도면

4
한옥용어사전
영문표기

5
한옥
공동모듈화

1/ 건축도면 사례 1

▨	지표면	▨	목재 (구조재)
▨	잡석	▨	목재 (네일러, 블록킹)
▨	모래, 몰탈	▨	구조용목질판재, 합판 패널 사이딩
▨	콘크리트	▨	단열재 (배트)
▨	벽돌	▨	단열재 (리지드)
▨	콘크리트 블럭	▨	석고보드
──×──	철근	─ ─ ─ ─	방수지, 폴리에틸렌 필름, 베이퍼 배리어, 루핑 펠트, 메탈 라스
▨	철	───	장판, 비닐 쉬트
▨	목재 (마감재), 데크재	▨	세라믹 타일
		──×──	와이어 메시

_ 재료 표시 범례

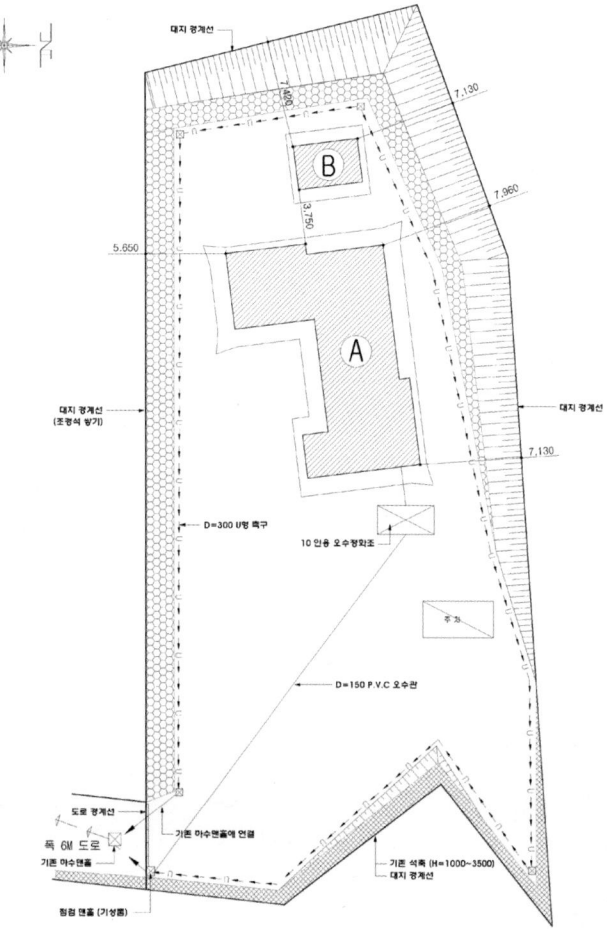

* 대지명세서 *

대지위치	지 번	지 목	지적면적	신청면적	도로면적	잔여면적	비 고
		임	1,467	1,467	0	0	
	합 계		1,467	1,467	0	0	
용도지역	계획관리지역 (건폐율 : 40% / 용적율 : 100%)						

* 건물명세서 *

구 분	동 별	층 별	구 조	용 도	바닥면적	비 고
바닥면적	A동	1 층	목구조	단독주택	122.45 M2	
	B동	1 층	목구조	단독주택 (창 고)	13.5 M25	
	합 계				135.95 M2	

건축면적	135.95 M2
연면적	135.95 M2
용적율산정면적	135.95 M2
건폐율	135.95 / 1,467.00 x 100 = 9.27%
용적율	135.95 / 1,467.00 x 100 = 9.27%
건물 최고 높이	A동: 6.7 M , B동: 4.53 M
구조 , 지붕	A동 : 목구조 / 한식기와 , B동 : 목구조 / 한식기와
도로현황	폭 6M 도로에 약 6.0 M 접한 대지임
정화조	10인용 오수정화조
용 수	지하수 (음용)
가 스	L.P.G (취사용)
조 경	해당없음
주 차	법 적: 단독주택 : 50.0 M2 초과 150.0 M2 이하 1대
	계 획: 1대 (2.3 x 5.0 = 11.5 M2)

건축주	

* 범례 *

1 층	////////

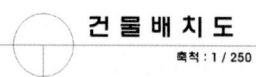

건 물 배 치 도
축척 : 1 / 250

_ 이천 J씨 한옥

실명	면적(m²)	비고
안방	22.725	
건너방	11.700	
사랑방	11.700	
거실	32.270	
주방	17.550	
누마루	5.400	
다용도실	10.125	
화장실(1)	3.900	
화장실(2)	3.974	
벽감(1)	3.300	
벽감(2)	3.175	
전체면적	125.820	

실별면적   1:100

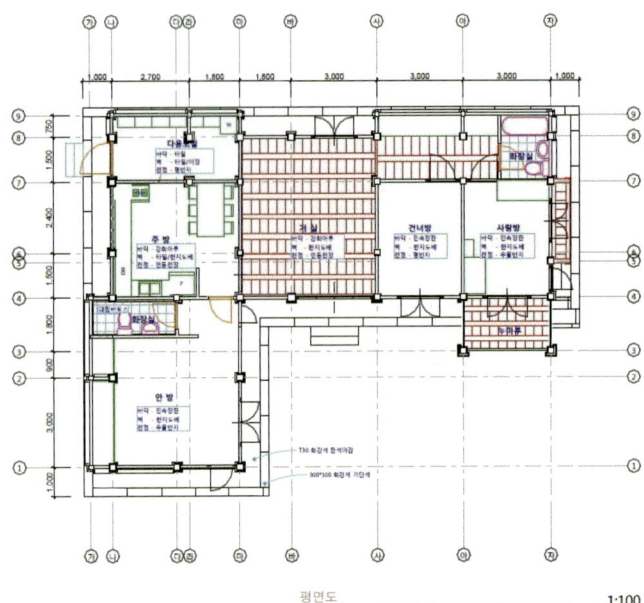

평면도   1:100

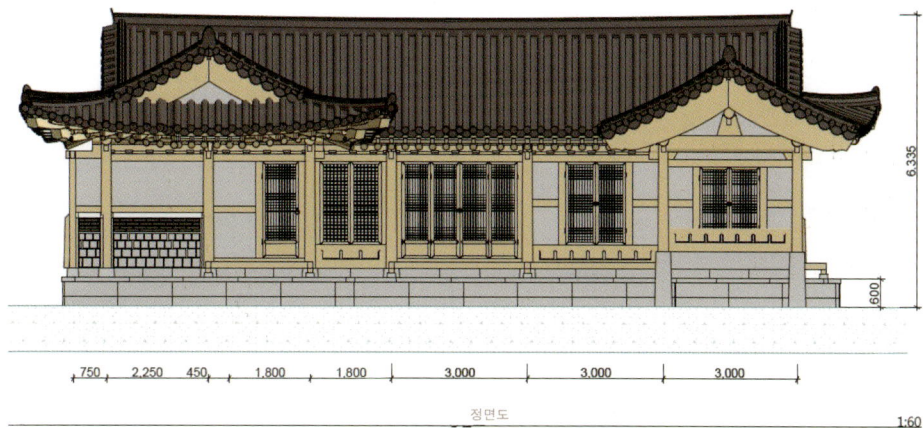

정면도　1:60

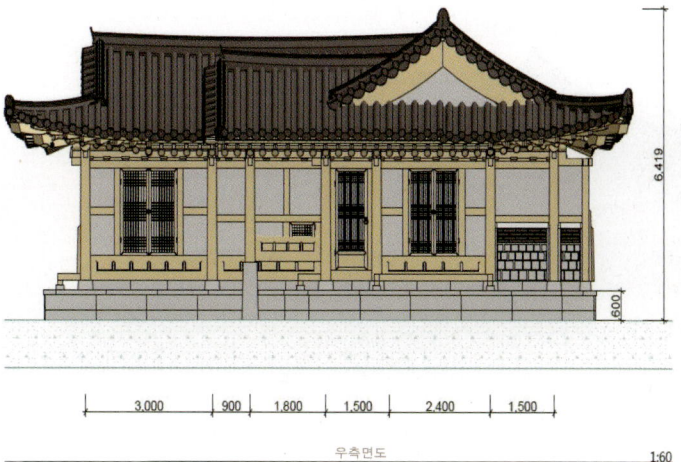

우측면도　1:60

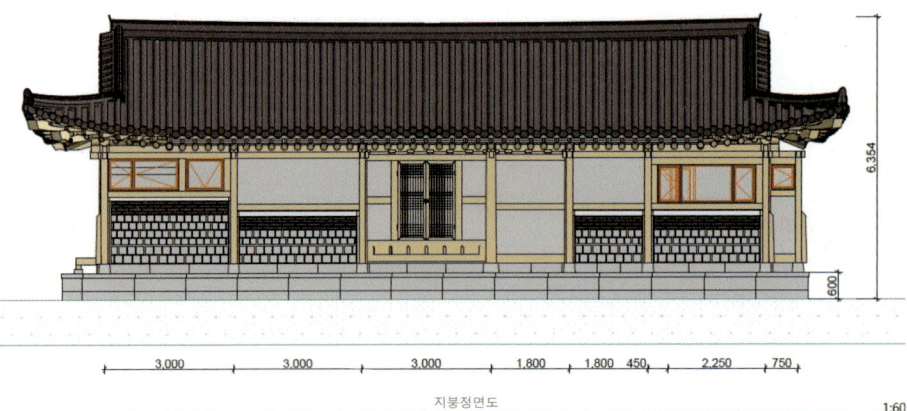

지붕정면도　1:60

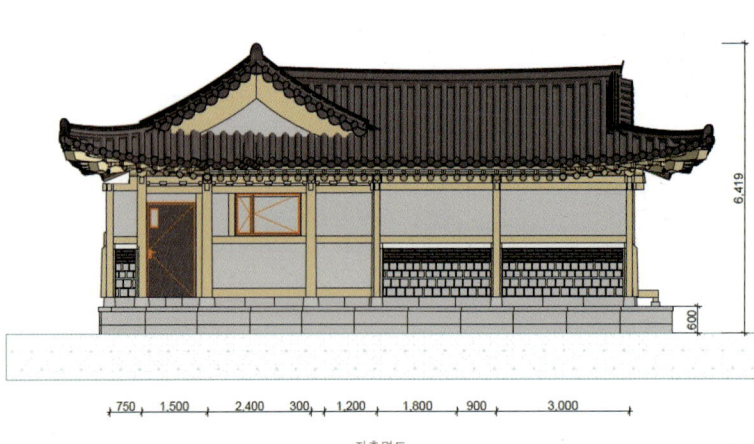

좌측면도　1:60

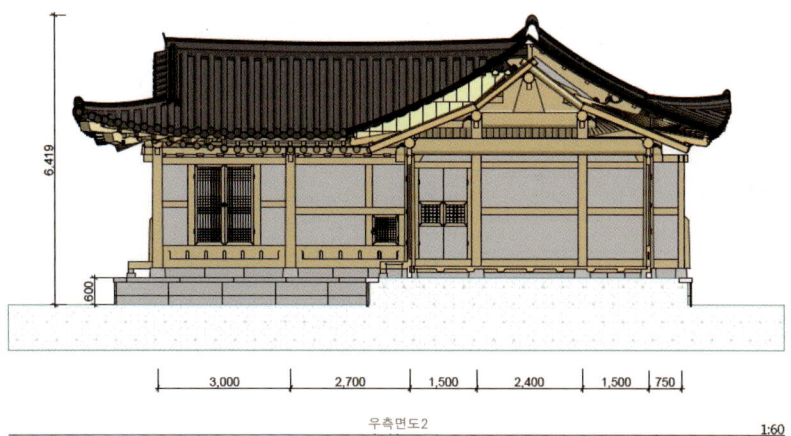

우측면도2   1:60

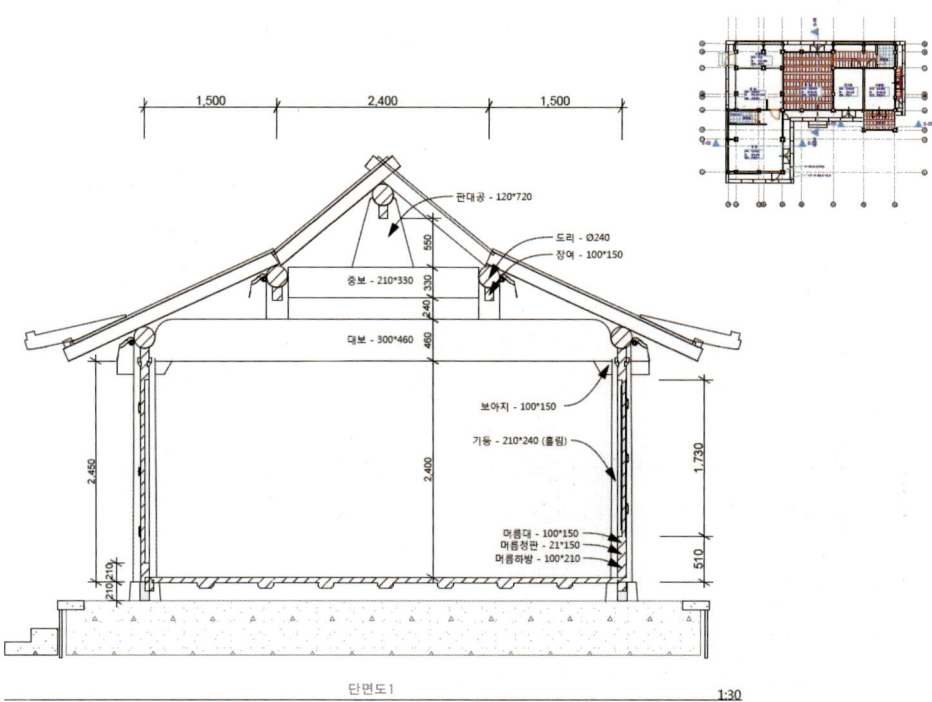

단면도1   1:30

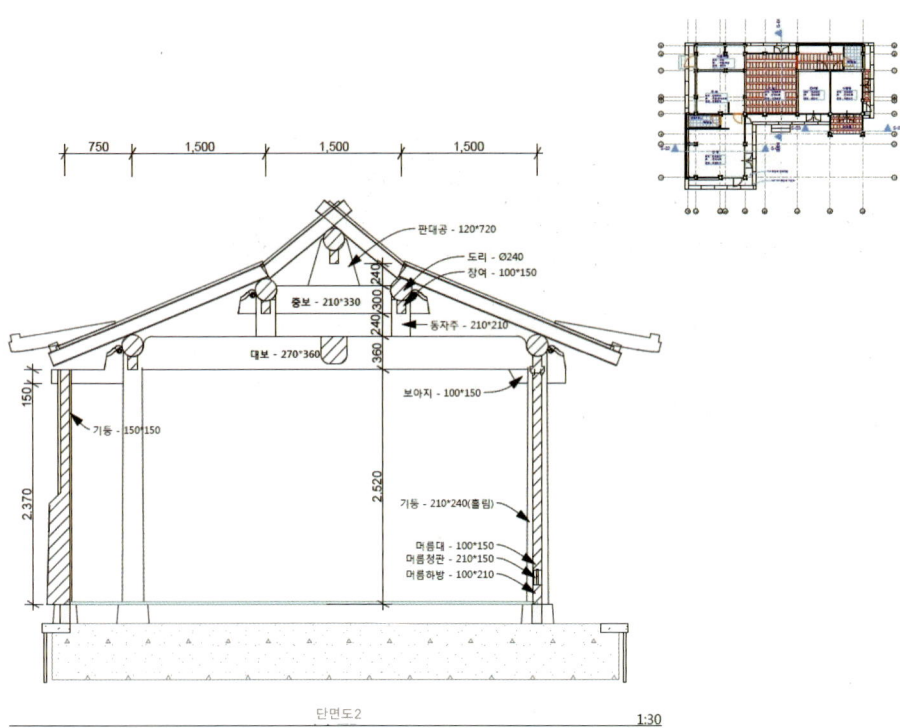

단면도2 1:30

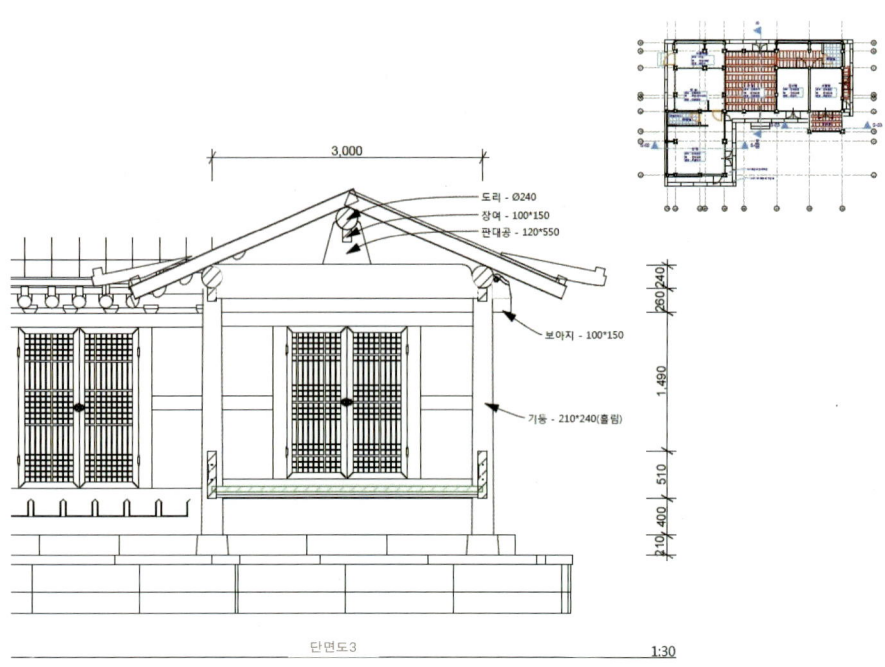

단면도3 1:30

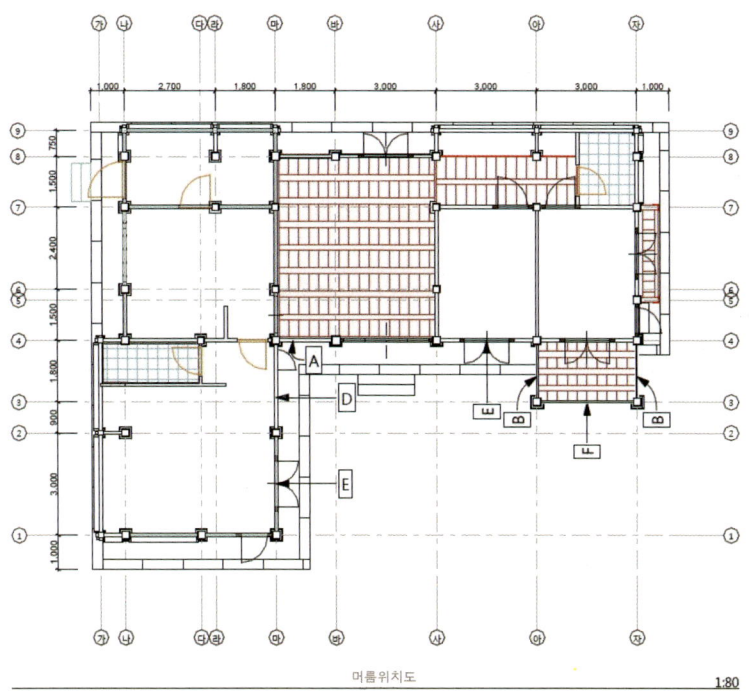

머름위치도　1:80

	머름						
No	A	B	C	D	E	F	
간사이	1,800	1,800	2,700	2,700	3,000	3,000	
타입	통문	통문	분합	우문	분합	통문	
문타입	2분합	외문	2분합	외문	2분합	외문	
3D							
수량	1	2	1	1	3	1	9

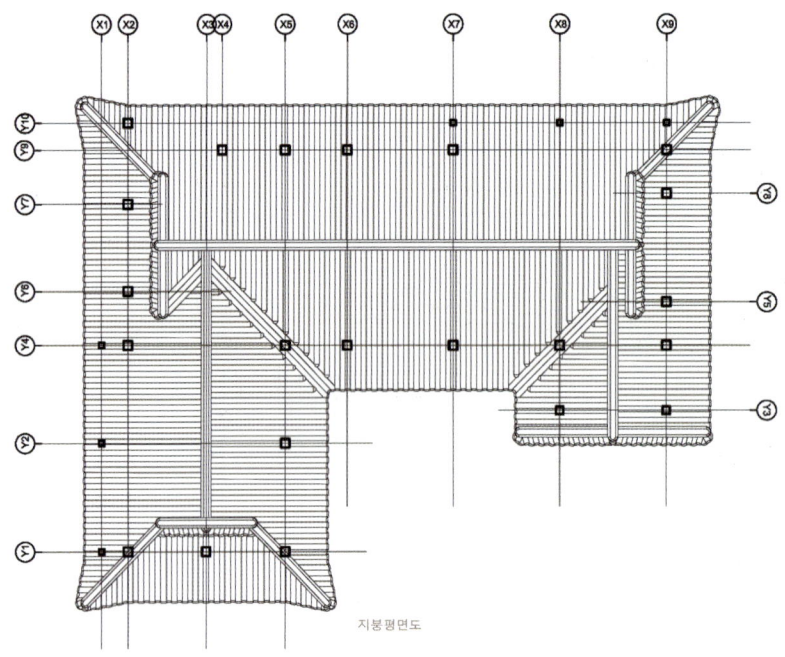
지붕평면도

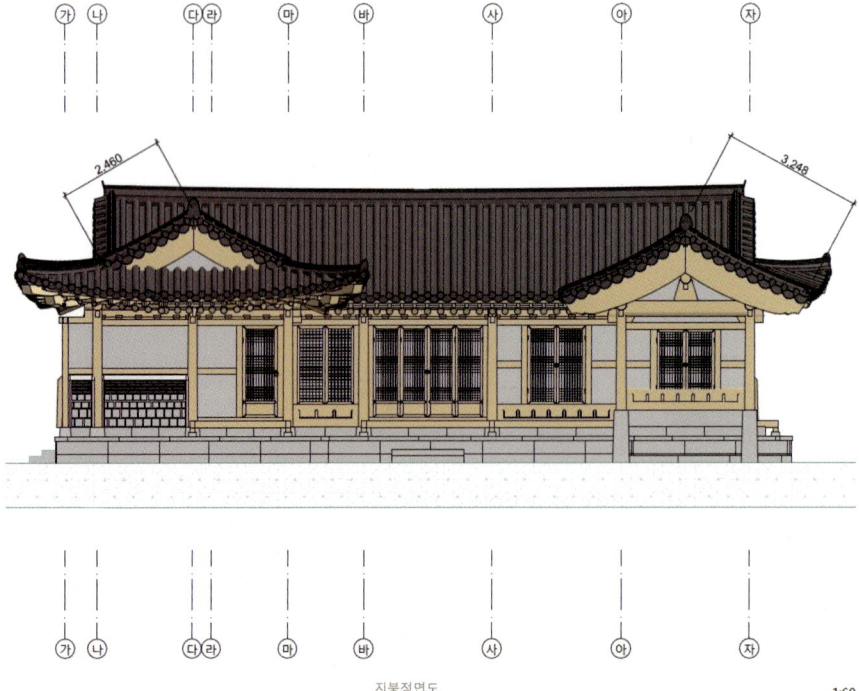
지붕정면도 1:60

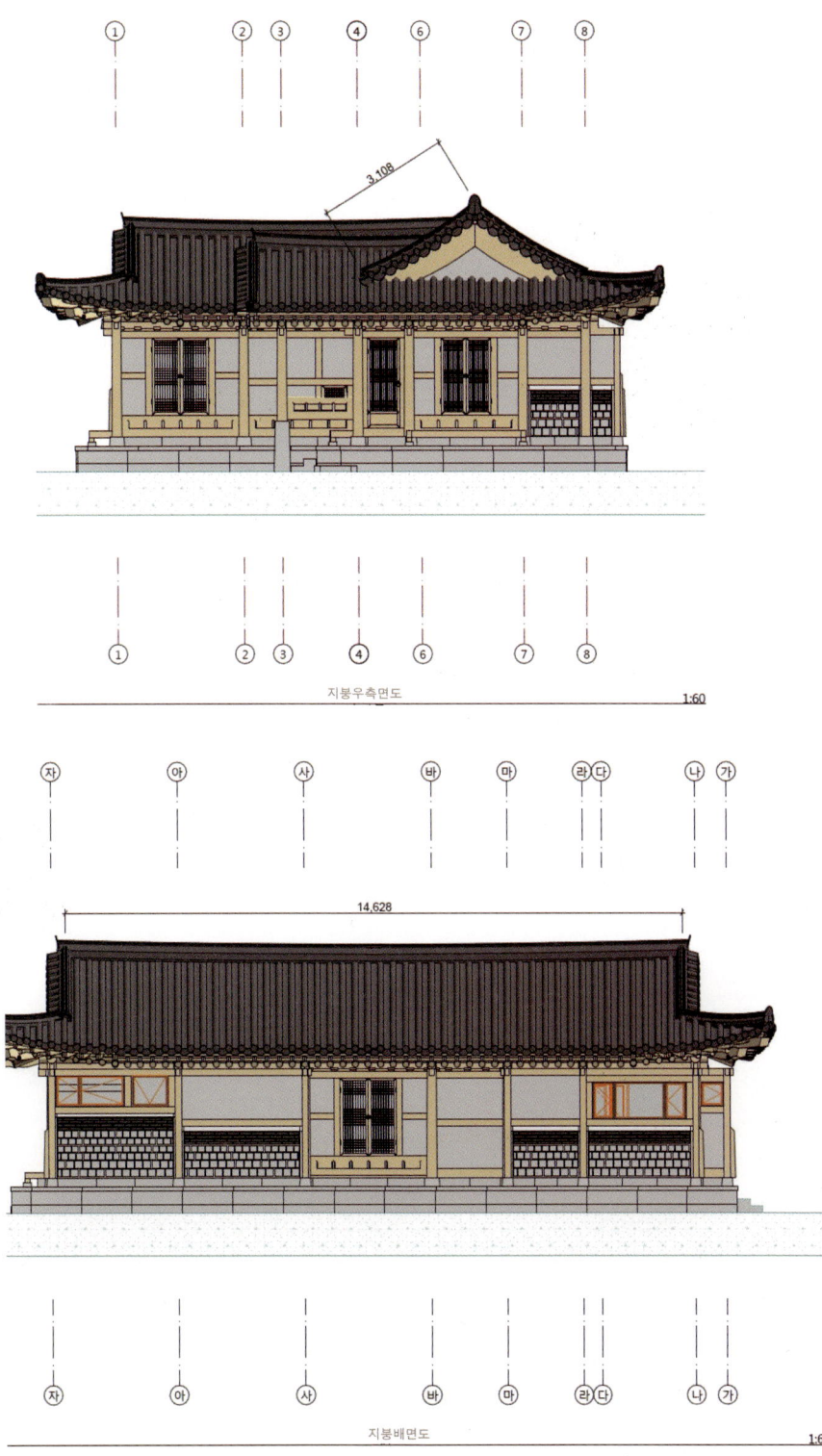

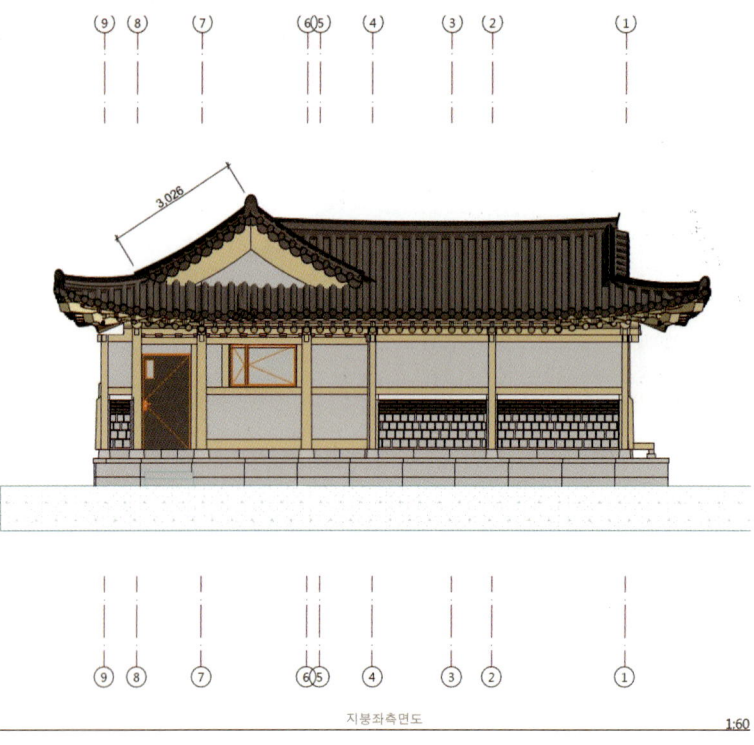

지붕좌측면도　　　1:60

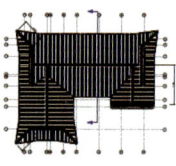

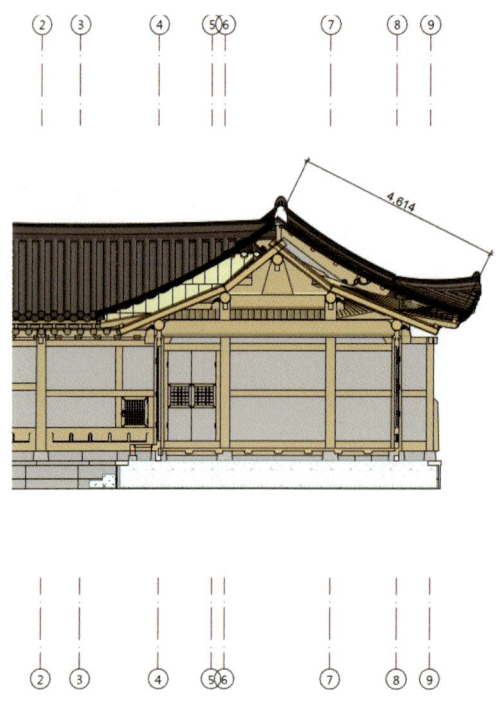

지붕단면도 1　　　1:60

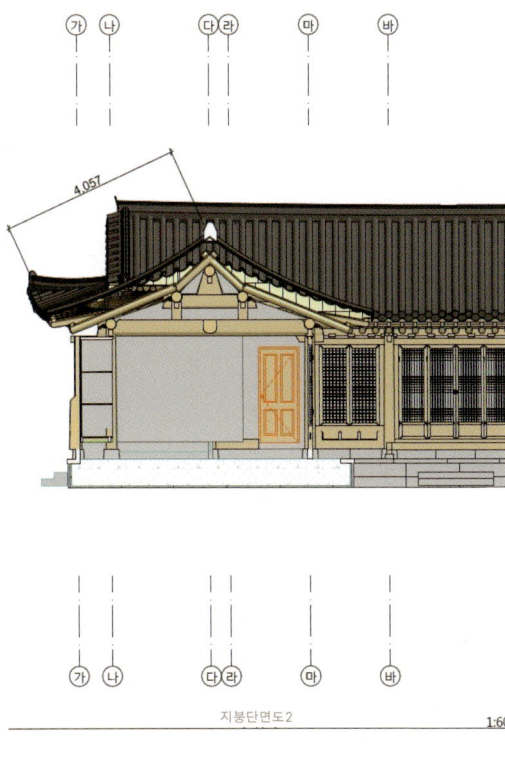
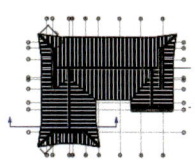

지붕단면도2　　1:60

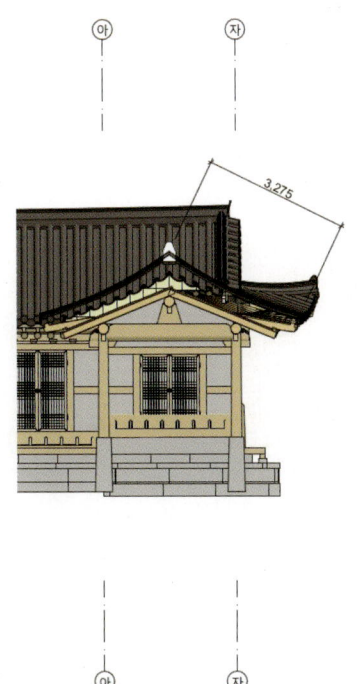
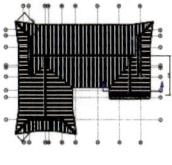

지붕단면도3　　1:60

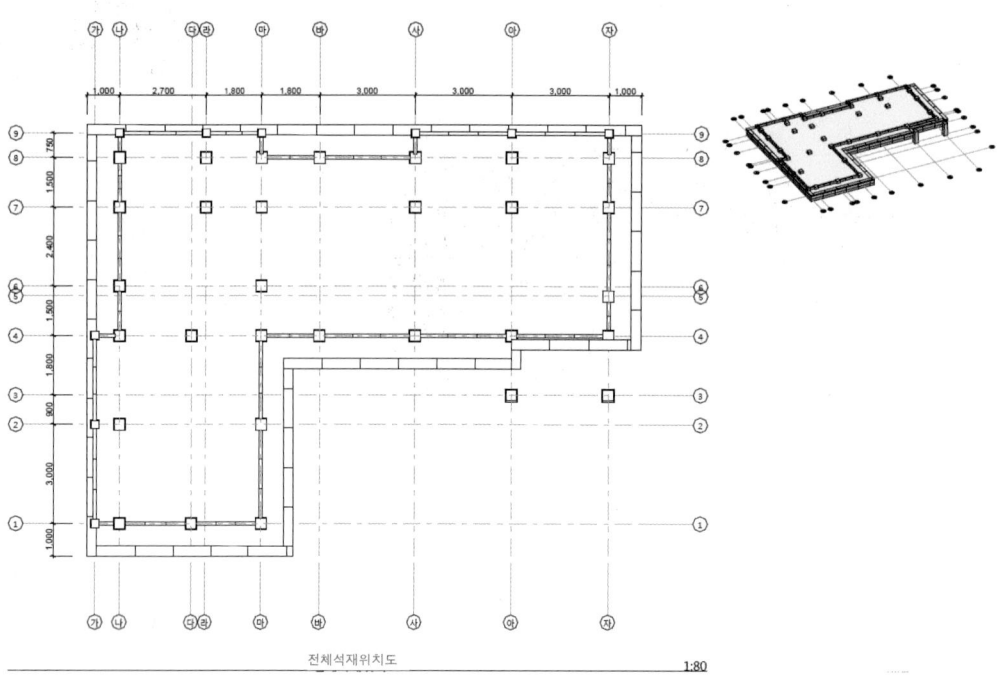

전체석재위치도   1:80

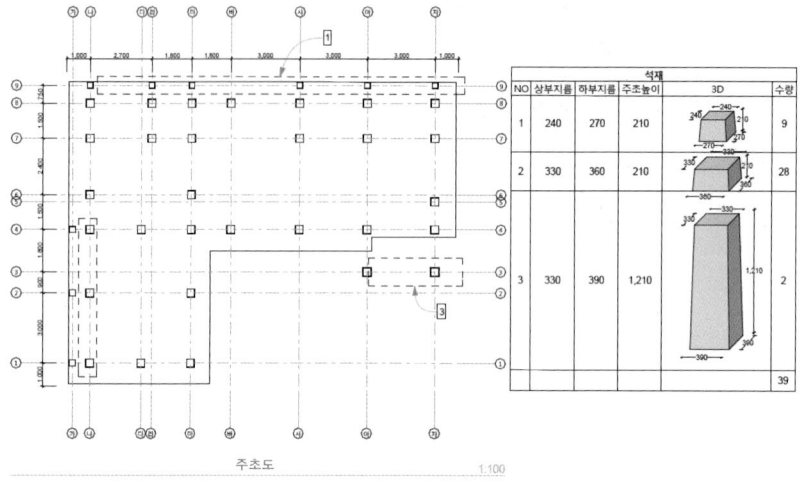

주초도   1:100

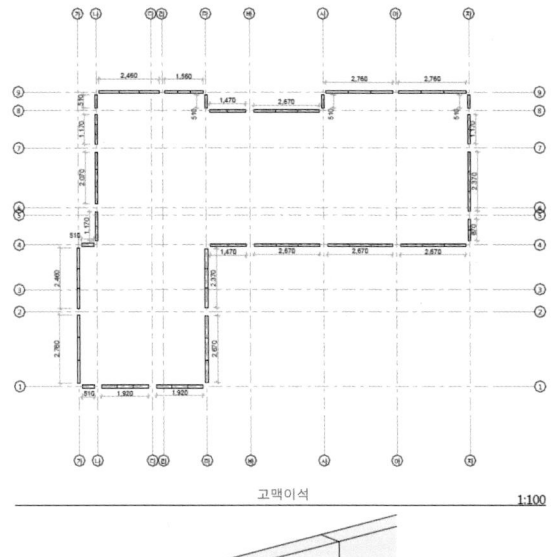

고맥이석 1:100

| 고맥이석 ||
전체길이	수량
510	6
870	1
1,170	3
1,470	2
1,560	1
1,920	2
2,070	1
2,370	2
2,460	2
2,670	5
2,760	3
계	28

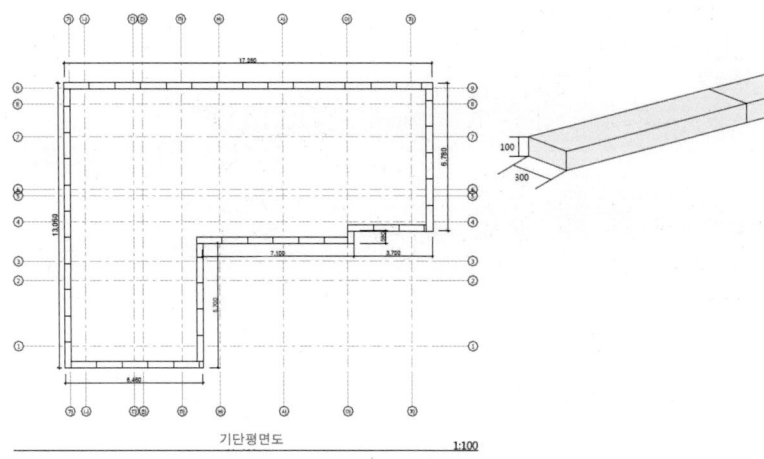

기단평면도 1:100

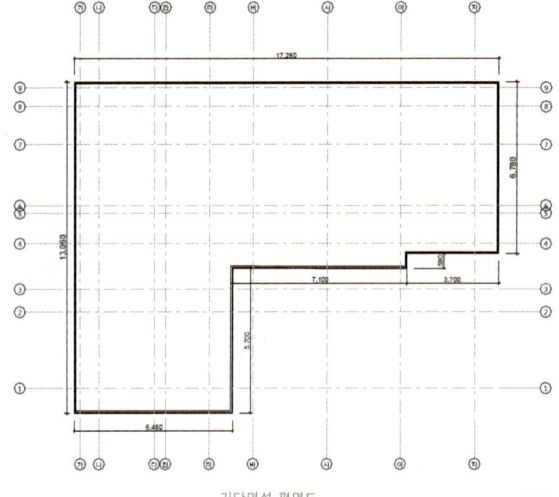
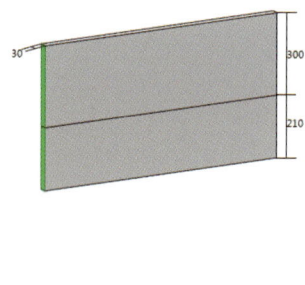

기단면석 평면도 1:100

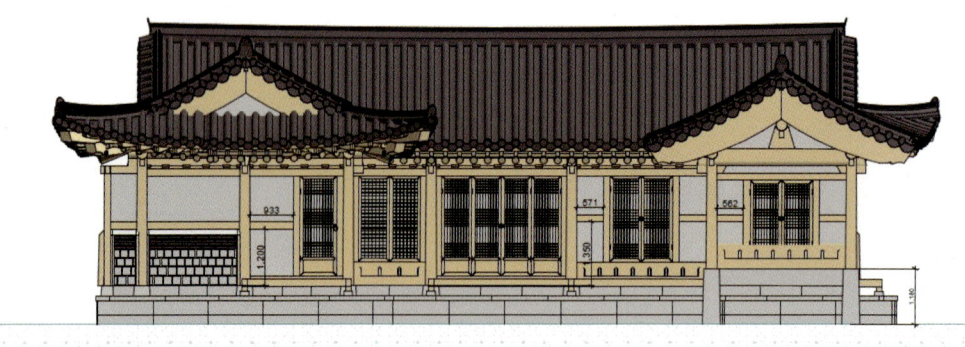

정면도 1:60

우측면도　　　　1:60

배면도　　　　1:60

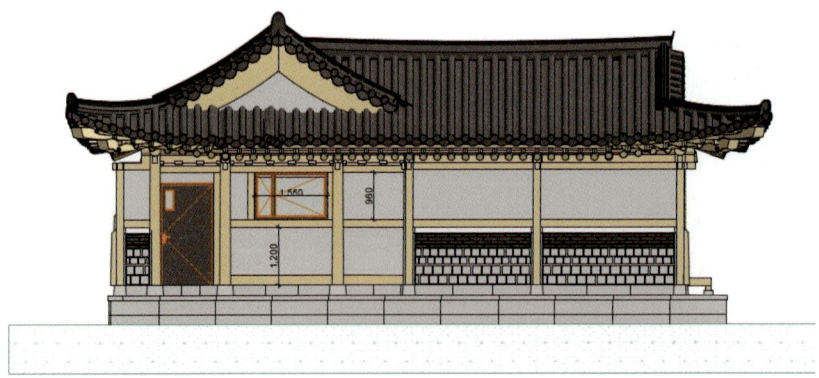
좌측면도 1:60

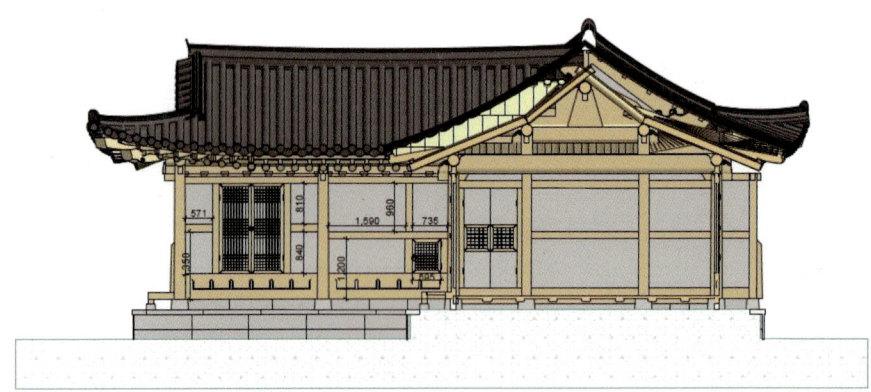
우측면도 2 1:60

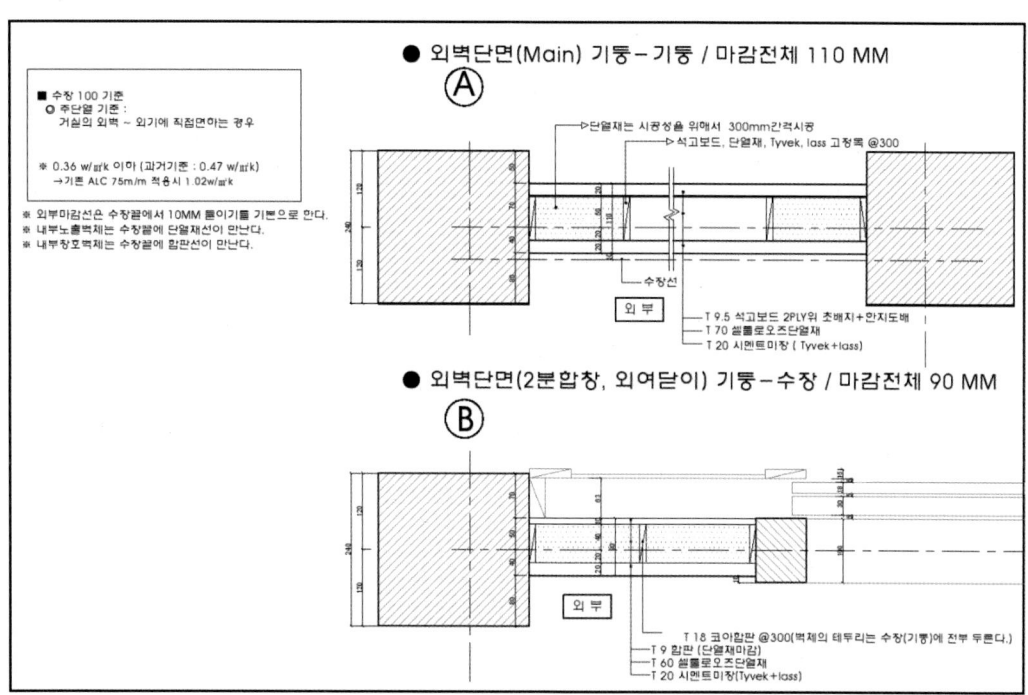

벽체상세도1

벽체상세도2

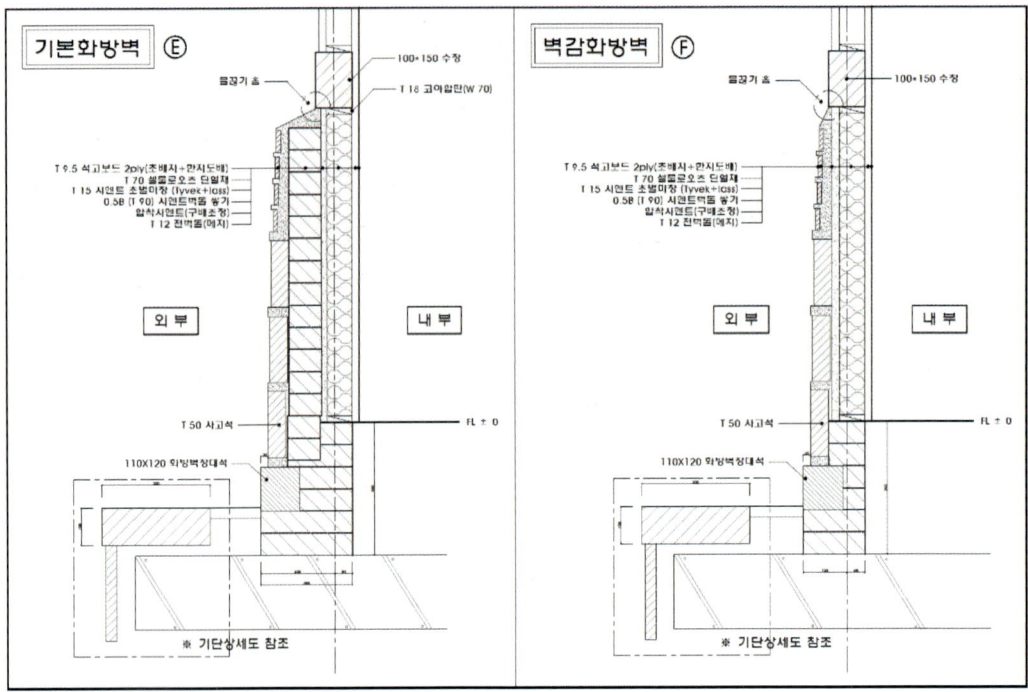

벽체상세도3

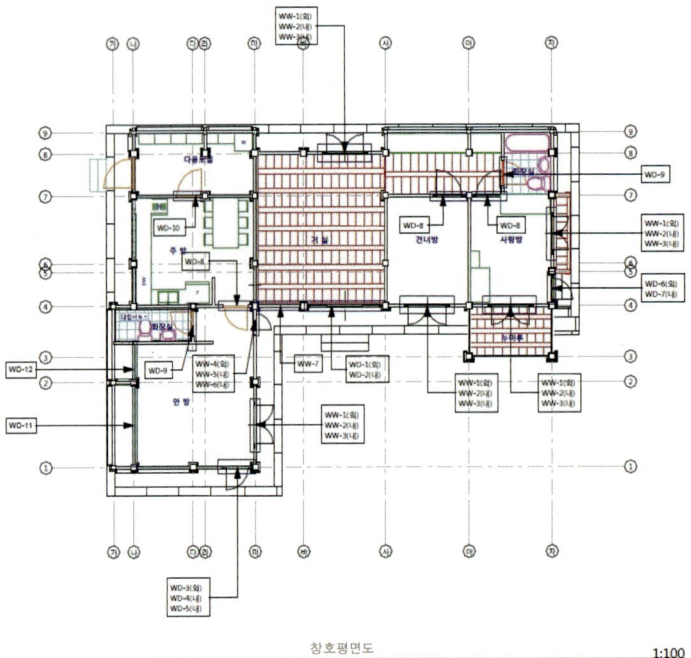

창호평면도 1:100

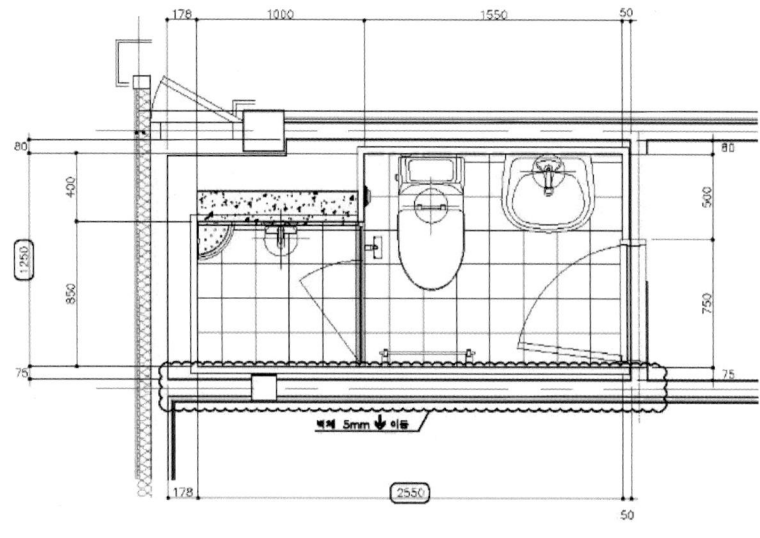

욕실 평면도 1

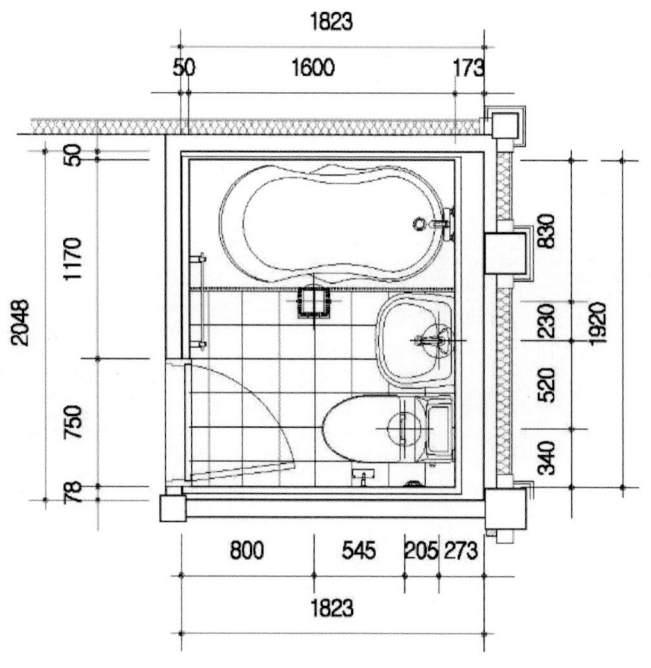

욕실 평면도 2

_ 창고

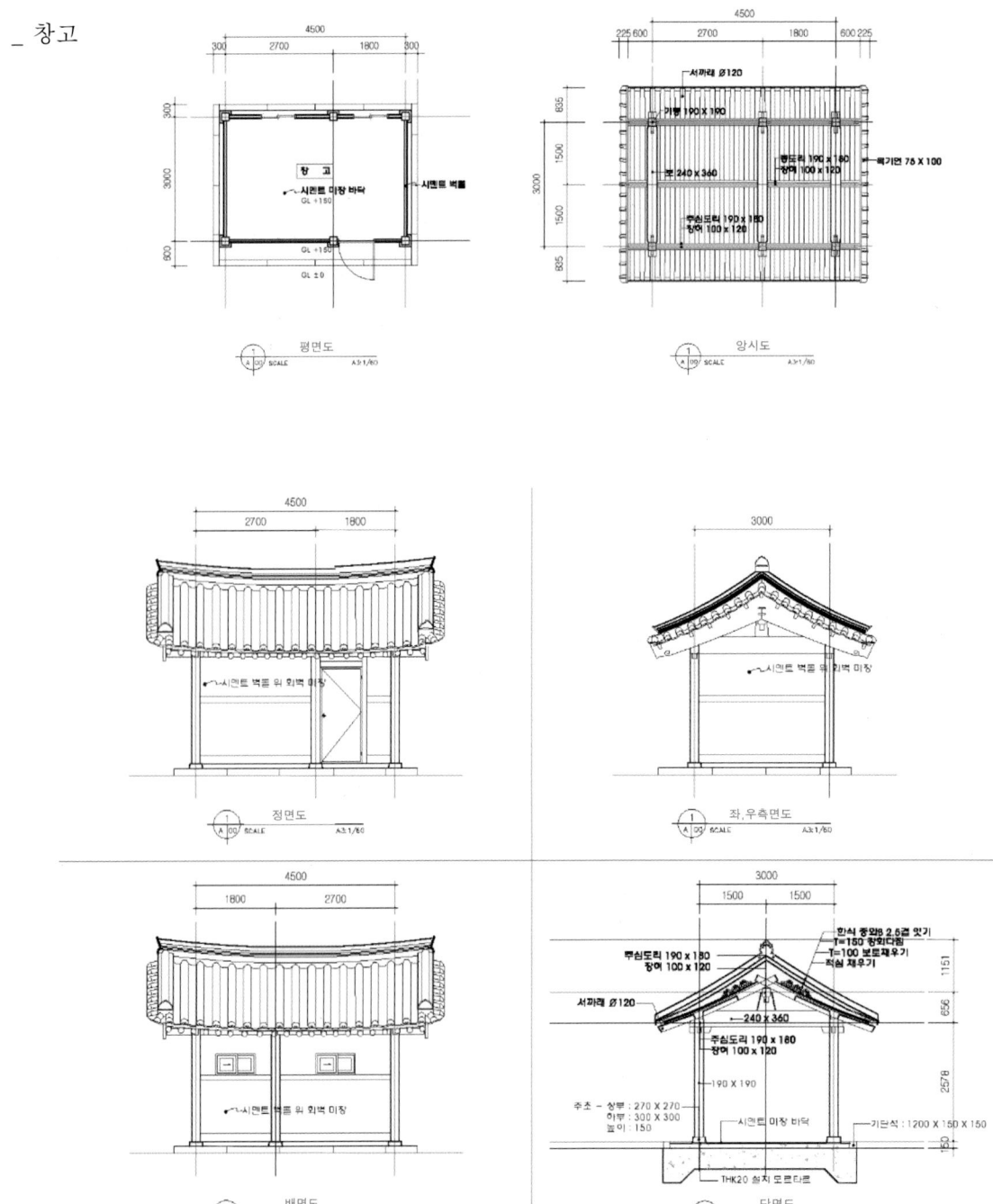

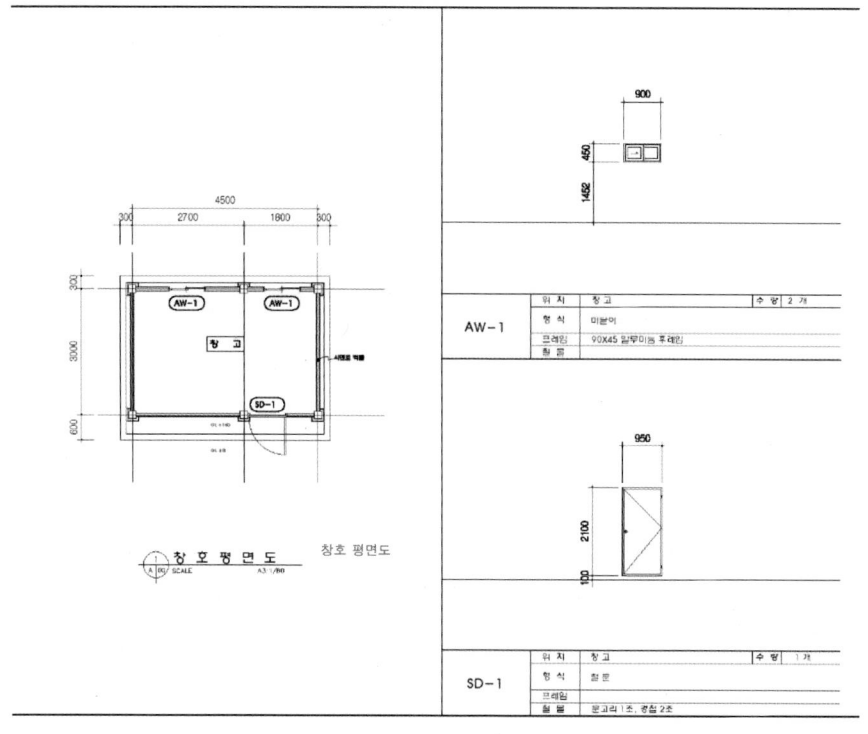

창호 평면도

2. 건축도면 사례 2

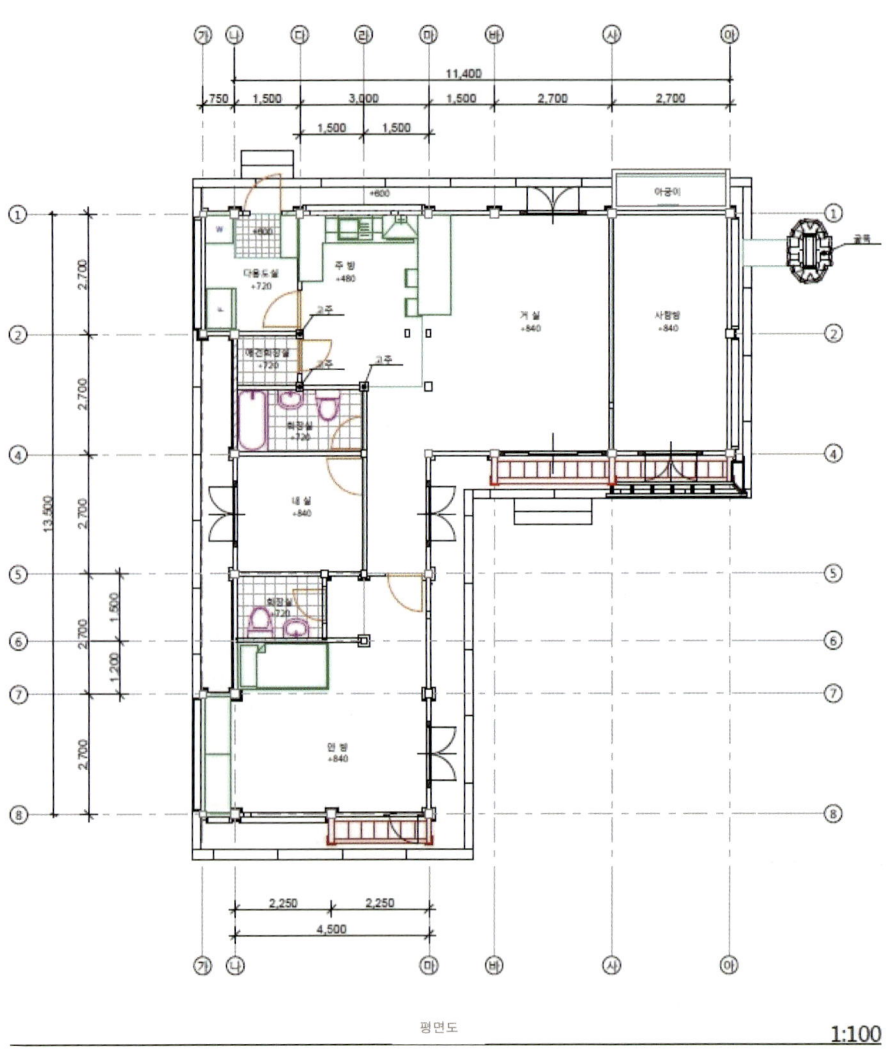

평면도　1:100

실별 면적   1:100

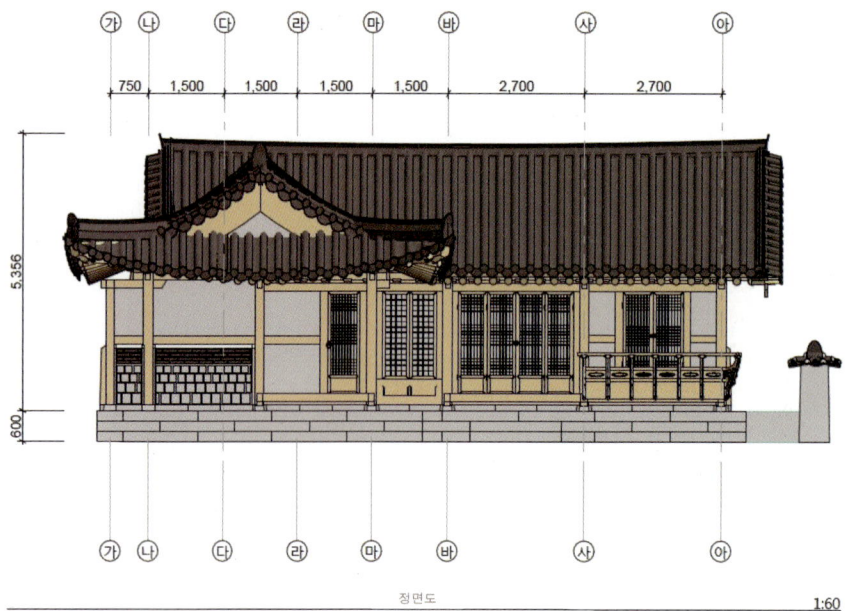

정면도　　1:60

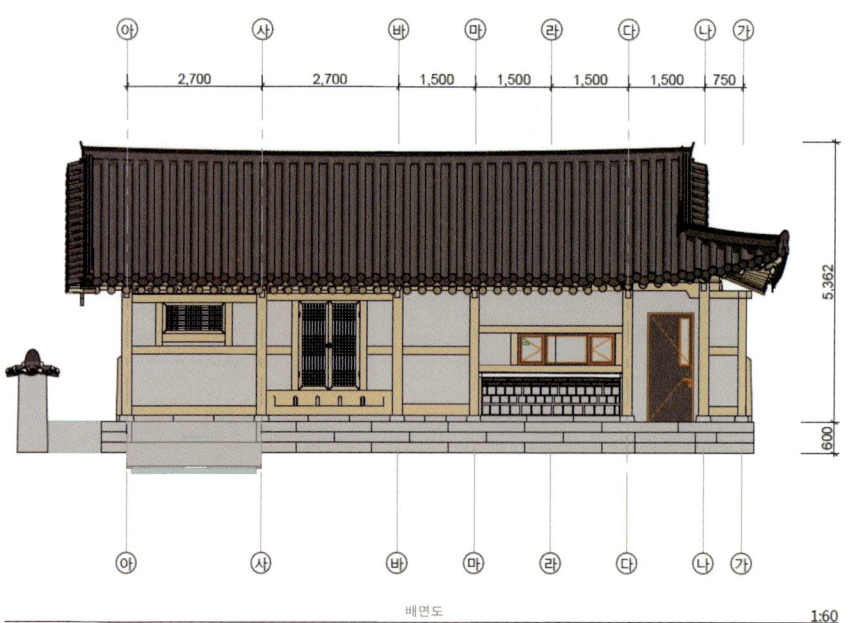

배면도　　1:60

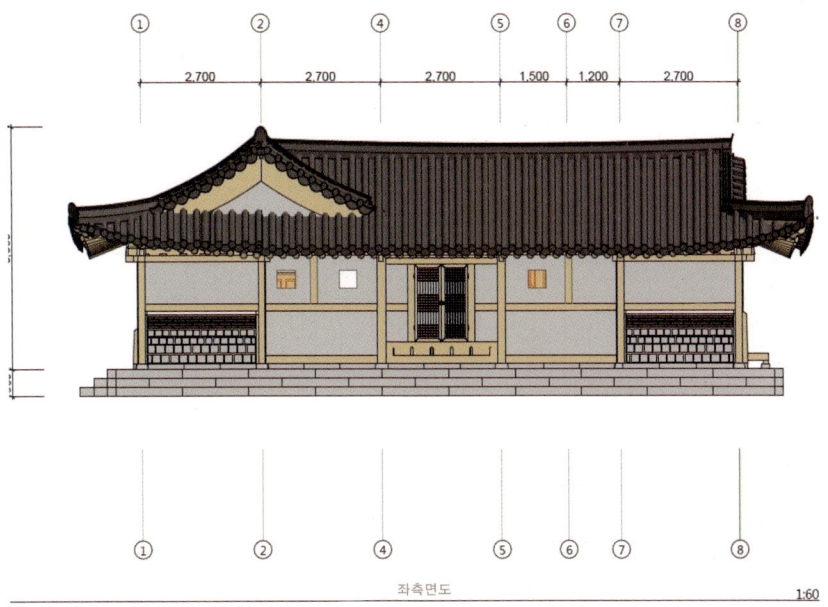

좌측면도   1:60

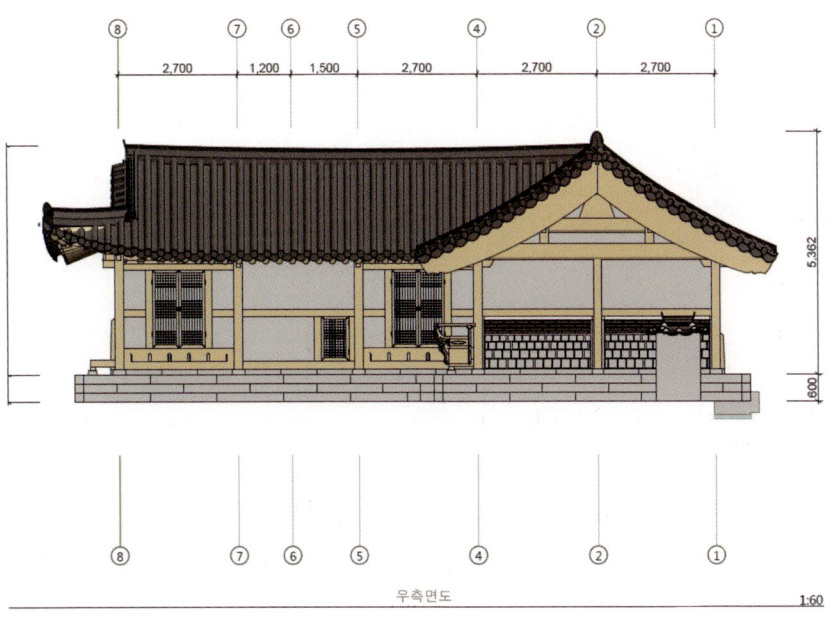

우측면도   1:60

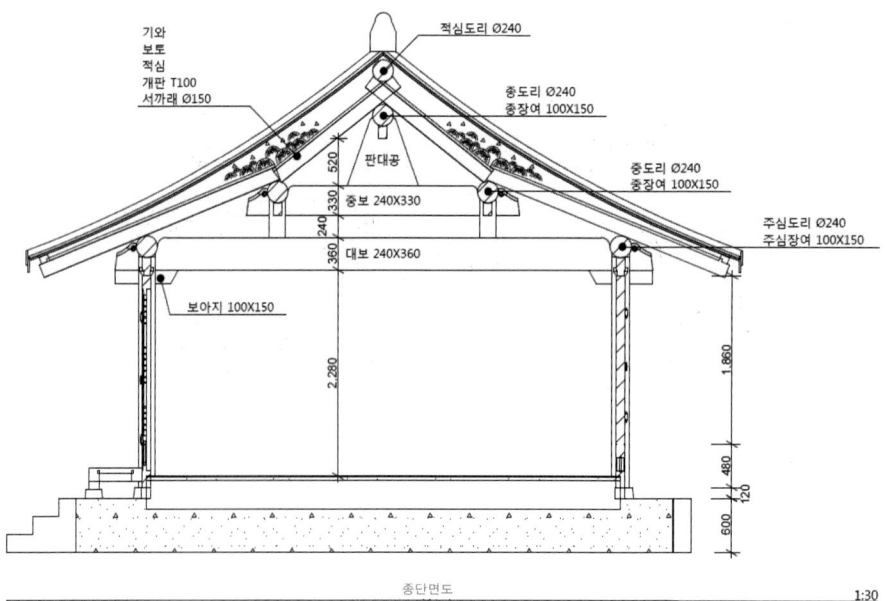

종단면도   1:30

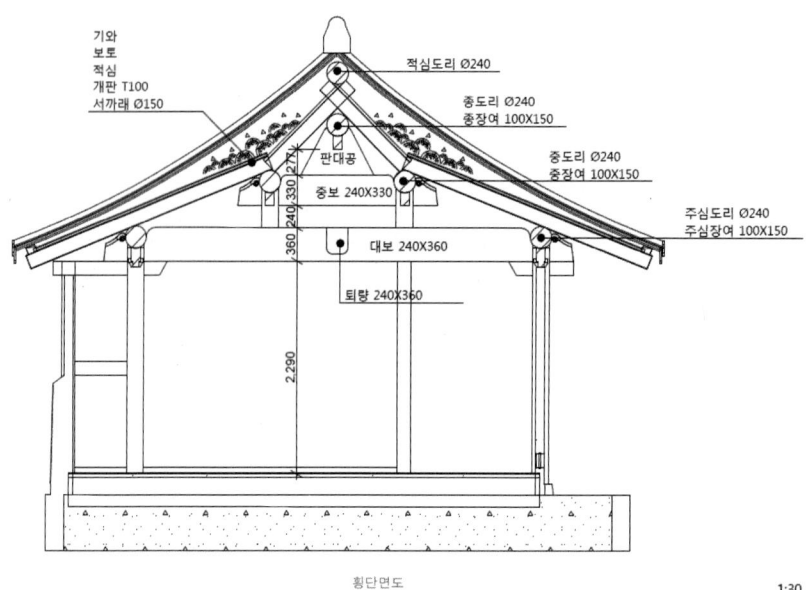

횡단면도   1:30

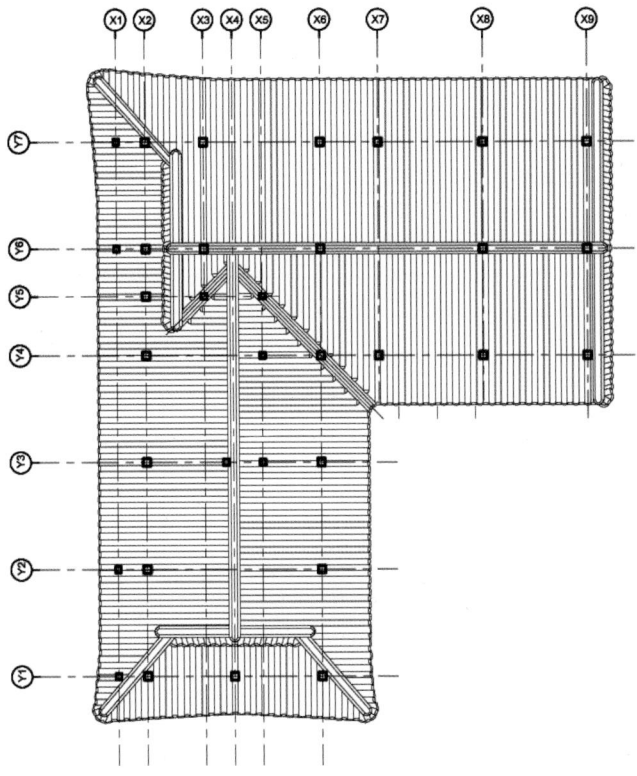

지붕평면도

3/ 설비도면

기 호	명 칭	규 격	설 치 높 이
⊕WP	방수형콘센트	매입,2구형	바닥에서 1200 중심
⊕	콘센트	매입2구	바닥에서 300 중심
⊠	풀박스	100*100*100	도면참조
▭▬▭	형광등	직부등, FL 32W/2	
▭▬	형광등	직부등, FL 20W/1	
▣	방등조명기구	직부등, FPL 55W/4	
▣	방등조명기구	직부등, FPL 36W/3	
◎	DOWN LIGHT	천장매입등, FEL 20W	
⊢⊡⊣	벽부등	벽부등, EL 11W/2	
⊖	팬던트	IL60W, 삼파장겸용	
○	전구	삼파장전구 11W	
⊖⊣	옥외벽부등	FEL 20W	
•	점멸기	단로	
◤	분전반	전등,전열용 분전반 (매입6CCT)	바닥에서 1800 상부
———	천장 매입배관전선	HIV 2.5SQ	
----	바닥매입배관전선	HIV 4sq-2L, HIV 2.5sq(녹)(HI 22C)	
⊸⊂	공배관	HI PVC 28C	도면참조
↓E3	접지	3종접지	도면참조
——→	분전반으로 귀한표시		

주기사항

1. 본 공사에 사용되는 매입 전선관은 특기 없는 한 HI-PVC 전선관을 사용한다.
2. 본 공사에 사용되는 노출 전선관은 특기 없는 한 아연도 후강 전선관을 사용한다.
3. 본 공사에 사용되는 전기 기자재는 KS제품 사용을 원칙으로 한다.
4. 기타사항은 관계법규에 준한다.

_ 전기 범례

기 호	명 칭	규 격	설 치 높 이
▣	전 화 유 니 트	8핀 모 듈 러 잭	바 닥 에 서 500 중 심
⊚	T V 유 니 트	쌍 방 향	바 닥 에 서 500 중 심
▨	TV, 국선용 기기함	규 격 은 도 면 참 조	바 닥 에 서 500 중 심
			바 닥 에 서 500 중 심
Ⓗ	통 신 용 맨 홀	600 x 600 x 600	
△	접 지 동 봉 (제 3 종 접 지)	⌀ 16 x 1800 x 3 EA	상 세 도 참 조
☐	배 관 용 일 반 복 스	일 반 4 각 54mm	천 정 취 부
⊠	배 관 용 풀 복 스	규 격 은 도 면 참 조	천 정 취 부
╱╱╱	전 선 관 의 입 상, 통 과, 입 하		
	천 정 매 입 배 관 및 배 선		
─ ─ ─	바 닥 매 입 배 관 및 배 선		
─ ‥ ─	천 정 노 출 배 관 및 배 선		
─ · ─	지 중 매 설 배 관 및 배 선		
─UT─	전 화 용 배 관 및 배 선	UTP CAT.5 0.5mm/4P x 1 (16c)	도 면 참 조
─TV─	T V 용 배 관 및 배 선	FBT - 5c x 1 (16c)	도 면 참 조

* 주기사항 *
1. 본 공사에 사용되는 매입 전선관은 특기 없는 한 HI-PVC 전선관을 사용한다.
2. 본 공사에 사용되는 노출 전선관은 특기 없는 한 아연도 후강 전선관을 사용한다.
3. 본 공사에 사용되는 통신 기자재는 정보통신부 형식 승인품, KS 표시품을 사용한다.
4. 기타사항은 관계법규에 준한다.

_ 통신 범례

전기설비 사례 1

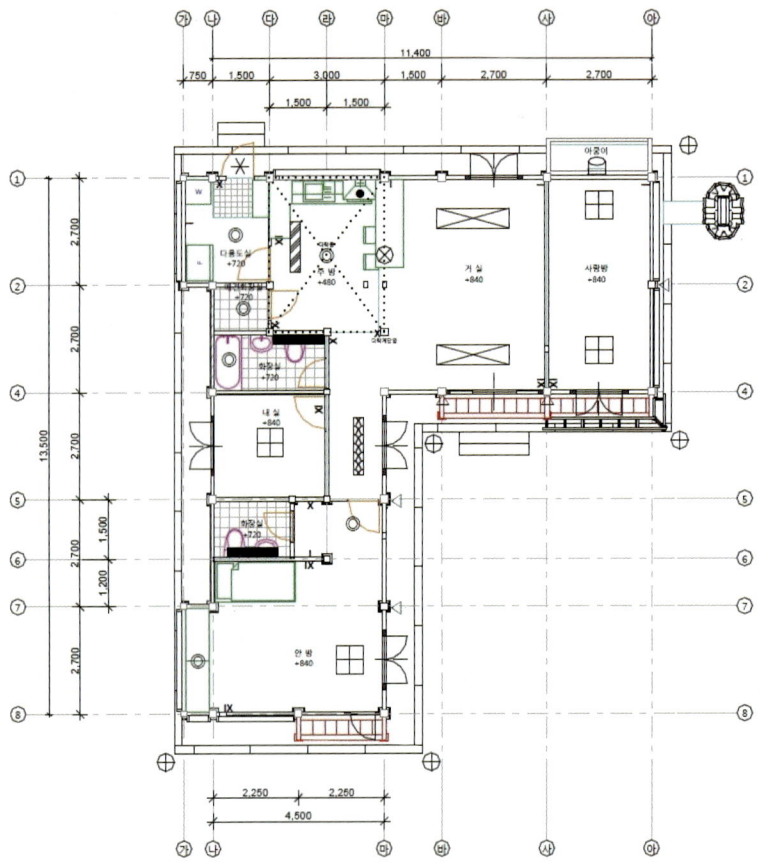
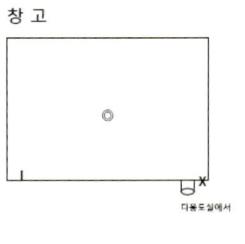

_ 전기 도면

전기설비 사례 2

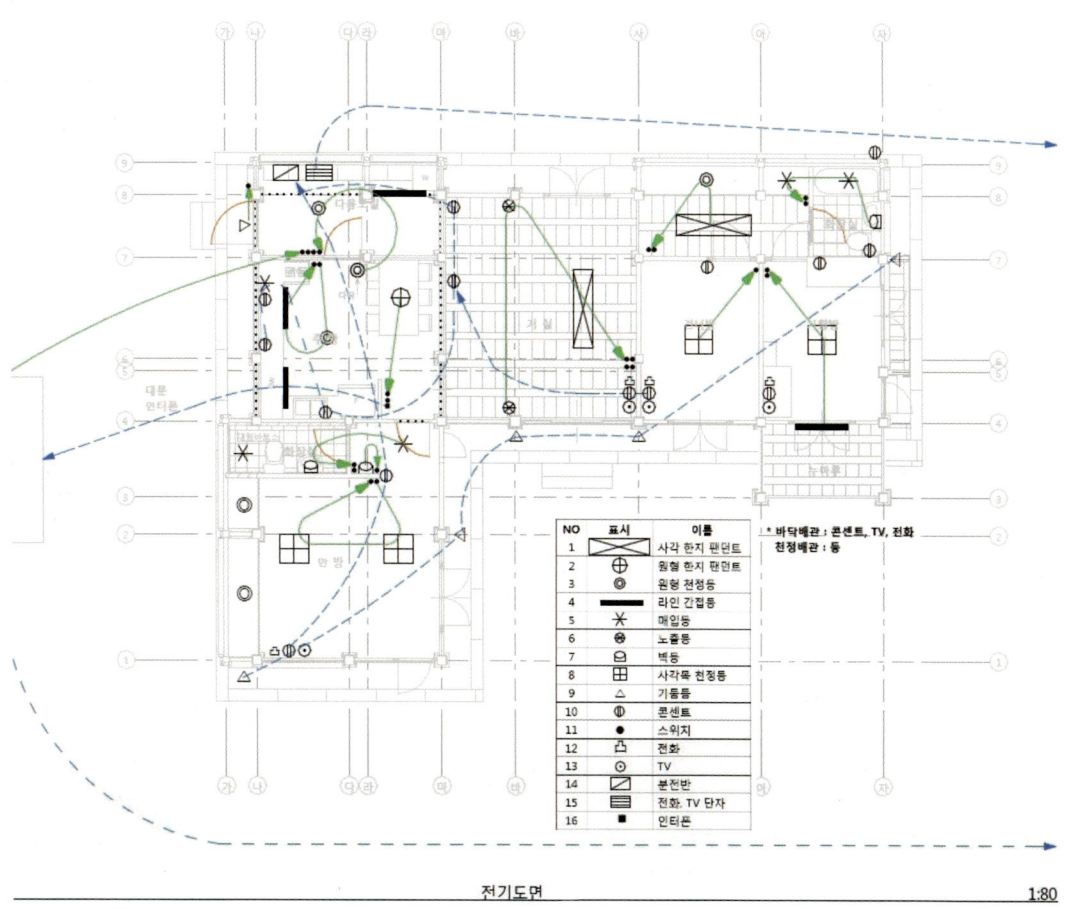

_ 전기 도면

기계설비 사례 1

기 호	명 칭	DESCRIPTION	비 고
——HWS——	온수공급관	HOT WATER SUPPLY PIPE	보일러주변:동관L형
——HWR——	온수환수관	HOT WATER RETURN PIPE	바닥코일 : X-L관
—— • ——	시 수 관	DOMESTIC COLD WATER PIPE	동관L형(KSD-5301)
—— • • ——	급 탕 관	DOMESTIC HOT WATER SUPPLY PIPE	동관L형(KSD-5301)
—— D ——	배 수 관	DRAIN PIPE	P.V.C VG2
—— S ——	오 수 관	SOIL PIPE	P.V.C VG2
--- V ---	통 기 관	VENT PIPE	P.V.C VG2
—— G ——	가 스 관	GAS PIPE	백강관(KDS-3631)
	바닥배수구	FLOOR DRAIN	
	소 제 구	CLEANOUT	
	바닥소제구	FLOOR CLEANOUT	
	옥상통기구	VENT THRU ROOF	
——⋈——	게이트밸브	GATE VALVE	50A이하 청동 10K

_ 범례

보일러

장비번호	명 칭	수량	형 식	용 량	사용연료	연료소모량	규격(WxLxH)	전 원 (ø/V/Hz)	비 고
B-1	온수보일러	1	입형	20,000KCAL/Hr	경유	2.54 LIT/HR	322x520x860	1 / 220/ 60	팽창탱크 및 순환펌프 포함

탱 크

장비번호	명 칭	수량	용량(lit)	형 식	재 질	두께(mm)	규 격 (mm)	단열 및 마감	비 고
T-1	경유탱크	1	400	각형	철판	-	기성품	-	-

환 류

장비번호	명 칭	수량	형 식	풍량	정 압	규 격(D)	모 터	전 원	설치위치	비 고
F-1	배기팬	2	천정형	6CMM	-	200	1/20HP	1 /220V/60HZ	화장실	

_ 장비 일람표

기호	명칭	모델	수량	구경			비 고
				급수	급탕	오배수	
PL-1	양변기	VC-1210CR	1	15	-	100	L.T TYPE , 필요부속품구비
PL-2	각형세면기	VL-520	1	15	15	32	싱글레버 혼합수전등 필요부속품 구비
PL-3	욕조	BT-1100	1	15	15	32	싱글레버 혼합수전등 필요부속품 구비
PL-4	싱크수전	RKS-100AG1	1	15	15	-	싱글레버 혼합수전등 필요부속품 구비
PL-5	수전	D15	2	15	15	-	

_ 위생기구 일람표

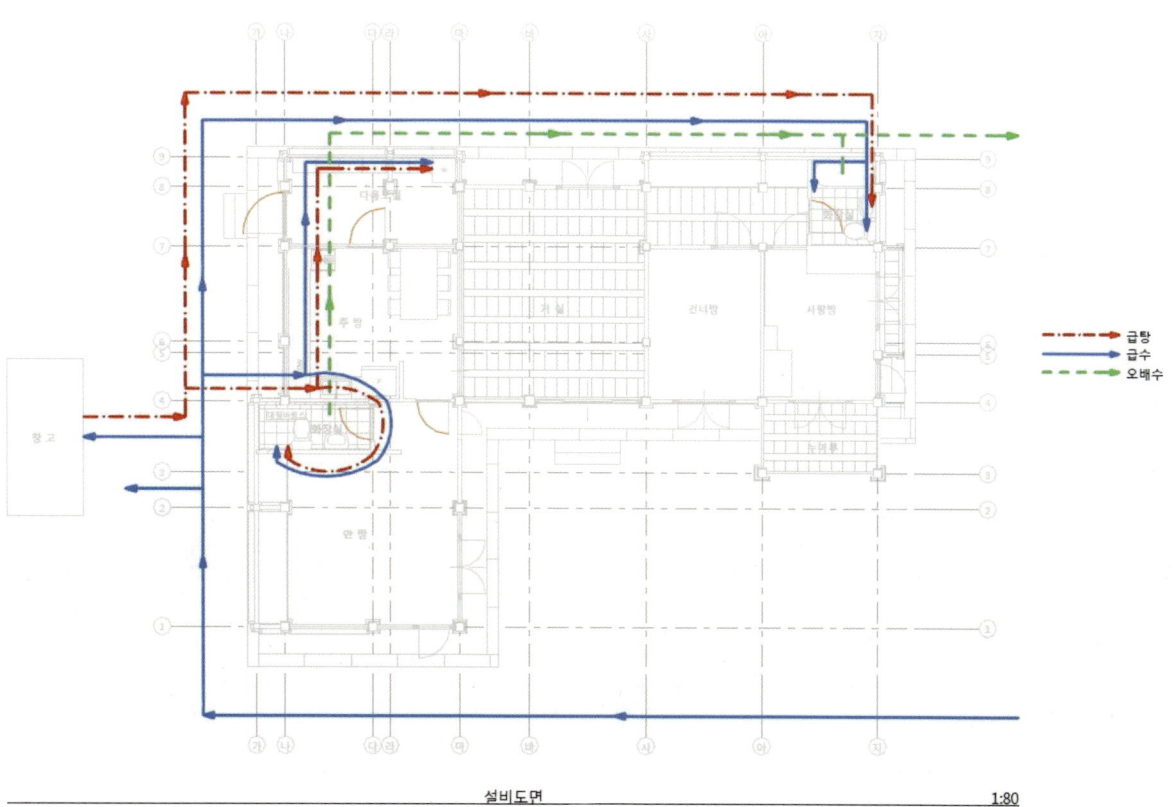

_ 설비도면

부록

1. 한옥용어 영문표기

A

Alanmok / 아랫목 / 온돌방에서 아궁이 가까운 쪽의 방바닥.

B

Bulbalgimun / 불발기문 / 문 한가운데에 교창交窓이나 완자창을 짜 넣고 창호지를 붙여 채광이 되게 하는 문.
Bunhammun / 분합문 / 주로 대청과 방 사이 또는 대청 앞쪽에 다는 네 쪽문.
Bunomgi / 부넘기 / 방고래가 시작되는 어귀에 조금 높게 쌓아 불길이 아궁이로부터 골고루 방고래로 넘어가게 한 언덕.
Buttumak / 부뚜막 / 아궁이 위에 솥을 걸어 놓는 언저리.
Buyon / 부연 / 처마 서까래의 끝에 덧얹는 네모지고 짧은 서까래.
Byokchang / 벽장 / 벽을 뚫어 작은 문을 내고 그 안에 물건을 넣어 두게 한 장欌.

C

Chaekjang / 책장 / 책을 넣어 두는 장.
Chang / 창 / 사각형, 팔각형 모양의 영역. 흔히 '창호'라 한다.
Changbang / 창방 / 한식 나무 구조 건물의 기둥 위에 건너질러 장여나 소로, 화반을 받는 가로재.
Changan / 찬간 / 부엌 옆에 반찬이나 그릇을 보관하고 만들고 내어주는 공간.
Changhoji / 창호지 / 주로 문을 바르는 데 쓰는 얇은 종이.
Chanjang / 찬장 / 음식이나 그릇 따위를 넣어 두는 장.
Chimbang / 침방 / 침모針母들이 바느질하던 곳.
Chobaeji / 초배지 / 초배하는 데에 쓰는 종이.

Chok / 척 / 길이의 단위.
Chungpan / 청판 / 마룻바닥에 깔아 놓은 널조각.

D

Daechong / 대청 / 한옥에서, 몸채의 방과 방 사이에 있는 큰 마루.
Daedulbo / 대들보 / 작은 들보의 하중을 받기 위하여 기둥과 기둥 사이에 건너지른 큰 들보.
Daettol / 댓돌 / 집채의 낙숫물이 떨어지는 곳 안쪽으로 돌려 가며 놓은 돌.
Danchong / 단청 / 옛날식 집의 벽, 기둥, 천장 따위에 여러 가지 빛깔로 그림이나 무늬를 그림.
Danggolmagi / 단골막이 / 도리 위의 서까래 사이를 흙으로 막은 것.
Dodummun / 도듬문 / 갑창 따위의 둘레에 테를 남기고 안쪽을 종이로 두껍게 발라 만든 문.
Dolandae / 돌란대 / 난간동자 위에 가로로 대는 나무.
Dojangbang / 도장방 / 부녀자가 거처하는 방.
Donggwitul / 동귀틀 / 마루의 장귀틀과 장귀틀 사이에 가로로 걸쳐서 마룻널을 끼는 짧은 귀틀.
Dongjagidung / 동자기둥 / 들보 위에 세우는 짧은 기둥.
상량上樑, 오량五樑, 칠량七樑 따위를 받치고 있다.
Dori / 도리 / 서까래를 받치기 위하여 기둥 위에 건너지르는 나무.
Dulsoe / 들쇠 / 겉창이나 분합分閤 따위를 떠올려 거는 쇠갈고리.

G

Gamsil / 감실 / 사당 안에 신주를 모셔 두는 장.
Gan / 간 / 길이의 단위, 한옥구조의 모듈.
Gejanangan / 계자난간 / 계자각鷄子脚을 세운 난간.
Gilsangmun / 길상문 / 장수나 행복 따위의 좋은 일을 상징하는 무늬.
Goju / 고주 / 높은 기둥.
Goju oryang / 고주오량 / 중간에 다른 기둥보다 특별히 높은 기둥을 세우고,
그 높은 기둥에 동자기둥을 걸어 짠 다섯 개의 도리.
Golpanmun / 골판문 / 문짝의 틀에 널빤지를 끼워서 만든 문.
Gorae / 고래 / 구들장을 올려놓는 방고래와 방고래 사이의 약간 두두룩한 곳.

Gosat / 고샅 / 시골 마을의 좁은 골목길.
Guldori / 굴도리 / 둥글게 만든 도리.
Gwitul / 귀틀 / 마루를 놓기 위하여 먼저 굵은 나무로 가로세로 짜놓은 틀.
가로로 들이는 것을 동귀틀, 세로로 들이는 것을 장귀틀이라 한다.
Gyochang / 교창 / 분합分閤 위에 가로로 길게 짜서 끼우는 채광창.
Gyopchip / 겹집 / 한 개의 종마루 아래에 두 줄로 나란히 방을 만든 집.
에서, 몸채의 방과 방 사이에 있는 큰 마루.

H

Hapgak / 합각 / 지붕 위의 양옆에 박공으로 '人' 자 모양을 이루고 있는 각.
Hotchip / 홑집 / 방을 한 줄로만 넣어 폭이 좁은 집.
Hwachang / 화창 / 석등의 불을 켜 놓는 부분에 뚫은 창.

I

Ilgakmun / 일각문 / 대문간이 따로 없이 양쪽에 기둥을 하나씩 세워서 문짝을 단 대문.

J

Janggwitul / 장귀틀 / 세로로 놓는 가장 긴 마루의 귀틀. 기둥과 기둥 사이에 건너 대어
동귀틀을 받으며 마룻널을 끼우게 된다.
Jangjimun / 장지문 / 지게문에 장지 짝을 덧들인 문.
Jangmaru / 장마루 / 장귀틀과 동귀틀을 놓아서 짜지 아니하고, 긴 널로 죽죽 깔아서 만든 마루.
Jangyo / 장여 / 도리 밑에서 도리를 받치고 있는 길고 모진 나무.
Jongbo / 종보 / 대들보 위의 동자기둥 또는 고주高柱에 얹히어 중도리와 마룻대를 받치는 들보.
Jongdori / 종도리 / 종보 위의 동자기둥에 얹히어 두 개의 서까래를 받치는 가로재.
Joongdori / 중도리 / 동자기둥에 얹어서 서까래나 지붕널을 받치는 가로재.
Judori / 주도리 / 기둥의 중심 위에서 서까래를 받치고 있는 도리.
Jungchim / 정침 / 거처하는 곳이 아니라 주로 일을 보는 곳으로 쓰는 몸채의 방.

Jwadung / 좌등 / 나무로 뼈대를 만들고 종이나 천 따위를 발라 만든 등.

K

Kongdam / 콩댐 / 불린 콩을 갈아서 들기름 따위에 섞어 장판에 바르는 일.

M

Mangjangji / 맹장지 / 광선을 막으려고 안과 밖에 두꺼운 종이를 겹바른 장지.
Maru / 마루 / 집채 안에 바닥과 사이를 띄우고 깐 널빤지. 또는 그 널빤지를 깔아 놓은 곳.
Maruchong / 마루청 / 마룻바닥에 깔아 놓은 널조각.
Marudaegong / 마룻대공 / 마룻보 위에 마루를 받쳐 세운 동자기둥.
Marutul / 마루틀 / 마루청을 끼우거나 까는 데 쓰는 뼈대.
Midaji / 미닫이 / 문이나 창 따위를 옆으로 밀어서 열고 닫는 방식. 또는 그런 방식의 문이나 창을 통틀어 이르는 말.
Misegi / 미세기 / 두 짝을 한 편으로 밀어 겹쳐지게 여닫는 문이나 창문.
Moritpang / 머릿방 / 안방 뒤에 딸린 작은 방.
Morumchongpan / 머름청판 / 머름 사이를 막아 댄 널.
Morumdongja / 머름동자 / 머름중방 사이에 세로로 끼운 작은 기둥.
Munolgul / 문얼굴 / 문틀
Munpungji / 문풍지 / 문틈으로 새어 들어오는 바람을 막기 위하여 문짝 주변을 돌아가며 바른 종이.

N

Nangan / 난간 / 층계, 다리, 마루 따위의 가장자리에 일정한 높이로 막아 세우는 구조물. 사람이 떨어지는 것을 막거나 장식으로 설치한다.
Naptori / 납도리 / 모가 나게 한 도리.
Nudarak / 누다락 / 다락집의 위층.
Numaru / 누마루 / 다락처럼 높게 만든 마루.
Nunehwaji / 능화지 / 마름꽃의 무늬가 있는 종이.

Nungopchaegichang / 눈꼽재기 창 / 여닫이 옆에 작은 창을 내어 문을 열지 않고도 내다볼 수 있게 만든 창.

O

Ondol / 온돌 / 화기火氣가 방 밑을 통과하여 방을 덥히는 장치.

P

Panjangmun / 판장문 / 널빤지로 만든 문.

S

Salchang / 살창 / 가는 나무나 쇠 오리로 살을 대어 만든 창.
Simbyok / 심벽 / 흙으로 둑을 쌓을 때에, 물이 밖으로 새지 못하도록 둑의 가운데에 진흙 같은 재료로 속을 다져 넣은 벽.
Sokkarae / 서까래 / 마룻대에서 도리 또는 보에 걸쳐 지른 나무.
SoIoe / 설외 / 흙벽의 외 엮기에서, 세로로 세워서 얽은 외.
Sonjasokkarae / 선자 서까래 / 추녀 옆에서 중도리의 교차점을 중심으로 하여 부챗살 모양으로 배치한 서까래.
Soro / 소로 / 두공, 첨차, 한대, 제공, 장여, 화반 따위를 받치는 네모진 나무.
Sosuldaemun / 솟을대문 / 행랑채의 지붕보다 높이 솟게 지은 대문. 좌우의 행랑채보다 기둥을 훨씬 높이어 우뚝 솟게 짓는다.
Sujangjae / 수장재 / 건축물의 내부나 외부에 노출되어 집을 아름답게 꾸미는 재료.

T

Toegan / 퇴간 / 안둘렛간 밖에다 딴 기둥을 세워 만든 칸살.
Toemaru / 툇마루 / 툇간에 놓은 마루.

W

Wumulbanja / 우물반자 / 반자틀이 정사각형인 소란 반자.

Wumulchonjang / 우물천장 / 반자틀을 '井' 자 모양으로 짜고 그 사이에 널을 덮어 만든 천장.

Wumulmaru / 우물마루 / 마룻귀틀을 짜서 세로 방향에 짧은 널을 깔고 가로 방향에 긴 널을 깔아서 '井' 자 모양으로 짠 마루.

Y

Yodaji / 여닫이 / 문틀에 고정되어 있는 경첩이나 돌쩌귀 따위를 축으로 하여 열고 닫고 하는 방식.

Yondungchonjang / 연등천장 / 서까래가 그대로 드러난 천장.

Yongwitchaim / 연귀 짜임 / 두 재를 맞추기 위하여 나무 마무리가 보이지 않게 귀를 45도 각도로 비스듬히 잘라 맞춘 곳.

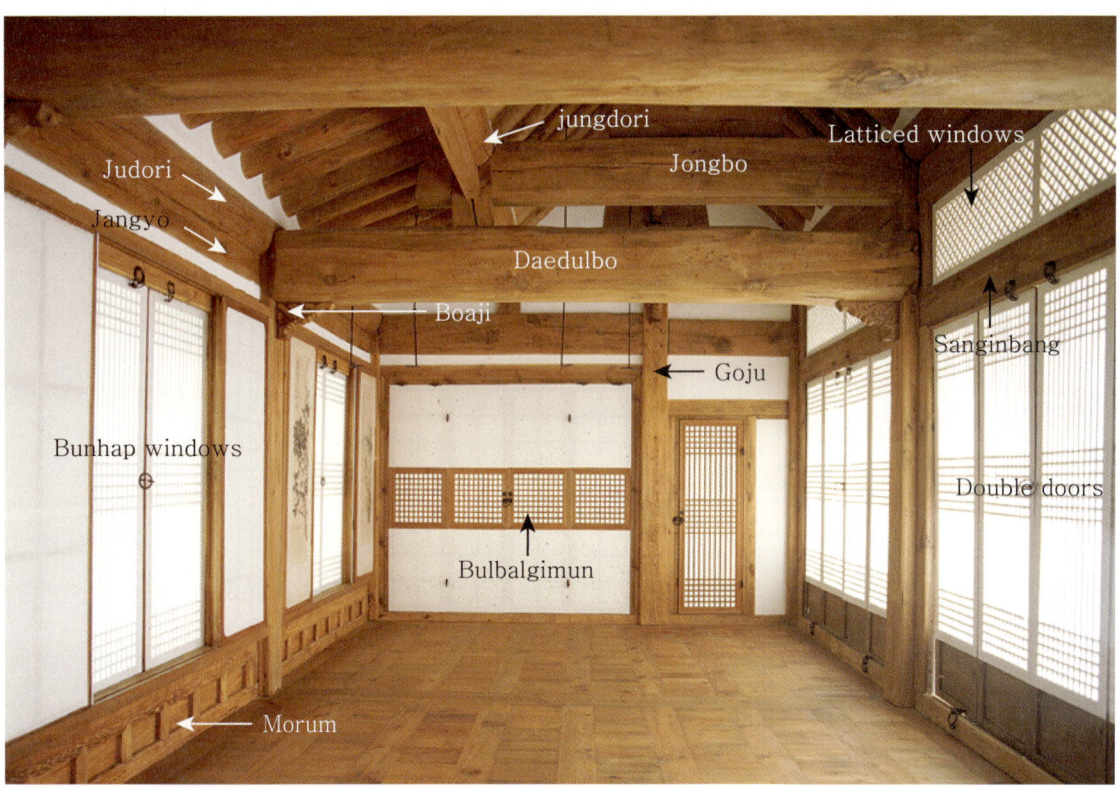

2/ 한옥 공동모듈화

President : 조전환
Tel : +82-31-455-6173
Fax: +82-31-429-6175
address : 경기도 안양시
비산동 1115 메트로칸 605호

www.eyounhanok.com
eyounhanok@naver.com

住宅 (housing)　　IIXI-IV

- 공간확장
  : 보방향 10~11척 고정에 도리방향으로 확장
  : RC일경우 보 도리 방향 관계없이 확장

- 공간의 변화
  : 공간의 내부화 (현관, 복도, 안방에 욕실도입)

- 기본그리드
  : 보방향 / 안채(3600), 사랑채(3000), 날개채(3000)
  : 도리방향 / 안채(3000), 대청(2400*2), 사랑채(안채와 동일)
  : 서브 리드 / 수납, 쪽마루(600,900)

기본단위모듈

module : ㅡ 자형　　= 약 18py

module : ㄱ 자형-I(종래)

module : ㄱ 자형-I(기본형)　　= 약 25py

module : ㄱ 자형-I(확장형)

module : ㄷ 자형　　= 약 30~40py

住(housing) 확장형 = 약30~40py　　住(housing) 도심형 = 약25py

客店 (retail)　　XI-V

상업시설 기본 그리드
: 보방향 (4200) / 도리방향 (6000) - 실
: 보방향 (2700) / 도리방향 (5000) - 계단
:   도리방향 (2200) - 복도
: 보방향 (4200) / 도리방향 (6000) - 화장실

module : (종래)　　= 약 8py
module : (2층구조)　　= 약 19py

店 (retail) = 종교시설

店 (retail) = 상업시설 약120py

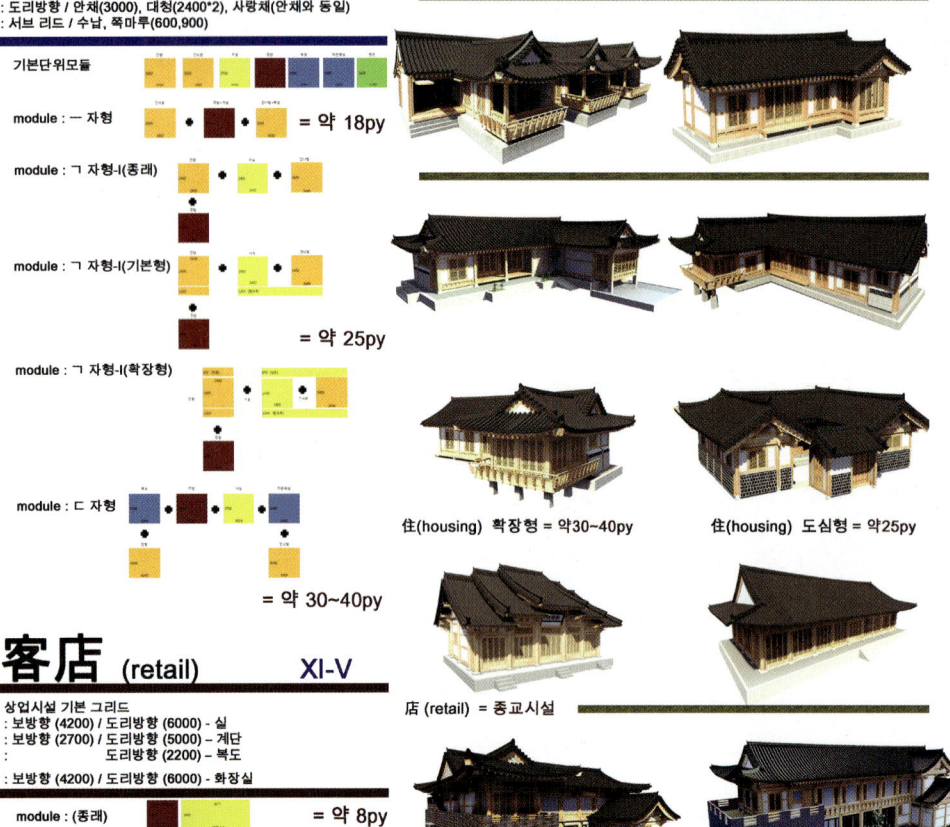

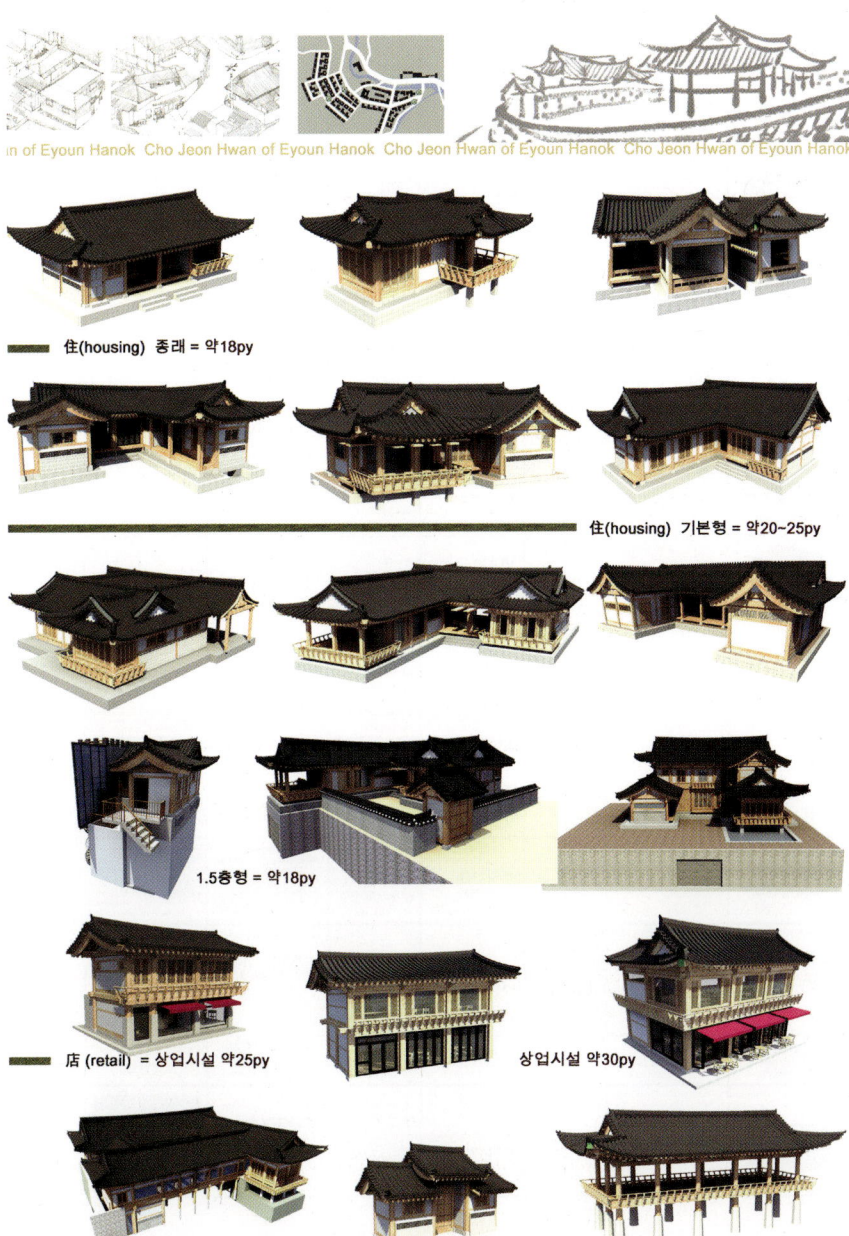

住(housing) 종래 = 약18py

住(housing) 기본형 = 약20~25py

1.5층형 = 약18py

店 (retail) = 상업시설 약25py   상업시설 약30py

店 (retail) = 상업+문화 약290py   솟을 대문 / 누각

한옥 설계에서 시공까지

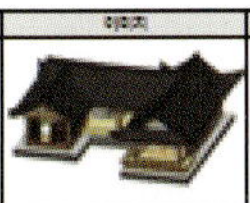

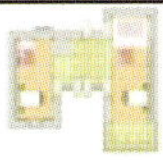

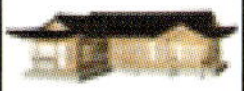

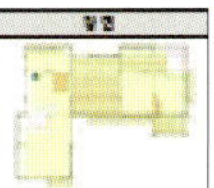

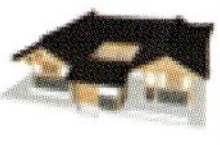

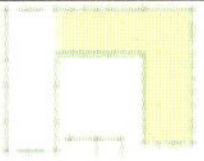

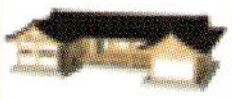

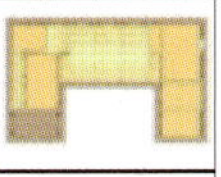

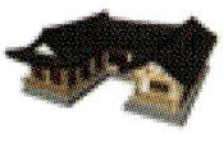

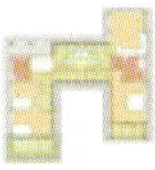

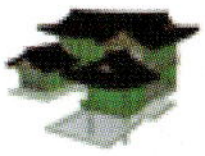

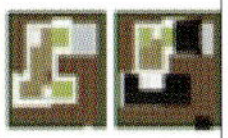

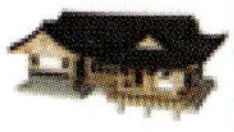

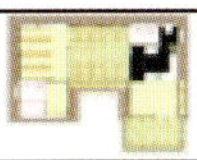

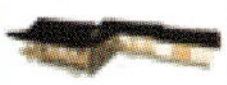

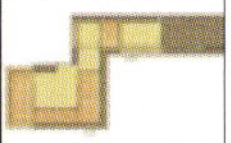

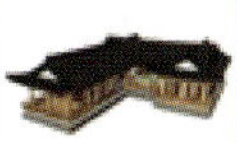

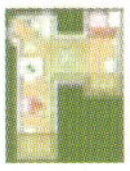

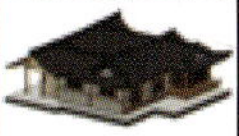

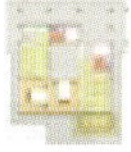

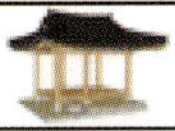

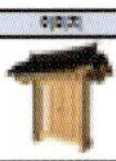

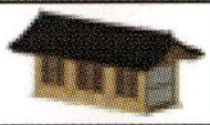

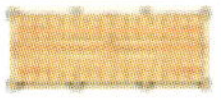

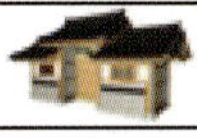

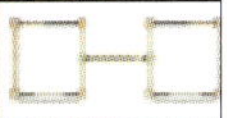

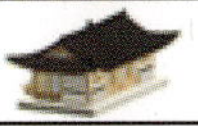

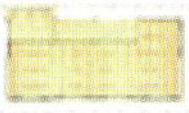

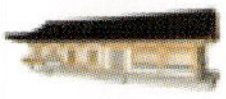

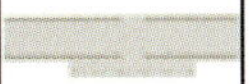

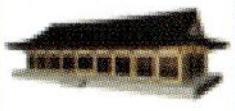

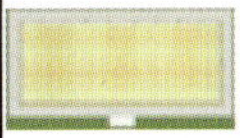

참고문헌

한식목조건축설계원론
조승원, 조영무
1981

목조
장기인
보성각
1992

남산골한옥마을
해체실측 및 이전복원공사
서울특별시
덕수
1998

북촌가꾸기 기본계획
서울특별시
2001

집옥재
문화재청
동아원색
2005

서울문묘 - 상, 중, 하
문화재청
아이씽크
2006

흙집으로 돌아가다
이인구
주택문화사
2009

우리집이 한옥이면 좋겠다.
김은진
한문화사
2010

한옥설계집
신광철
한문화사
2011

신한옥
조전환
한문화사
2011

동아시아 건축도면의 역사와 특징
수원화성박물관
2011

한옥문화
한옥문화원
삼성문화
2007~2011

문화재수리시방서
문화재청
2011

한옥의 거주 성능, 얼마나 향상 될 수 있는가?
강재식
주제발표
2011

Hanoak
choi,jae-soon외 7명
korea
1999

DVD
사용설명서

Copyright 2012 ©
by Han Culturual Publishing Company & Eyounhanok.
All rights reserved.

3/ 한옥 설계에서 시공까지 DVD 사용설명서

본 DVD는 『한옥 설계에서 시공까지』의 별책부록으로 본서本書의 저자이자 ㈜利然의 대표인 동네목수 조전환 대표가 오랜 건축 경험에서 제공한 자료를 토대로 제작한 것입니다. 구성은 책의 내용과 관련한 실제 건축도면인 jpg파일과 dwg(CAD)파일, VBe, 동영상 세 개 부분으로 나누어져 있습니다. 한옥韓屋을 짓고자 하는 예비건축주나 초보자들이 한옥에 대한 이해도를 높이고, 한옥건축 분야 종사자들이 실무에서 참고하고 활용하는 데 도움이 되도록 고안된 것입니다. 본서와 별책부록 DVD가 한옥을 사랑하는 분들에게 도움이 되고 나아가 한옥을 짓고자 하는 예비 건축주에게 즐거운 한옥 짓기의 실마리가 되기를 희망합니다.

1/ 사용하기 전에

_DVD 안에 있는 dwg, wmv 파일을 실행하기 위해서는 각각 DWG view, 동영상 실행 프로그램이 설치되어 있어야 합니다. 프로그램이 없을 경우 인터넷에서 무료로 배포하는 프로그램을 다운받아 설치하면 됩니다.
_VBe는 자동실행파일이므로 별도의 프로그램 없이도 더블 클릭으로 사용할 수 있습니다.
_위에서 요구하는 프로그램 설치 후 DVD를 CD/DVD-ROM에 넣고 사용하면 됩니다.

소프트웨어 정보

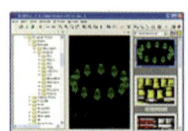

인터넷상 DWG view 무료다운로드 예시

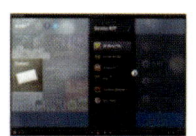

곰플레이어(GOM Playe... 4.5/5.0
프리웨어 | 한글
파일크기 6.3Mbyte
다운횟수 350,103회
(이번 주 : 2,578회)
다운로드

KMPlayer(KMP) v3.2.0... 4.5/5.0
프리웨어 | 다국어
파일크기 19.0Mbyte
다운횟수 1,014,691회
(이번 주 : 1,109회)
다운로드

다음 팟플레이어 v 1... 5.0/5.0
프리웨어 | 한글
파일크기 12.4Mbyte
다운횟수 1,579,499회
(이번 주 : 349회)
다운로드

Apple iTunes (애플 아... 5.0/5.0
프리웨어 | 다국어
파일크기 75.6Mbyte
다운횟수 23,983회
(이번 주 : 72회)
다운로드

인터넷상
동영상 실행 프로그램
무료다운로드 예시

2, 사용하기

| 건축도면 |

도면은 archiCAD V.14에서 추출한 도면이며 일반적으로 한옥을 시공하고 신고하기 위한 도면입니다. 폴더 내에는 상주 고씨한옥 살림집, 이천 정씨한옥 살림집, 한옥디테일, 창고 도면이 모두 jpg(이미지)파일로 들어 있고, 연구용 한옥전체 도면은 dwg(CAD)파일로 저장되어 있습니다.

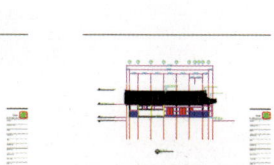
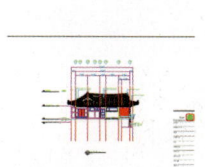
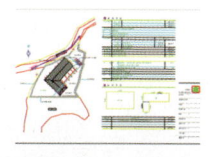
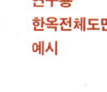

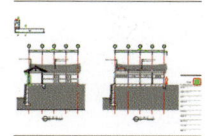
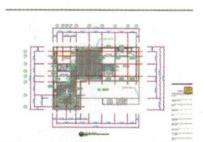

연구용
한옥전체도면
예시

| VBe |

VBe는 계획설계를 하고 공사시작 전 모델링을 통한 설계오류나 공간의 비례를 건축주, 건축가, 시공자가 함께 점검하고 공간을 체험하는 3D시뮬레이션입니다. 그림과 같이 8개 사례의 VBe 파일이 들어있으며, 사용방법은 비교적 간단하여 파일을 더블 클릭하여 실행할 수 있습니다. 확인을 위한 동작 버튼은 다음과 같습니다.

VBe 폴더 내용

VBe 동작버튼 메뉴얼

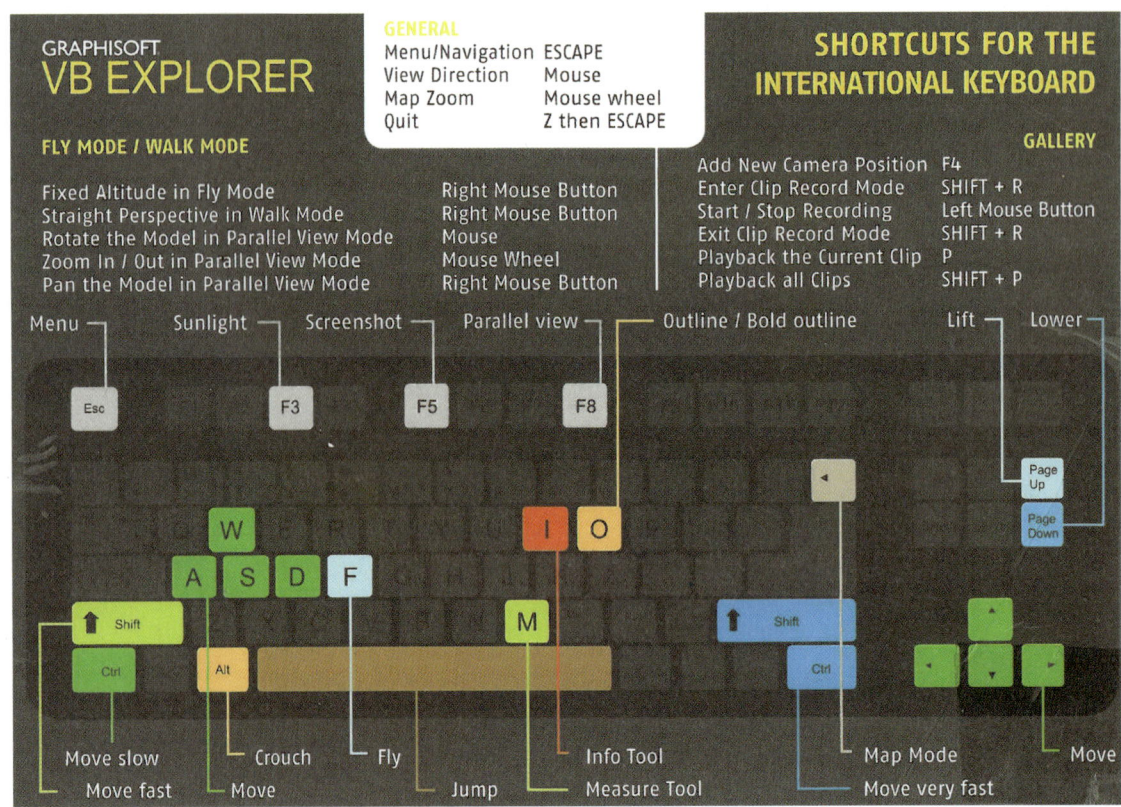

방향키,

초록색 버튼, 앞: W, ▲ 뒤: S, ▼ 좌: D, ▶ 우: S, ◀
방향키+Ctrl 은 진행이 느려지고, 방향키+Shift 는 빨라집니다.

View point(관찰자 시점),

F 키와 F8 기능키가 있는데 F 키는 시각 view이고 F8 기능키는 항공 view입니다.

이미지 저장,

F5 기능키를 누르면 보고있는 이미지를 컴퓨터에 저장할 수 있습니다.

| 동영상 |

한옥 시공과정을 동영상으로 볼 수 있습니다. 3개의 동영상 파일 중 시공과정1은 일반건축과 한옥이 접목된 신한옥 시공과정을, 시공과정2는 기초부터 마무리까지의 과정을 한 눈으로 볼 수 있는 동영상입니다. 마지막은 한옥의 완공된 모습입니다.

시공과정 1
HIM Hanok Informaion Modeling

시공과정 2

완공 모습

동영상
폴더 내용

본 DVD내용에 대하여 궁금한 사항이 있으면,
eyounhanok@naver.com 또는 www.동네목수.com에 글을 남겨주시면 친절히 답변해 드리겠습니다.

『한옥 설계에서 시공까지』의 권말부록으로 본 DVD에 담겨있는 내용은 한문화사와 ㈜利然이 공동으로 제작한 것이므로 개인적인 사용 외에 상업적인 목적으로 이용할 경우 저작권법의 보호를 받습니다.

한옥짓기
한옥 설계에서 시공까지

초판 발행/ 2012년 08월 30일
5 판 발행/ 2022년 02월 01일

저자/ 조전환

발행인/ 이인구
편집인/ 손정미
사진/ 한문화사, (주)이연
그림/ 조전환
디자인/ 비플랏.스튜디오

출력/ (주)삼보프로세스
종이/ 영은페이퍼(주)
인쇄/ (주)웰컴피앤피
제본/ 신안제책사

펴낸곳/ 한문화사
주소/ 경기도 고양시 일산서구 강선로 9, 1906-2502
전화/ 070-8269-0860
팩스/ 031-913-0867
전자우편/ hanok21@naver.com
등록번호/ 제410-2010-000002호

ISBN/ 978-89-94997-23-0 18540

가격/ 29,000원

이 책은 한문화사가
저작권자와의 계약에 따라 발행한 것이므로
이 책의 내용을 이용하시려면
반드시 저자와 본사의
서면동의를 받아야 합니다.
잘못된 책은 구입처에서 바꾸어 드립니다.